普通高等教育应用型本科系列教材

机械工业出版社精品教材

机械制图与 AutoCAD 习题集

第 2 版

主　编　胡建生

副主编　马英强

参　编　李　鹏　陈帮春

主　审　史彦敏

机 械 工 业 出 版 社

本书是为胡建生主编的普通高等教育应用型本科系列教材《机械制图与 AutoCAD》（第 2 版）配套而编写的。本次修订，大幅缩减了传统的画法几何内容，强化了应用性、实用性技能的训练。本书对应的教材配有 4∶3 和 16∶9 两种屏幕显示的、两种版本（AutoCAD 版和 CAXA 版）的《（本科）机械制图与CAD 教学软件》，对应教材中配置了 83 个微课二维码，教师备课用整套《习题答案》。本书中每道题都有单独的答案，教师可任意选择某道题进行讲解、答疑；本书还配有 361 个由教师掌控的二维码，PDF 格式的《电子教案》，并提供 2 套《模拟试卷》《试卷答案》及《评分标准》。本书配套资源丰富实用，是名副其实的立体化制图教材。本书全部采用现行（即 2022 年 10 月之前颁布实施）的制图国家标准和相关行业标准。

本书按 60~80 学时编写，可作为职业本科、应用型本科院校非机械类专业的制图教材，也可供职业技能培训及工程技术人员使用或参考。

凡使用本书作为教材的教师，可登录机械工业出版社教育服务网（http://www.cmpedu.com）注册后免费下载配套资源。咨询电话：010-88379375。

图书在版编目（CIP）数据

机械制图与 AutoCAD 习题集 / 胡建生主编. -- 2 版.
北京：机械工业出版社，2025. 8. --（普通高等教育应用型本科系列教材）（机械工业出版社精品教材）.
ISBN 978-7-111-78828-7

Ⅰ. TH126-44
中国国家版本馆 CIP 数据核字第 20252JV643 号

机械工业出版社（北京市百万庄大街 22 号　邮政编码 100037）
策划编辑：王英杰　　　　　责任编辑：王英杰
责任校对：宋　安　梁　静　封面设计：鞠　杨
责任印制：张　博
北京建宏印刷有限公司印刷
2025 年 8 月第 2 版第 1 次印刷
370mm×260mm · 10 印张 · 285 千字
标准书号：ISBN 978-7-111-78828-7
定价：35.00 元

电话服务　　　　　　　　　网络服务
客服电话：010-88361066　　机　工　官　网：www.cmpbook.com
　　　　　010-88379833　　机　工　官　博：weibo.com/cmp1952
　　　　　010-68326294　　金　书　网：www.golden-book.com
封底无防伪标均为盗版　机工教育服务网：www.cmpedu.com

前　　言

本书是为胡建生主编的《机械制图与 AutoCAD》（第 2 版）配套而编写的，可作为职业本科、应用型本科院校非机械类专业的制图教材，也可供各类机械制图培训班及工程技术人员使用或参考。

本书具备如下特点：

1）针对职业本科、应用型本科教育的特点，本书适当降低了纯理论方面的要求，强化应用性、实用性方面技能的训练，大幅缩减了传统的画法几何内容，注重基本内容的介绍。在练习题目中，大幅增设轴测图、选择题、判断题，降低学生完成作业的难度，突出读图能力的训练，适当降低手工绘图的质量要求。

2）《技术制图》和《机械制图》国家标准是绘制机械图样和制订机械制图教学内容的根本依据。本次修订全面采用现行（即 2022 年 10 月之前颁布实施）的制图国家标准和相关行业标准，全部在本书中予以贯彻。

3）本书插图中的各种符号、字体、箭头、线型的画法等严格按照国家标准的规定绘制（修饰），以确保图例规范、清晰。本书中的插图采用套红的方式绘制，双色印刷，既便于教师讲课、辅导，又便于学生自学。

4）本书采用横 8 开本，幅面和题目图形都比较大，有利于学生完成尺规图作业和练习。

5）本书配有 4∶3 和 16∶9 两种屏幕显示的、两种版本（AutoCAD 版和 CAXA 版）的《(本科) 机械制图与 CAD 教学软件》，方便教师选用；对应的教材中配置了 79 个三维实体模型，制作了 83 个有讲解配音的微课二维码。

6）部分习题的答案不是唯一的，根据教学的实际需求，为任课教师编写了备课用整套《习题答案》；本书中的每道题都配有答案，根据不同题型，将其处理成单独答案、包含解题步骤的答案、配置轴测图、动画演示等多种形式，方便教师在课堂上任意选择

某道题进行讲解、答疑，减轻了任课教师的教学负担。

7）本书共配有 360 余个二维码，其中稍有难度的题目均配有带讲解配音的二维码（即 68 个一题双码），给出了习题答案。二维码可由任课教师掌握、不印在本书中。教师可根据教学的实际情况，有选择地将某道题的二维码发送给任课班级的群或某个学生，学生扫描二维码可看到解题步骤或答案，减轻了学生的学习负担。

8）将《(本科) 机械制图与 CAD 教学软件》PDF 格式的全部内容作为电子教案，可供任课教师选择、打印，方便教师备课。

9）提供 2 套 Word 格式的《模拟试卷》《试卷答案》及《评分标准》。模拟试卷可给任课教师提供参考，旨在为改革制图课的考核环节提供一种新思路。

本书的配套资源丰富实用，是名副其实的立体化制图教材。

参加本书编写的有：胡建生（编写第一章、第二章、第三章、第四章）、马英强（编写第五章、第六章）、李鹏（编写第七章、第八章）、陈帮春（编写第九章）。全书由胡建生教授统稿。《(本科) 机械制图与 CAD 教学软件》由胡建生、马英强、李鹏、陈帮春设计制作。

本书由史彦敏教授主审，参加审稿的有汪正俊副教授、贾芸教授。参加审稿的各位老师对初稿进行了认真、细致的审查，提出了许多宝贵意见和建议，在此表示衷心感谢。

欢迎任课教师和读者批评指正，并将意见或建议反馈给我们（主编 QQ：1075185975；责任编辑 QQ：365891703）。

编　者

目　　录

第一章　制图的基本知识和技能

1-1-1　填空题。

（1）将 A0 幅面的图纸裁切三次，应得到（　　）张图纸，其幅面代号为（　　）。

（2）要获得 A4 幅面的图纸，需将 A0 幅面的图纸裁切（　　）次，可得到（　　）张图纸。

（3）A4 幅面的尺寸（$B \times L$）是（　　×　　）；A3 幅面的尺寸（$B \times L$）是（　　×　　）。

（4）用放大一倍的比例绘图，在标题栏的"比例"栏中应填写（　　）。

（5）1∶2 是放大比例还是缩小比例？（　　）

（6）若采用 1∶5 的比例绘制一个直径为 ϕ40mm 的圆，其绘图直径为（　　）mm。

（7）国家标准规定，图样中汉字应写成（　　）体，汉字字宽约为字高 h 的（　　）倍。

（8）字体的号数，即字体的（　　）。"4"号是国家标准规定的字高吗？（　　）

（9）国家标准规定，可见轮廓线用（　　）表示；不可见轮廓线用（　　）表示。

（10）在机械图样中，粗线和细线的线宽比例为（　　）。

（11）在机械图样中，一般采用（　　）作为尺寸线的终端。

（12）机械图样中的角度尺寸一律（　　）方向注写。

1-1-2　选择题。

（13）制图国家标准规定，图纸幅面尺寸应优先选用（　　）种基本幅面尺寸。

A. 3　　　　　B. 4　　　　　C. 5　　　　　D. 6

（14）制图国家标准规定，必要时图纸幅面尺寸可以沿（　　）边加长。

A. 长　　　　　B. 短　　　　　C. 斜　　　　　D. 各

（15）某产品用放大一倍的比例绘图，在其标题栏"比例"栏中应填（　　）。

A. 放大一倍　　　B.1×2　　　　C. 2/1　　　　D. 2∶1

（16）绘制机械图样时，应采用机械制图国家标准规定的（　　）种图线。

A. 7　　　　　B. 8　　　　　C. 9　　　　　D. 10

（17）机械图样中常用的图线线型有粗实线、（　　）、细虚线、细点画线等。

A. 轮廓线　　　B. 边框线　　　C. 细实线　　　D. 轨迹线

（18）在绘制图样时，其断裂处的分界线，一般采用国家标准规定的（　　）线绘制。

A. 细实　　　　B. 波浪　　　　C. 细点画　　　D. 细双点画

1-1-3　选择题。

（19）制图国家标准规定，字体高度的公称尺寸系列共分为（　　）种。

A. 5　　　　　B. 6　　　　　C. 7　　　　　D. 8

（20）制图国家标准规定，字体的号数，即字体的高度，单位为（　　）米。

A. 分　　　　　B. 厘　　　　　C. 毫　　　　　D. 微

（21）制图国家标准规定，字体高度的公称尺寸系列为 1.8、2.5、3.5、5、（　　）、10、14、20。

A. 6　　　　　B. 7　　　　　C. 8　　　　　D. 9

（22）制图国家标准规定，要书写更大的字，字高应按（　　）比率递增。

A. 3　　　　　B. 2　　　　　C. $\sqrt{3}$　　　　D. $\sqrt{2}$

（23）图样中数字和字母分为（　　）两种字型。

A. 大写和小写　　B. 简体和繁体　　C. A 型和 B 型　　D. 中文和英文

（24）制图国家标准规定，字母写成斜体时，字头向右倾斜，与水平基准成（　　）角。

A. 60°　　　　B. 75°　　　　C. 120°　　　　D. 135°

1-1-4　选择题。

（25）零件的每一尺寸，一般只标注（　　），并应注在反映该结构最清晰的图形上。

A. 一次　　　　B. 二次　　　　C. 三次　　　　D. 四次

（26）机械零件的真实大小应以图样上（　　）为依据，与图形的大小及绘图的准确度无关。

A. 所注尺寸数值　　B. 所画图样形状　　C. 所标绘图比例　　D. 所加文字说明

（27）机械图样上所注的尺寸，为该图样所示零件的（　　），否则应另加说明。

A. 留有加工余量尺寸　B. 最后完工尺寸　C. 加工参考尺寸　D. 有关测量尺寸

（28）标注圆的直径尺寸时，一般（　　）应通过圆心，箭头指到圆弧上。

A. 尺寸线　　　B. 尺寸界线　　C. 尺寸数字　　D. 尺寸箭头

（29）标注（　　）尺寸时，应在尺寸数字前加注直径符号 ϕ。

A. 圆的半径　　B. 圆的直径　　C. 圆球的半径　　D. 圆球的直径

（30）1 毫米等于（　　）。

A. 100 丝米　　B. 100 忽米　　C. 100 微米　　D. 1000 微米

№1 作业指导书

一、作业目的
（1）熟悉主要线型的规格，掌握图框及标题栏的画法。
（2）练习使用绘图工具。

二、内容与要求
（1）按教师指定的图例，抄画图形。
（2）用 A4 图纸，竖放，不注尺寸，比例为 1：1。

三、作图步骤
（1）画底稿（用 2H 或 3H 铅笔）。

① 画图框及对中符号。
② 在右下角画标题栏（见教材图 1-4）。
③ 按图例中所注的尺寸作图。
④ 校对底稿，擦去多余的图线。

（2）铅笔加深（用 HB 或 B 铅笔）。
① 画粗实线圆、细虚线圆和细点画线圆。
② 依次画出水平方向和竖直方向的直线。
③ 画 45°的斜线，斜线间隔约 3 mm（目测）。本书文字叙述和图例中的尺寸单位均为毫米。
④ 用长仿宋体字填写标题栏（参见下图）。

四、注意事项
（1）绘图前，预先考虑图例所占的面积，将其布置在图纸有效幅面（标题栏以上）的中心区域。
（2）粗实线宽度采用 0.7 mm。细虚线每一小段长度为 3～4 mm，间隙约为 1 mm；细点画线每段长度为 15～20 mm，间隙及作为点的短画共约为 3 mm；细虚线和细点画线的线段与间隔，在画底稿时就应正确画出。
（3）箭头的尾部宽度约为 0.7 mm，箭头长度约为 4 mm。
（4）加深时，圆规的铅芯应比画直线的铅笔软一号。

五、图例（下方）

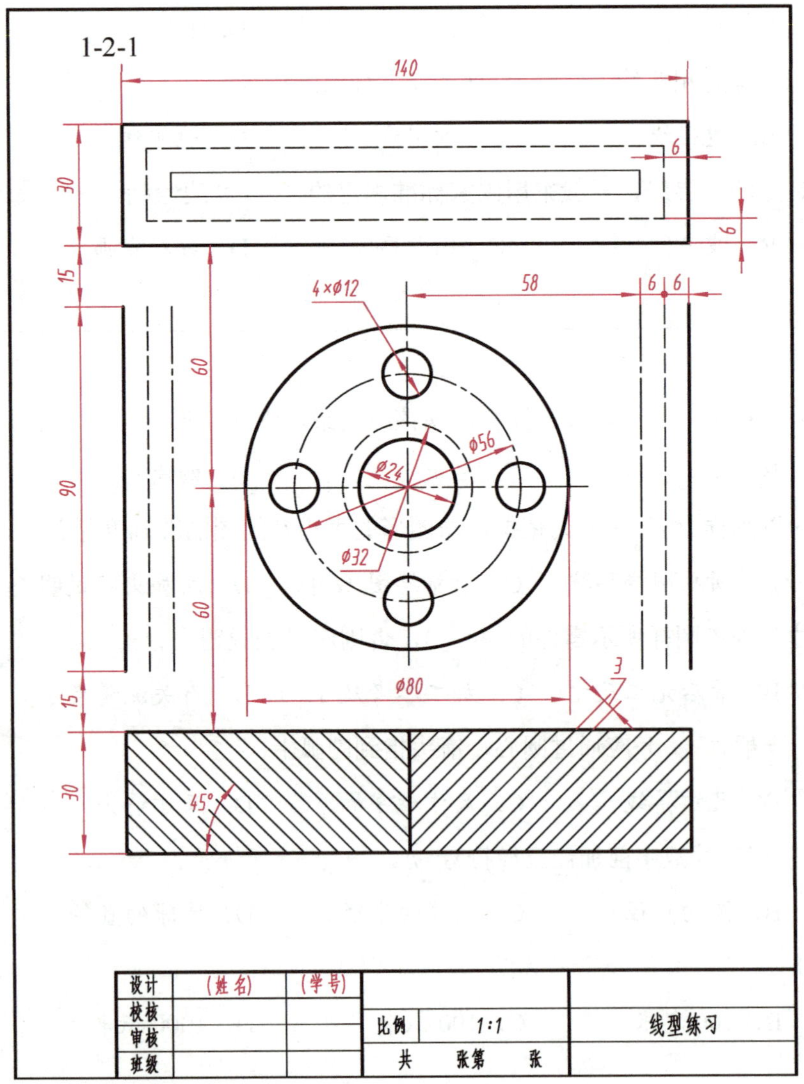

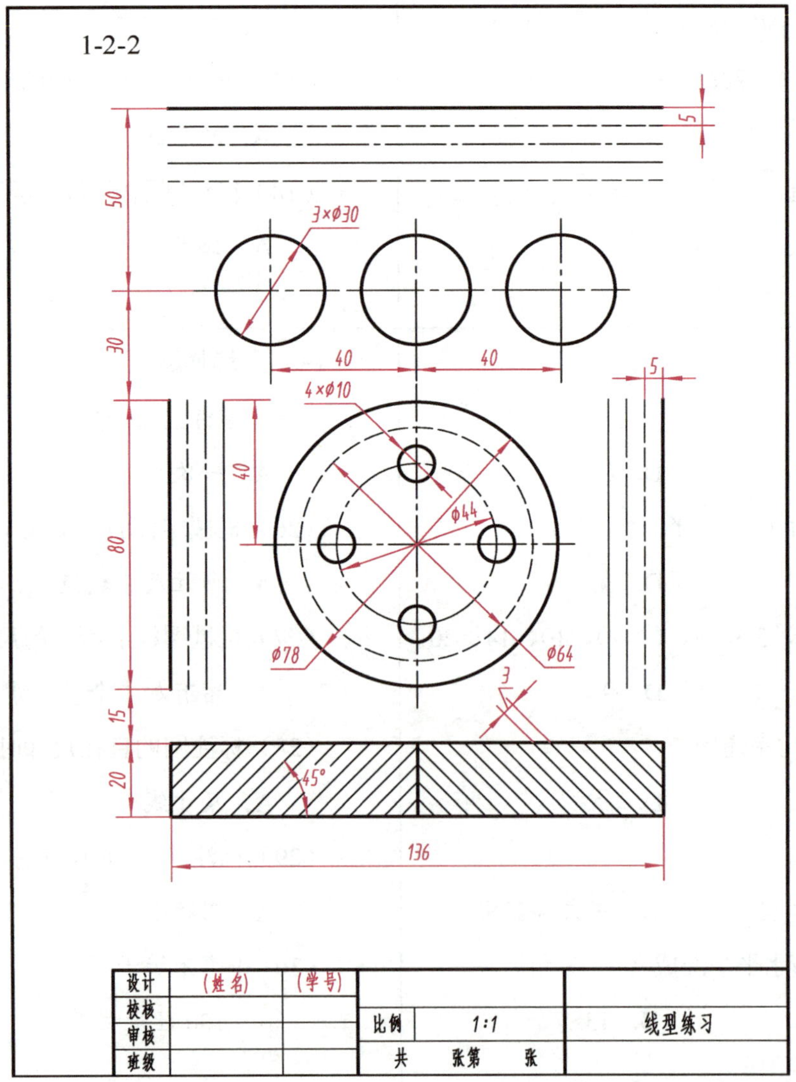

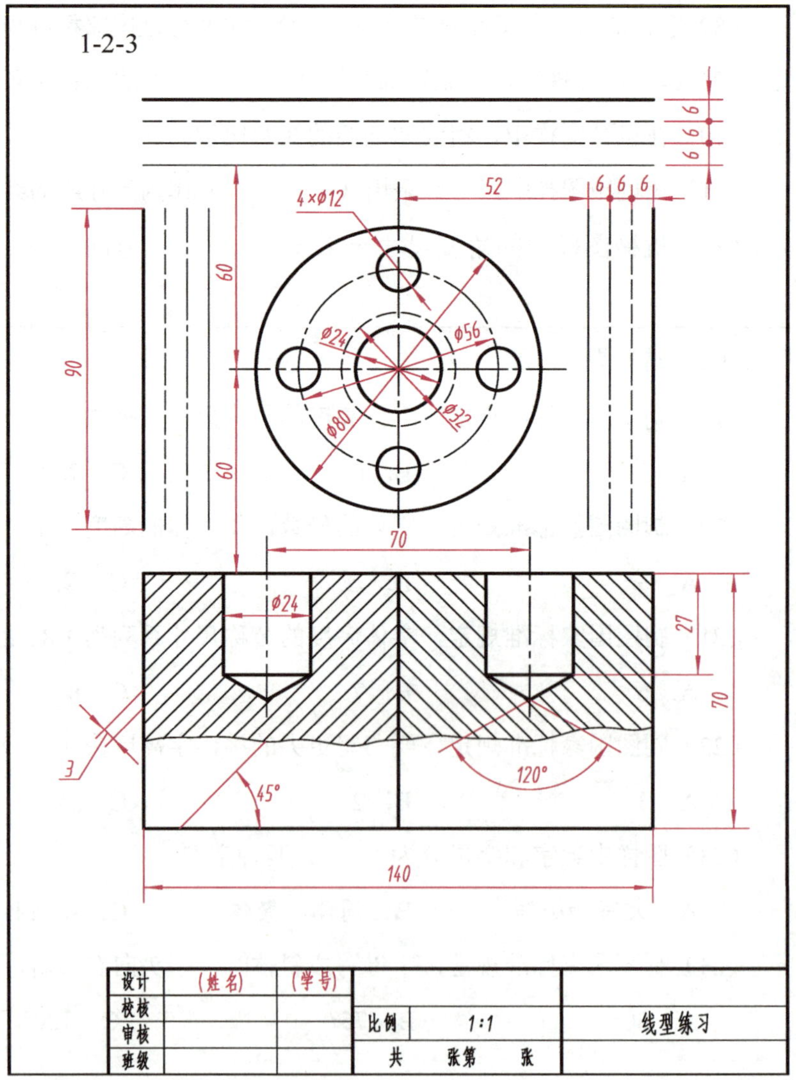

1-2-1

1-2-2

1-2-3

设计	(姓名)	(学号)			
校核			比例	1：1	线型练习
审核					
班级			共 张第 张		

设计	(姓名)	(学号)			
校核			比例	1：1	线型练习
审核					
班级			共 张第 张		

设计	(姓名)	(学号)			
校核			比例	1：1	线型练习
审核					
班级			共 张第 张		

1-3-1　双折线的几种画法中,哪一种是国际上通用且为我国现行标准所采用的画法？（在正确的题号上画"√"）。

A　　　　　　　B　　　　　　　C

1-3-2　下列尺寸 20 的标注哪个是正确的？（在正确的题号上画"√"）。

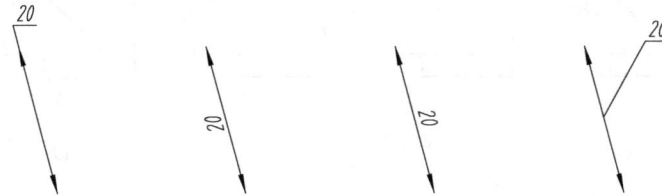

A　　　　B　　　　C　　　　D

1-3-3　下面哪个图的尺寸标注是符合标准规定的？（在正确的题号上画"√"）。

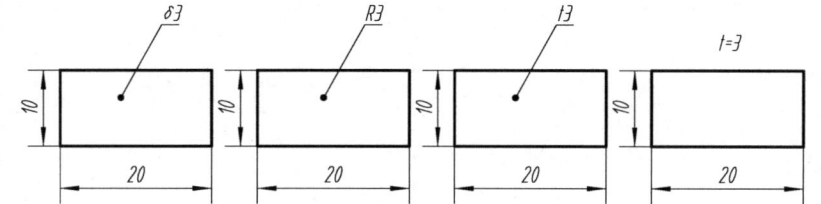

A　　　　　B　　　　　C　　　　　D

1-3-4　下列图形绘图比例不同，判断其尺寸标注是否正确（在正确的题号上画"√"）。

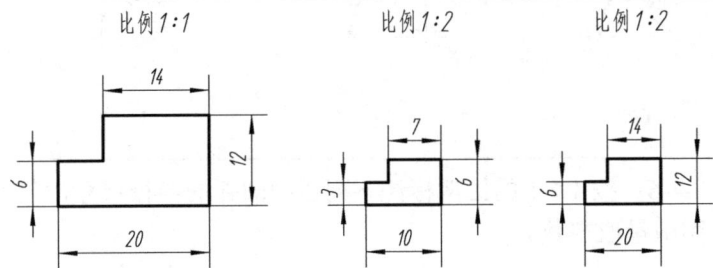

比例1:1　　　　比例1:2　　　　比例1:2

A　　　　　　　B　　　　　　　C

1-3-5　下列图形绘图比例不同（用尺量一量），判断其尺寸标注是否正确（在正确的题号上画"√"）。

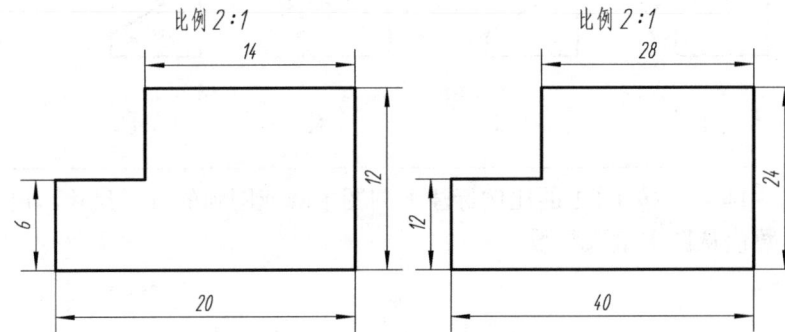

比例2:1　　　　　　　　比例2:1

A　　　　　　　　　　　B

1-3-6　图中的哪个尺寸标注是正确的？（在正确的题号上画"√"）。

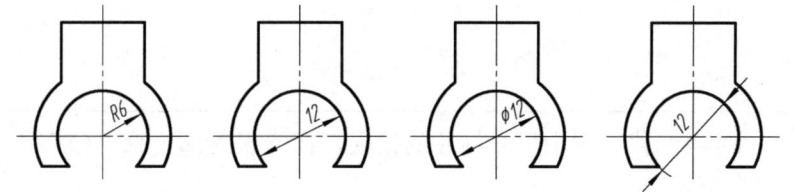

A　　　　　B　　　　　C　　　　　D

1-3-7　下列两图的尺寸标注哪一个是错误的？（在错误的题号上画"×"，并指出错误原因）。

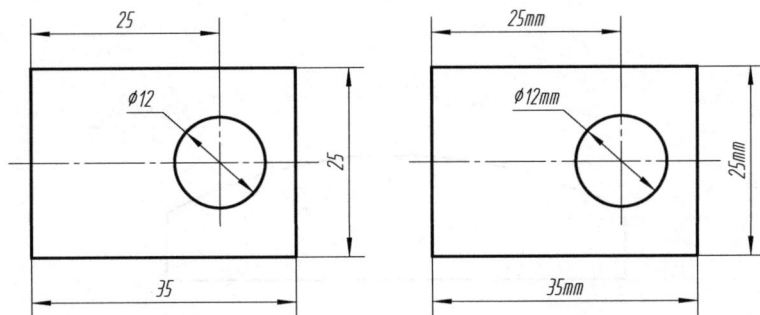

A　　　　　　　　　　　B

错误原因：_____

1-3-8　下列两图尺寸标注哪一个是错误的？将错误原因的序号标注在对应位置。

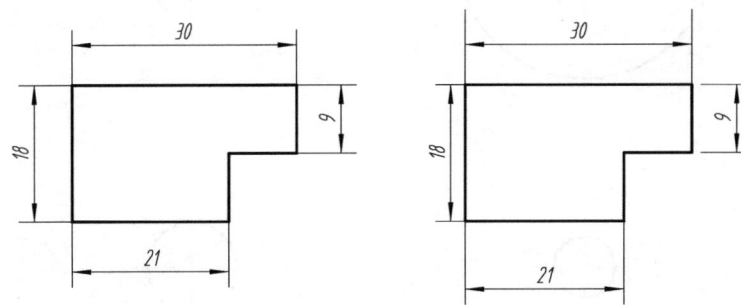

错误原因：
① 尺寸界线画的过长。　② 尺寸界线未与轮廓线接触。
③ 尺寸线与轮廓线距离过大。　④ 尺寸线与轮廓线距离过小。

1-3-9　找出直径标注"错误"图例中的错误之处，说明其错误原因。

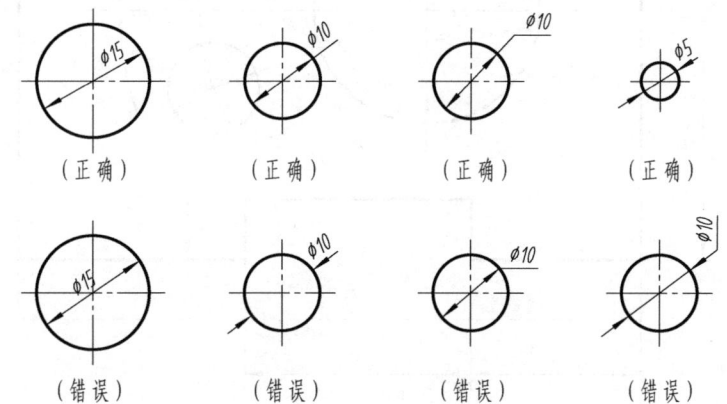

（正确）　　（正确）　　（正确）　　（正确）

（错误）　　（错误）　　（错误）　　（错误）

1-4-1　标注下列线性尺寸，尺寸数值从图中量取整数。

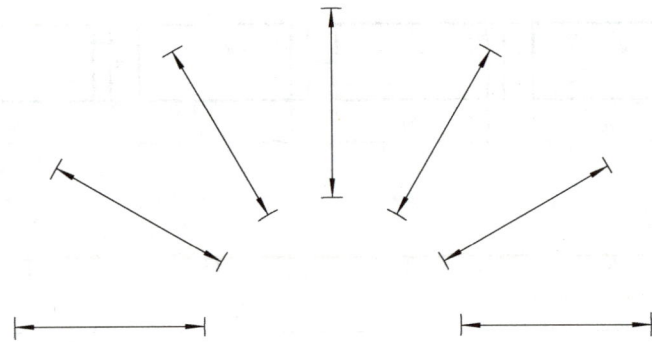

1-4-2　判断角度标注是否正确（在正确的题号上画"√"，在错误的部位画"○"）。

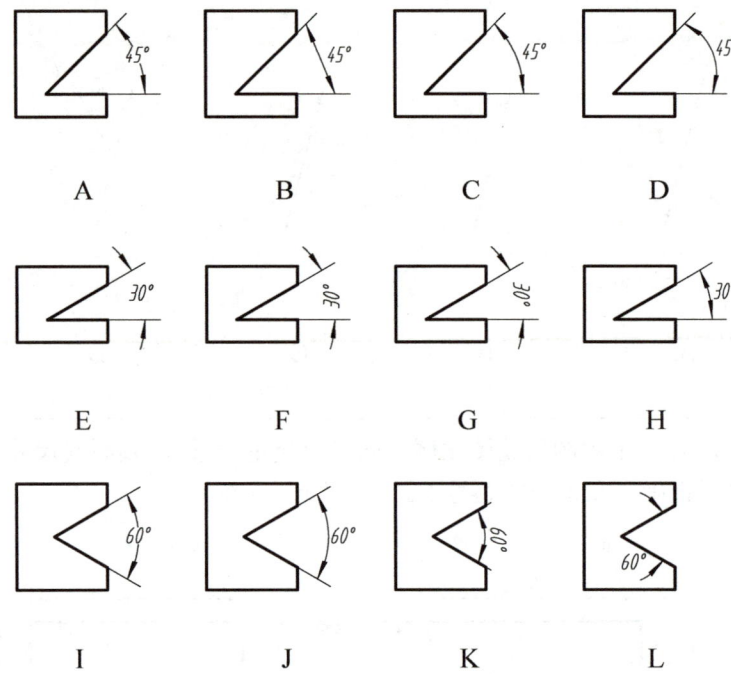

A　　　B　　　C　　　D

E　　　F　　　G　　　H

I　　　J　　　K　　　L

1-4-3　判断半径标注是否正确（在正确的题号上画"√"，在错误的部位画"○"）。

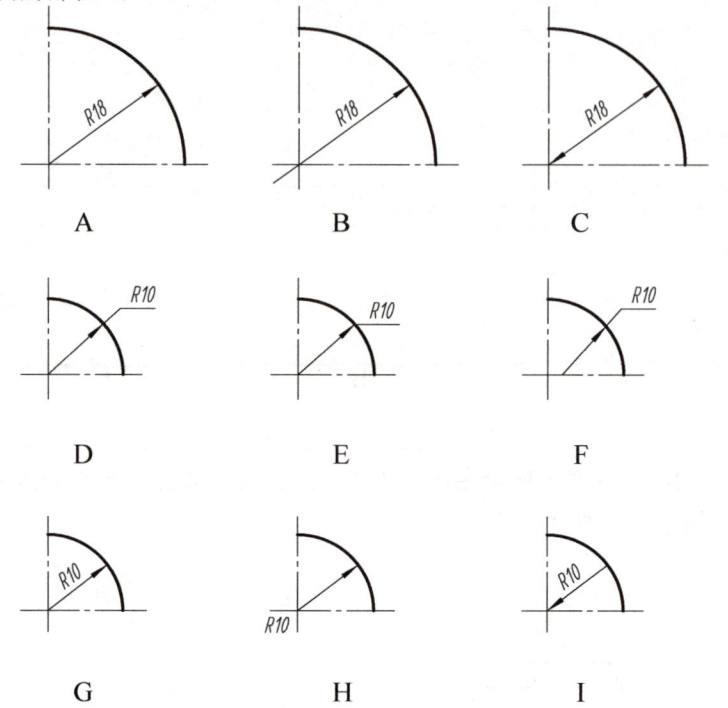

R18　　A　　　R18　　B　　　R18　　C

R10　　D　　　R10　　E　　　R10　　F

R10　　G　　　R10　　H　　　R10　　I

1-4-4　找出图中尺寸标注的错误，在错误的部位画"○"。

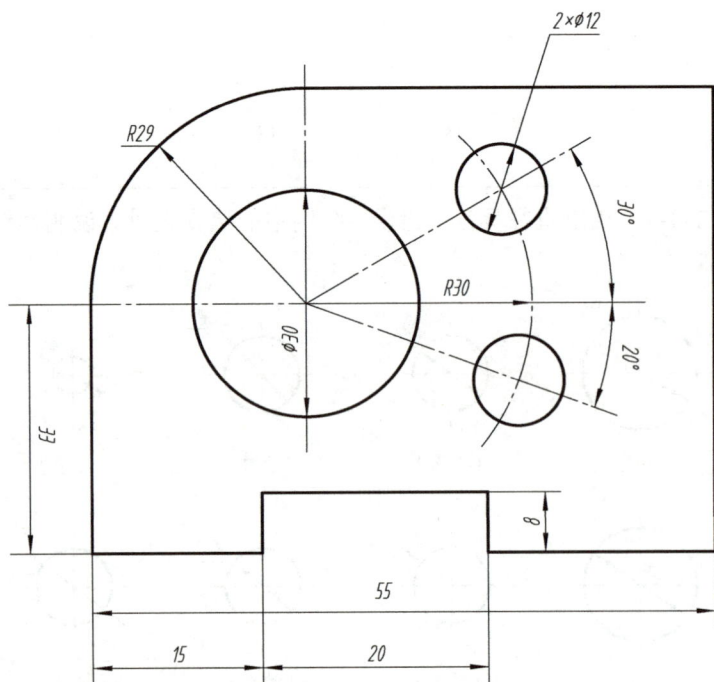

2×φ12
R29
R30
30°
20°
φ30
33
8
55
15　20

1-4-5　按1：1的比例标注下列图中圆或圆弧的直径尺寸，尺寸数值从图中量取整数。

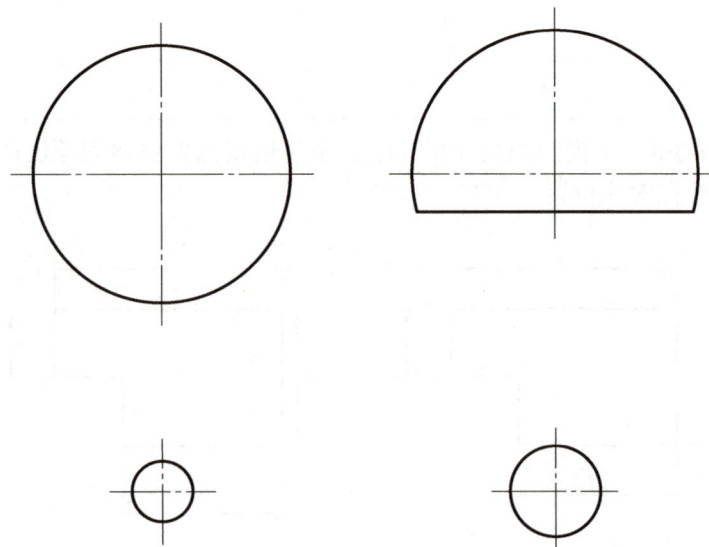

1-4-6　按1：1的比例标注下列图中圆弧的半径尺寸，尺寸数值从图中量取整数。

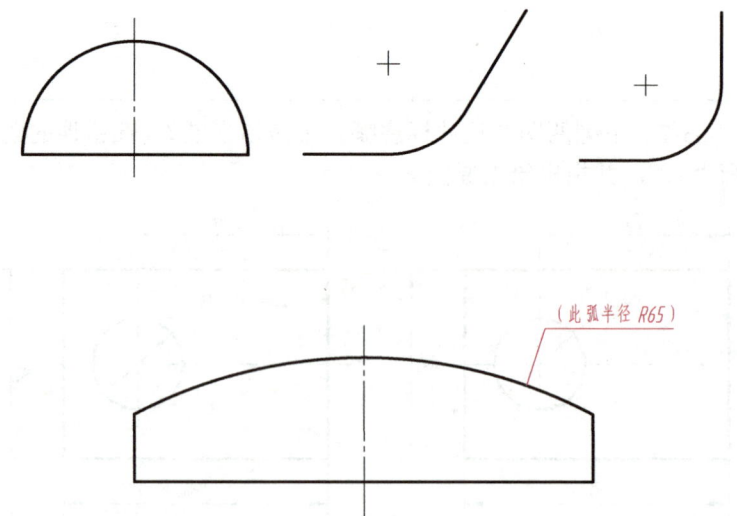

（此弧半径 R65）

1-5-1　按1：1的比例标注尺寸，尺寸数值从图中量取整数。

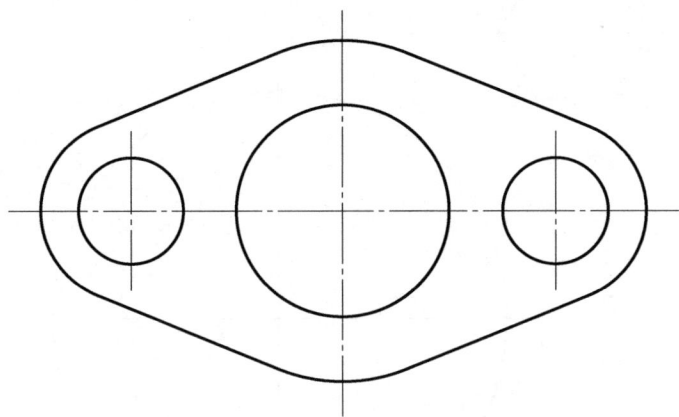

1-5-2　按1：1的比例标注尺寸，尺寸数值从图中量取整数。

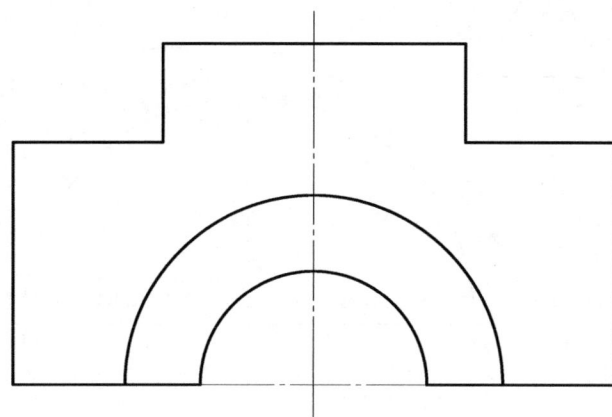

1-5-3　按1：1的比例标注尺寸，尺寸数值从图中量取整数。

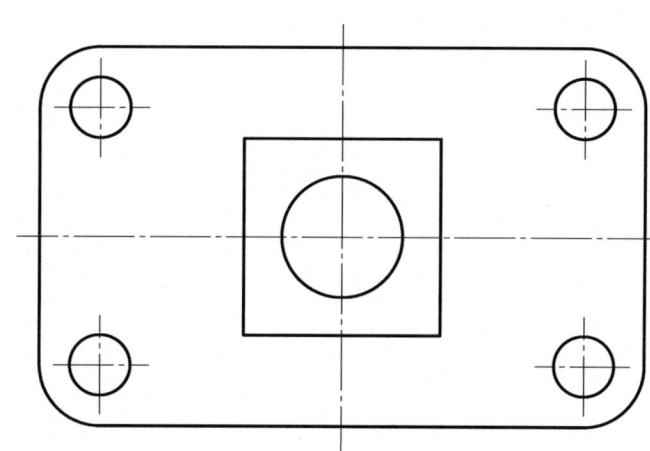

1-5-4　按1：1的比例标注尺寸，尺寸数值从图中量取整数。

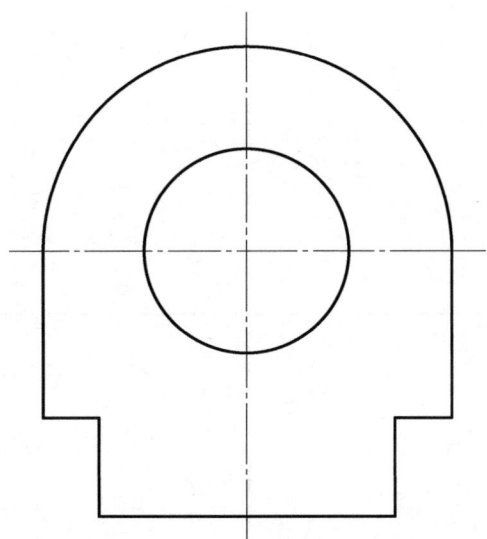

1-5-5　按1：1的比例标注尺寸，尺寸数值从图中量取整数。

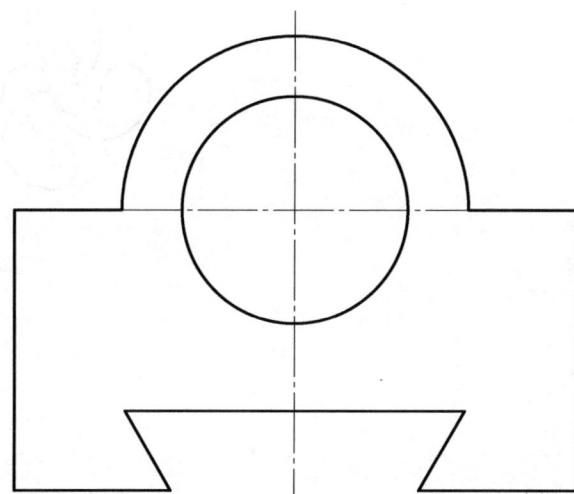

1-5-6　按1：1的比例标注尺寸，尺寸数值从图中量取整数。

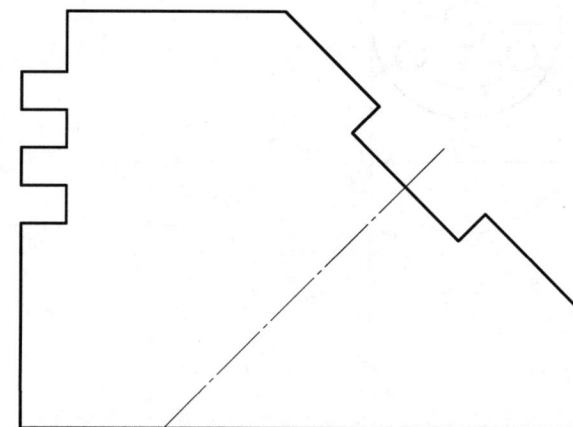

1-6-1　将直线 AB 五等分；以 CD 为底边作正三角形。

A ————————————— B

C ——————————— D

1-6-2　利用圆（分）规作内接正三角形。

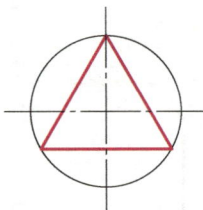

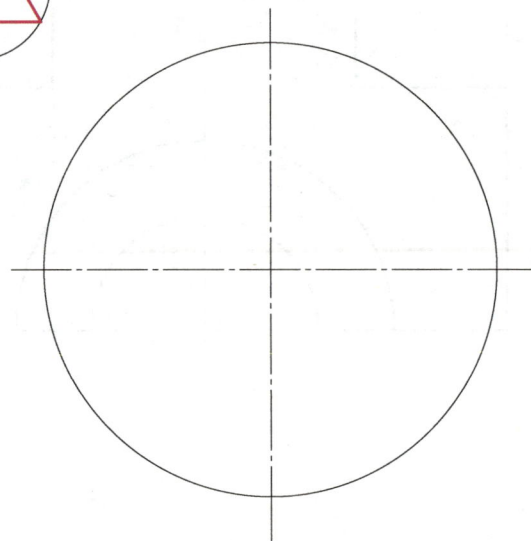

1-6-3　利用圆（分）规作内接正六边形。

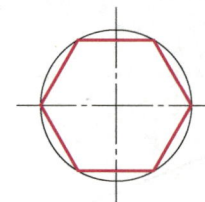

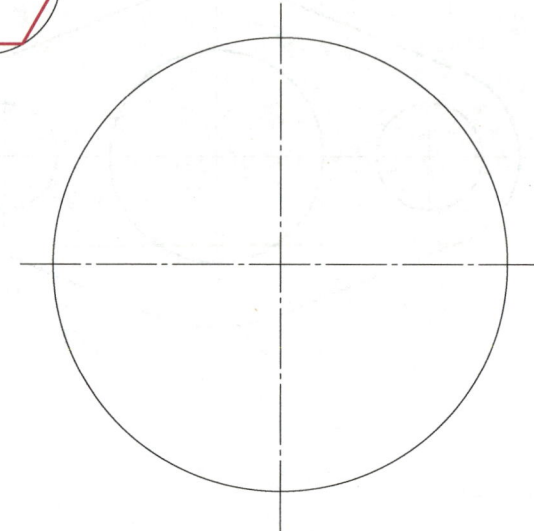

1-6-4　根据图例中给定的尺寸，按 1∶1 的比例画出图形，并标注尺寸。

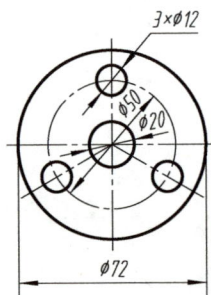

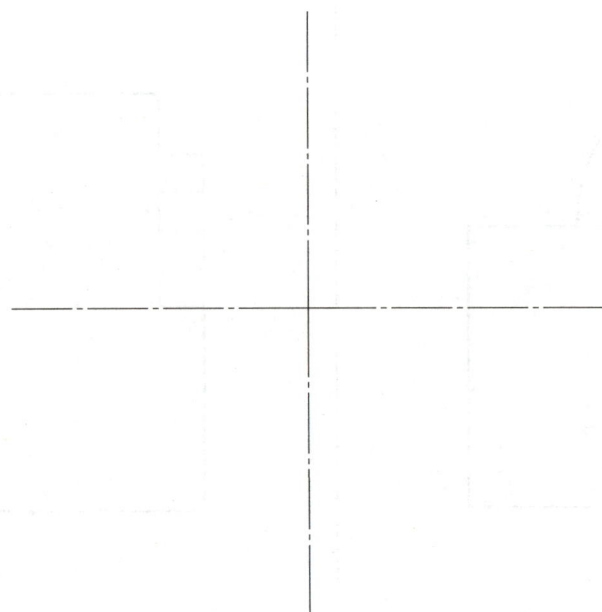

3×Φ12
Φ50
Φ20
Φ72

1-6-5　根据图例中给定的尺寸，按 1∶1 的比例画出图形，并标注尺寸。

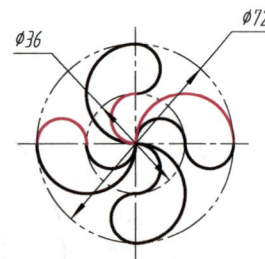

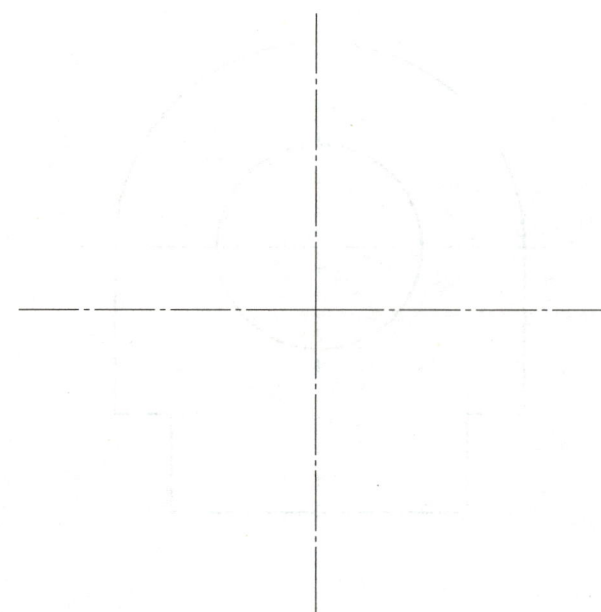

Φ36
Φ72

1-7-1 按 1：1 的比例完成下面的图形，保留求连接弧圆心和连接点（切点）的作图线。

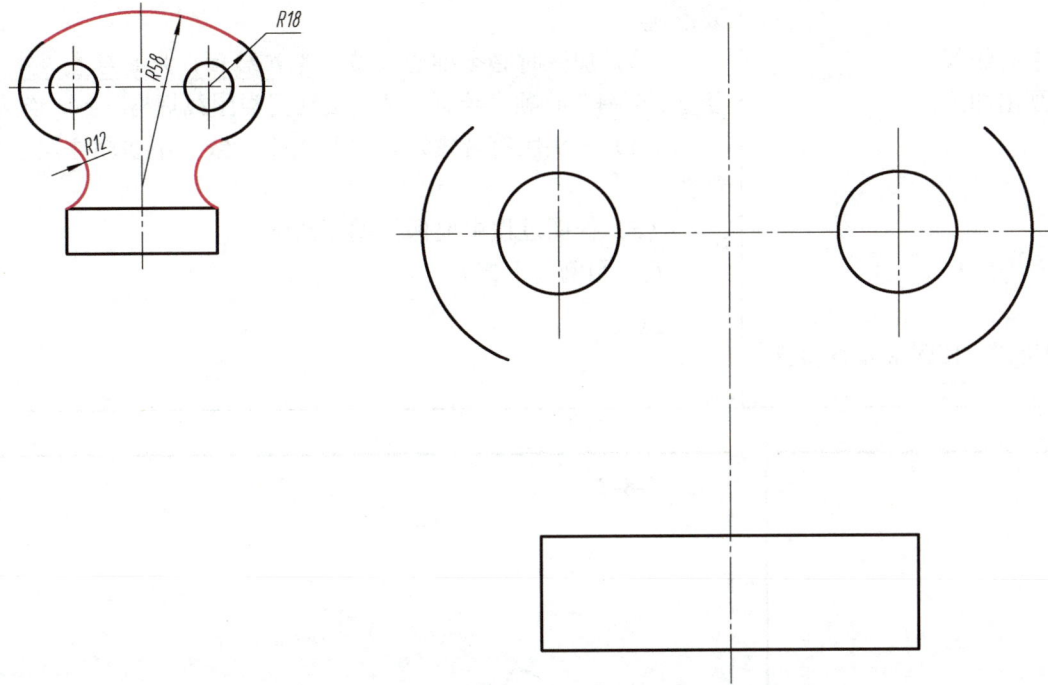

R18
R38
R12

1-7-2 按 1：1 的比例完成下面的图形，保留求连接弧圆心和连接点（切点）的作图线。

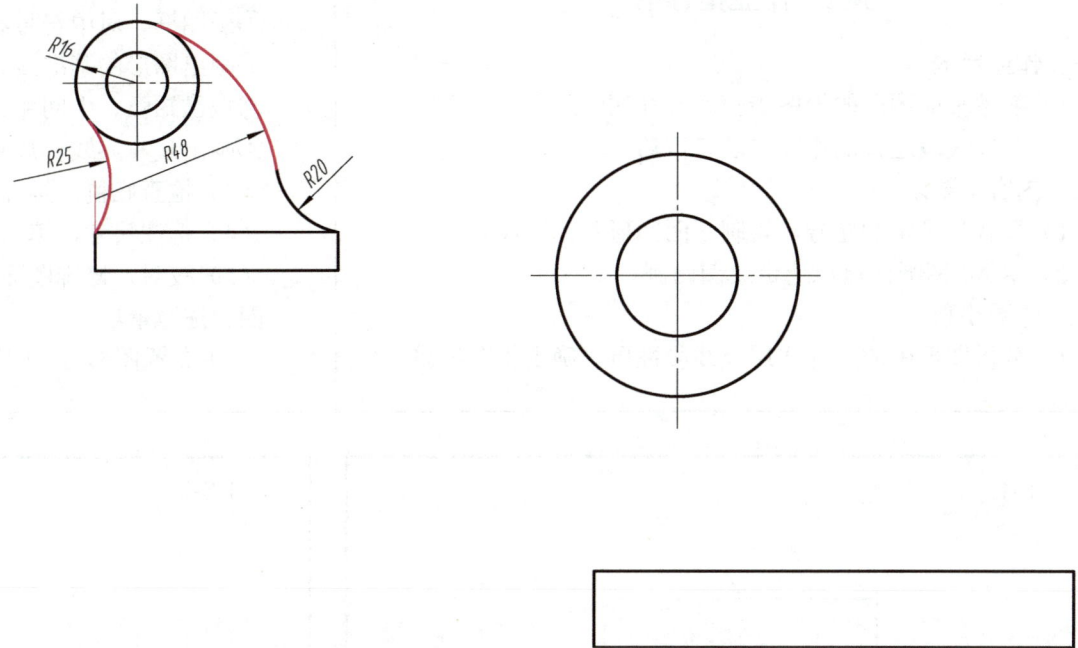

R16
R25
R48
R20

1-7-3 按 1：1 的比例完成下面的图形，保留求连接弧圆心和连接点（切点）的作图线。

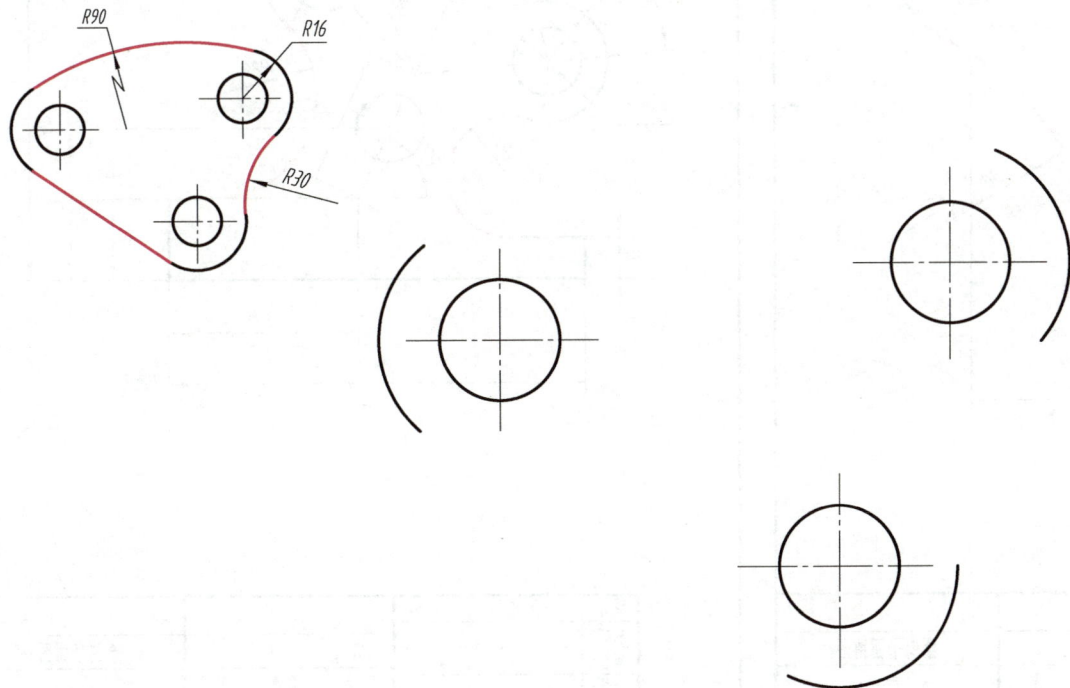

R90
R16
R30

1-7-4 按 1：1 的比例完成下面的图形，保留求连接弧圆心和连接点（切点）的作图线。

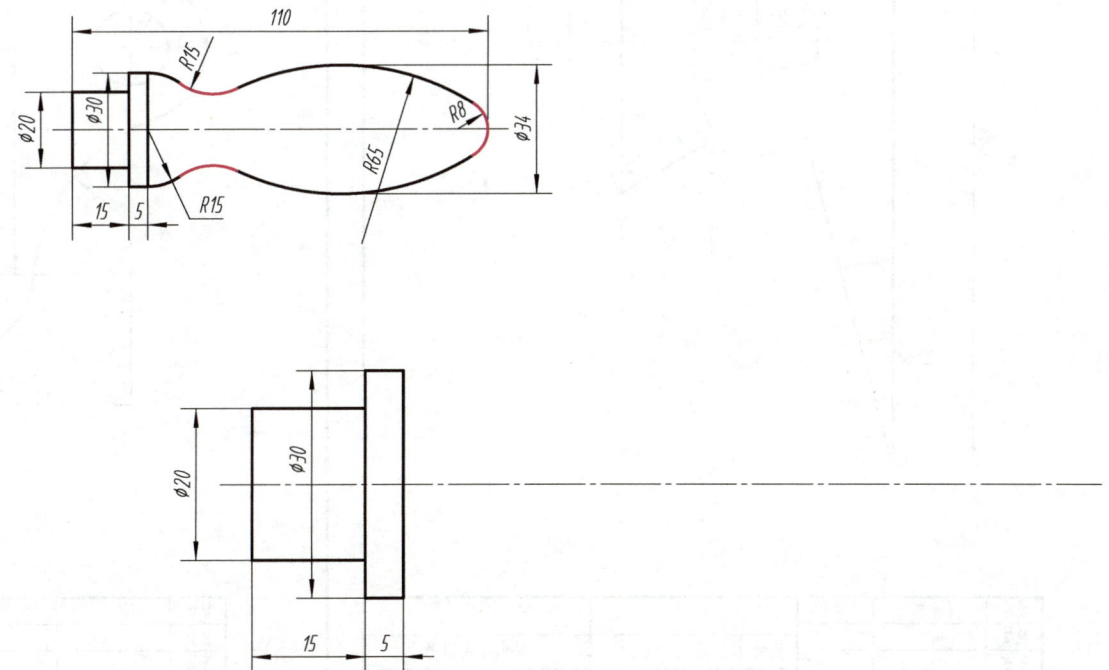

110
R15
φ30
φ20
R8
φ34
R65
15 5
R15
φ20
φ30
15 5

№2   作业指导书

一、作业目的
（1）熟悉平面图形的绘图步骤和尺寸注法。
（2）掌握线段连接的作图方法和技巧。

二、内容与要求
（1）按教师指定的题号，绘制平面图形并标注尺寸。
（2）用 A4 图纸，自己选定绘图比例。

三、作图步骤
（1）分析图形中的尺寸作用及线段性质，确定作图步骤。

（2）画底稿。
①画图框、对中符号和标题栏。
②画出图形的基准线、对称线及圆的中心线等。
③按已知弧、中间弧、连接弧的顺序画出图形。
④画出尺寸界线、尺寸线。
（3）检查底稿，描深图形。
（4）标注尺寸、填写标题栏。
（5）校对，修饰图面。

四、注意事项
（1）布置图形时，应留足标注尺寸的位置，使图形布置匀称。

（2）画底稿时，作图线应细淡而准确，连接弧的圆心及切点要准确。
（3）加深时必须细心，按"先粗后细，先曲后直，先水平后竖直、倾斜"的顺序绘制，尽量做到同类图线规格一致、连接光滑。
（4）箭头应符合规定，并且大小一致。不要漏注尺寸或漏画箭头。
（5）作图过程中要保持图面清洁。

五、图例（下方）

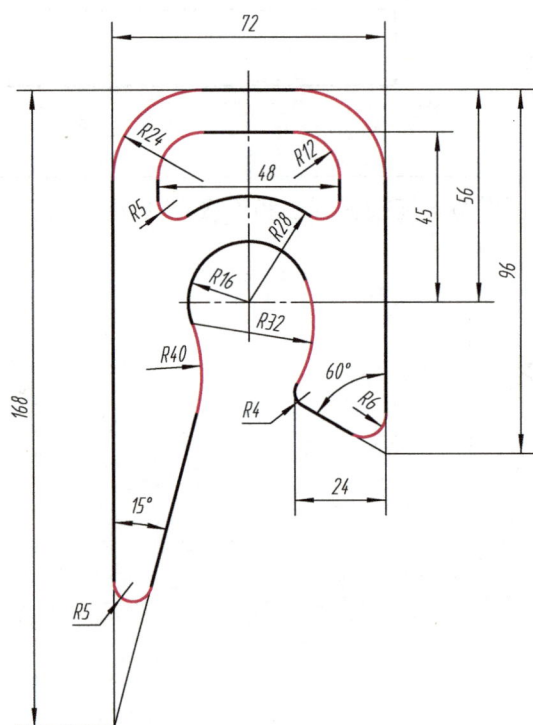

1-8-1

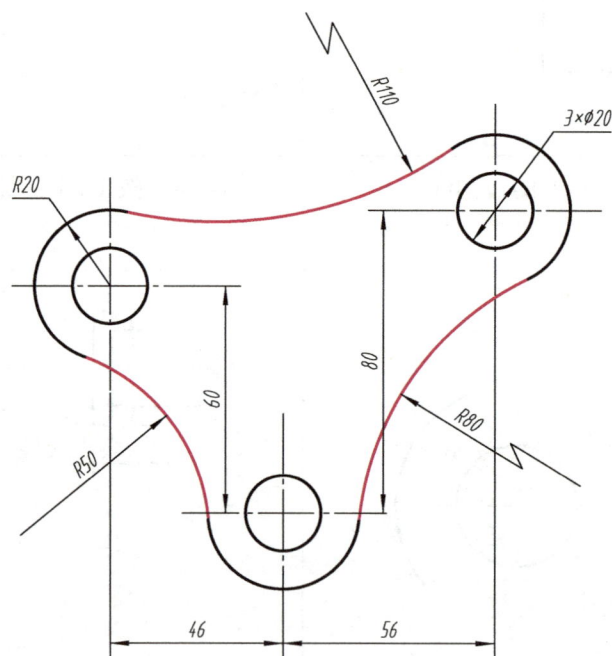

1-8-2

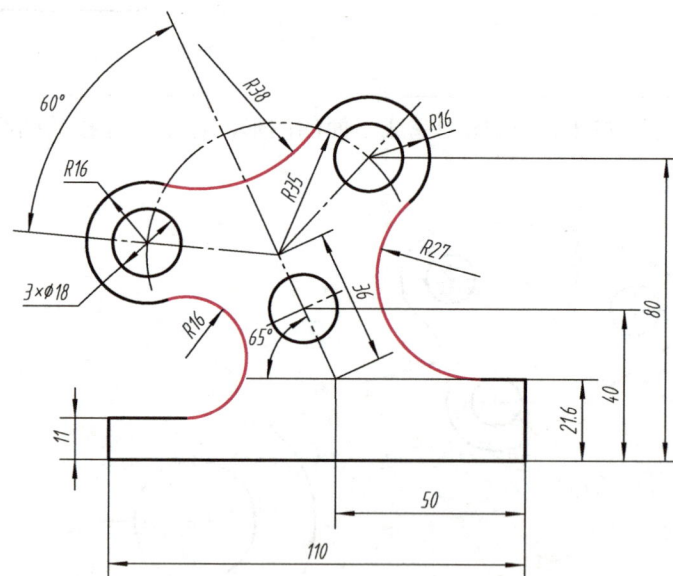

1-8-3

设计	(姓名)	(学号)			
校核			比例	1:1	绘制平面图形
审核					
班级			共　张第　张		

1-9-1　按规定的斜度,补画下列图形中所缺的图线。

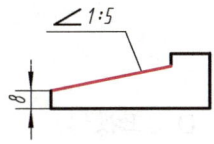

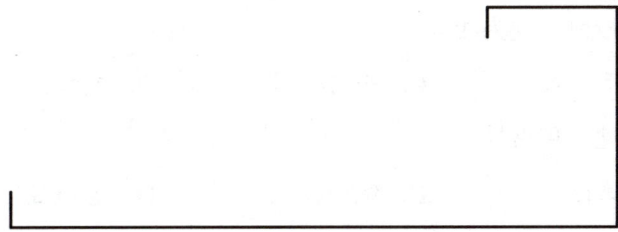

1-9-2　按图中给定的尺寸（比例为 1:1）抄画图形,并标注斜度。

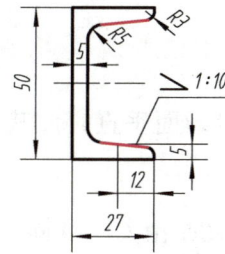

1-9-3　用四心近似画法画椭圆(长轴为90mm,短轴为50mm)。

1-9-4　按规定的锥度,补画下列图形中所缺的图线。

1-9-5　按图中给定的尺寸（比例为 1:1）抄画图形,并标注锥度。

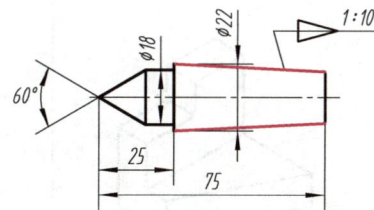

1-9-6　用辅助同心圆法画椭圆(长轴为90mm,短轴为50mm)。

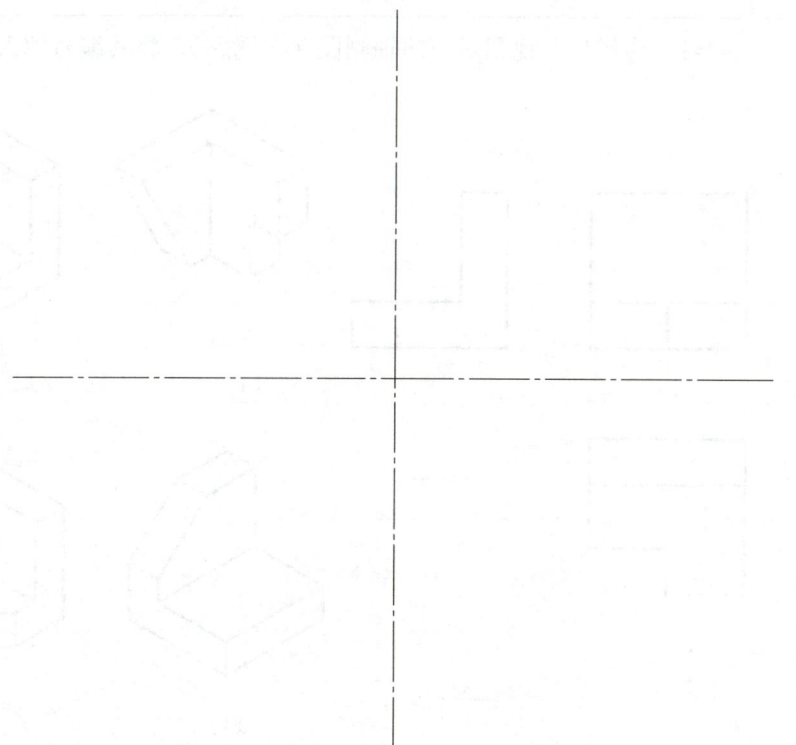

第二章 投影基础

2-1 填空、选择题　　　　　　　　　　　　　　　　　　　　　　　班级　　　姓名　　　学号

2-1-1 填空题。

（1）获得投影的三要素有（　　　　　）、物体、投影面。

（2）当平面与投影面平行时，其投影（　　　　　）；当平面与投影面垂直时，其投影（　　　　　）；当平面与投影面倾斜时，其投影（　　　　　）。

（3）主视图是由（　）向（　）投射，在（　）面上所得的视图；俯视图是由（　）向（　）投射，在（　）面上所得的视图；左视图是由（　）向（　）投射，在（　）面上所得的视图。

（4）三视图之间的对应关系是：主、左视图（　　　　　）；主、俯视图（　　　　　）；左、俯视图（　　　　　）。

（5）"三等规律"不仅反映在物体的（　　　　）上，也反映在物体的（　　　　　）上。

（6）三视图与物体的方位关系是：主视图反映物体的（　　　　　）和（　　　　　）位置关系；俯视图反映物体的（　　　　　）和（　　　　　）位置关系；左视图反映物体的（　　　　　）和（　　　　　）位置关系。

（7）俯视图的下方表示物体的（　　　）面，俯视图的上方表示物体的（　　　）面。

2-1-2 选择题。

（1）机械图样主要采用（　　）法绘制。

　　A. 平行投影　　　B. 中心投影　　　C. 斜投影　　　D. 正投影

（2）平行投影法中投射线与投影面相垂直时，称为（　　）。

　　A. 垂直投影法　　B. 正投影法　　　C. 斜投影法　　D. 中心投影法

（3）将投射中心移至无限远处，则投射线视为相互（　　）。

　　A. 垂直　　　　　B. 交于一点　　　C. 平行　　　　D. 交叉

（4）正投影的基本特性主要有真实性、积聚性、（　　）。

　　A. 类似性　　　　B. 特殊性　　　　C. 统一性　　　D. 普遍性

（5）三视图中，离主视图远的一面表示物体的（　　）面。

　　A. 上　　　　　　B. 下　　　　　　C. 前　　　　　D. 后

（6）三视图中，离主视图近的一面表示物体的（　　）面。

　　A. 上　　　　　　B. 下　　　　　　C. 前　　　　　D. 后

2-1-3 选择与三视图对应的轴测图（多选题），将其编号填入括号内。

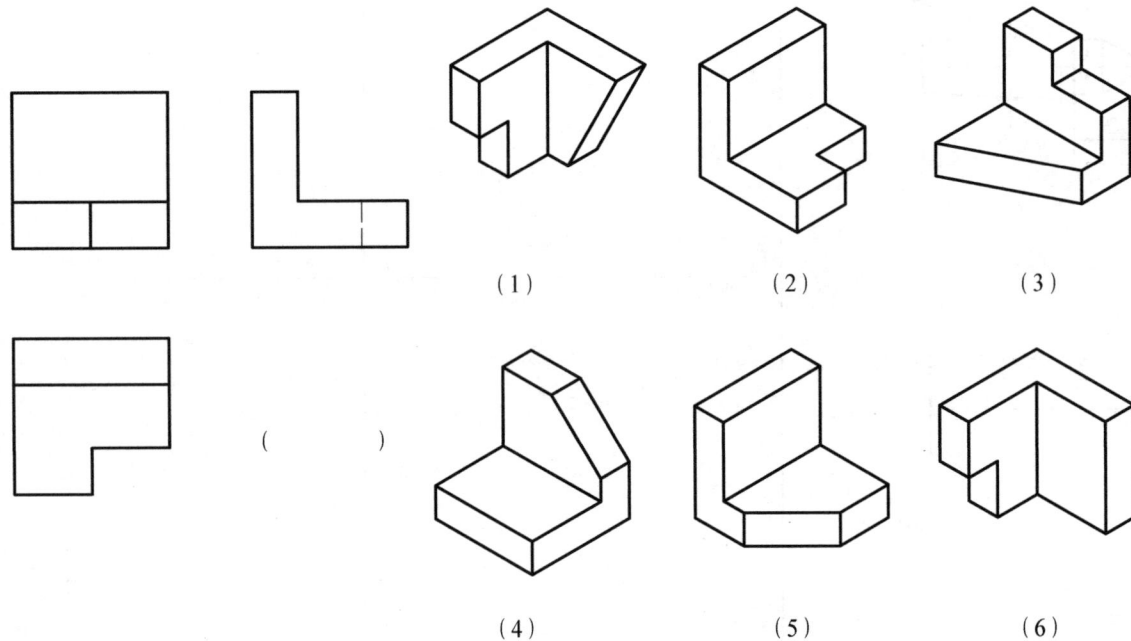

（1）　　　　（2）　　　　（3）

（　　　）

（4）　　　　（5）　　　　（6）

2-1-4 选择与三视图对应的轴测图（多选题），将其编号填入括号内。

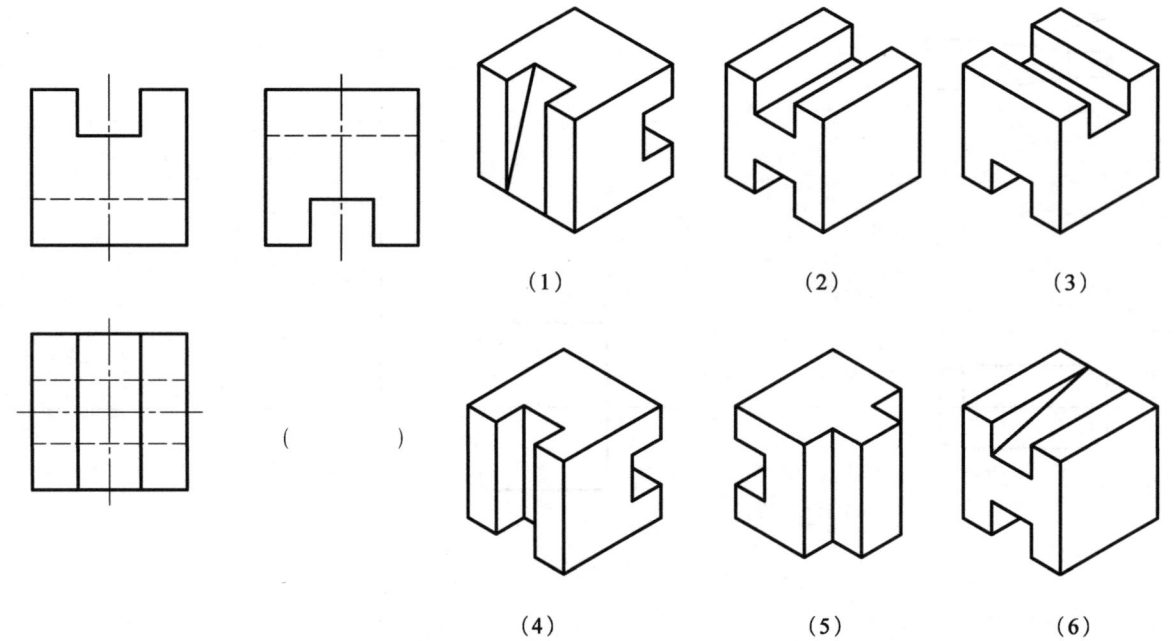

（1）　　　　（2）　　　　（3）

（　　　）

（4）　　　　（5）　　　　（6）

2-2-1 带编号的三视图。

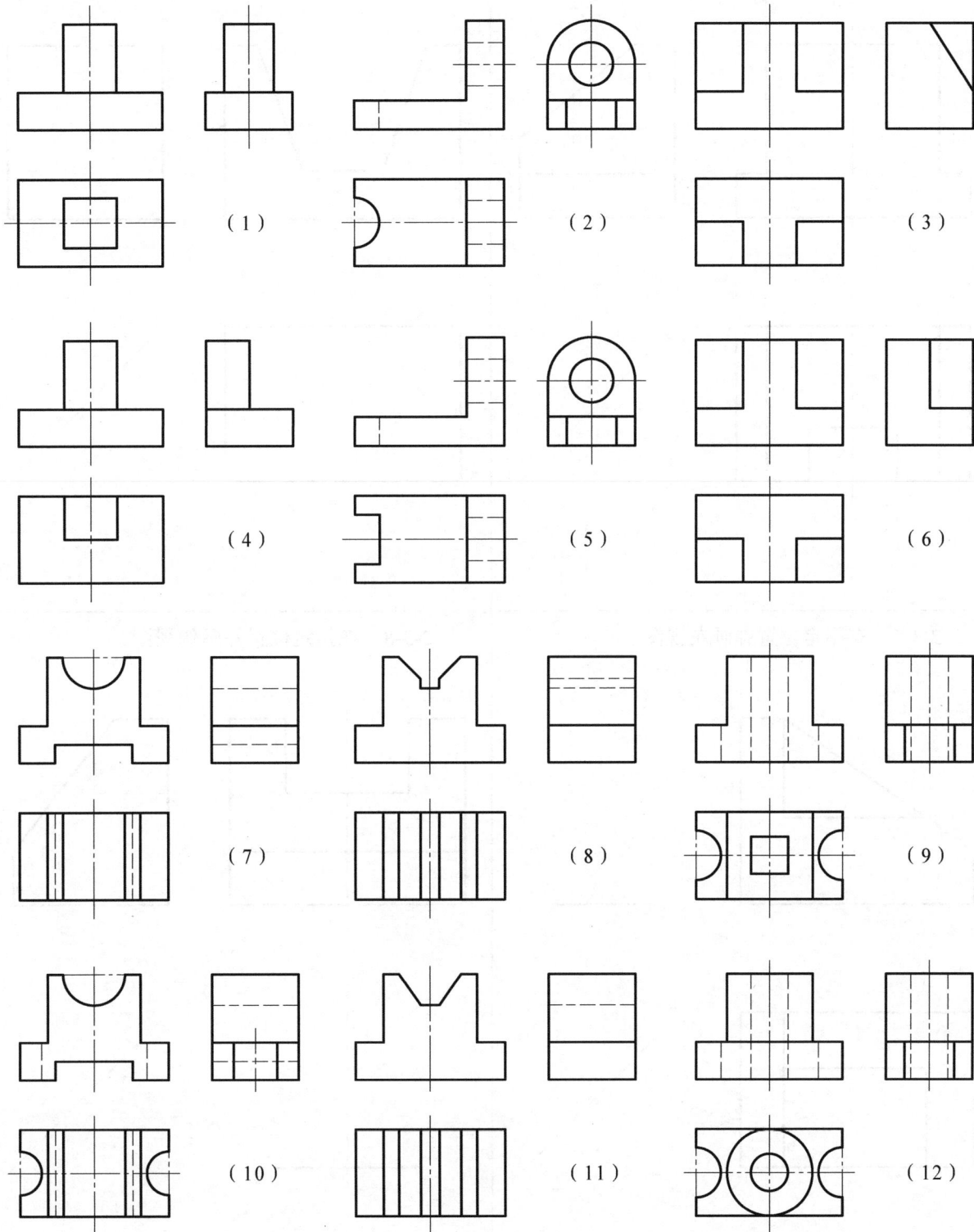

2-2-2 选择对应的轴测图。

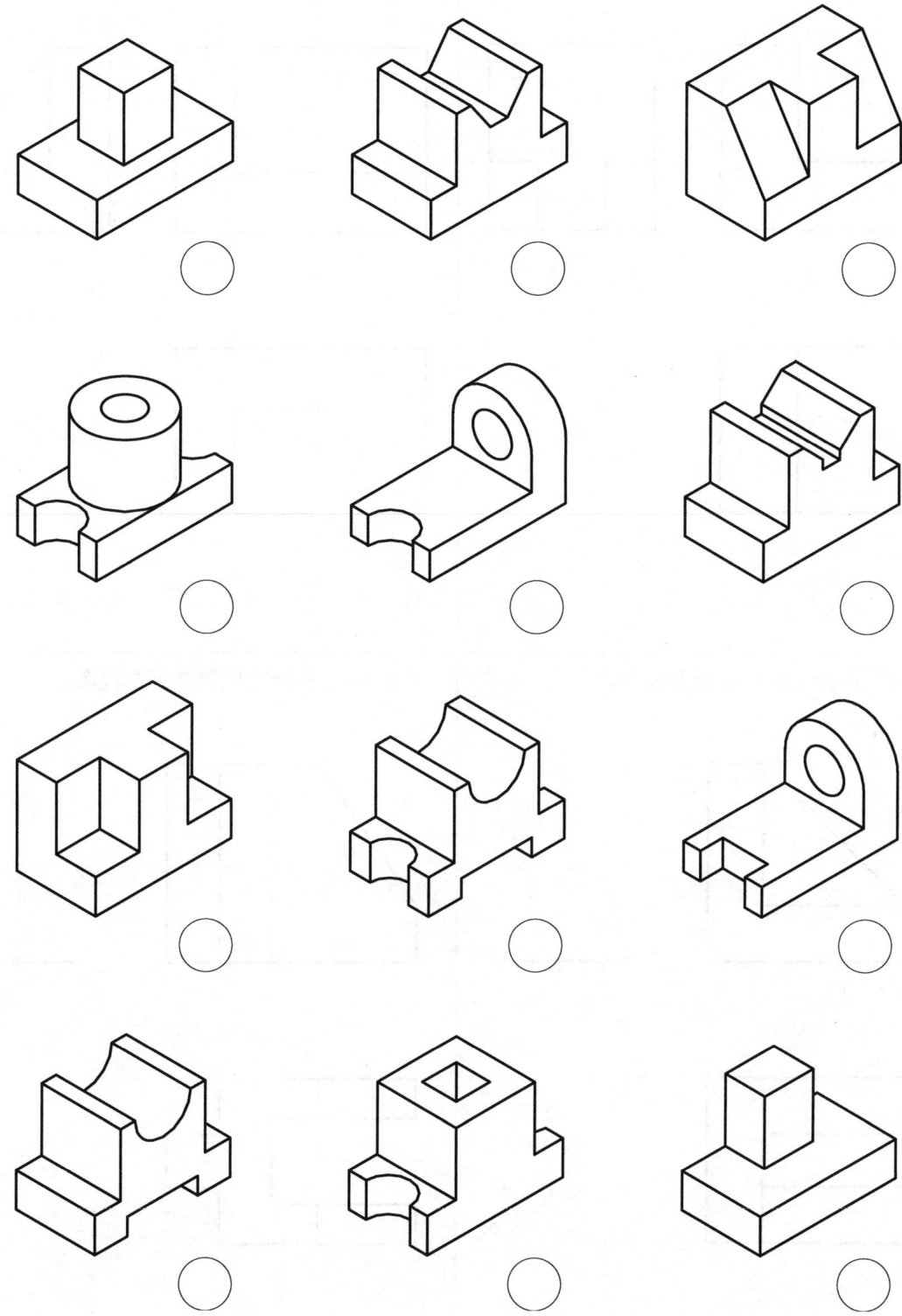

（1）
（2）
（3）

（4）
（5）
（6）

（7）
（8）
（9）

（10）
（11）
（12）

2-3-1　补画视图中所缺的图线。

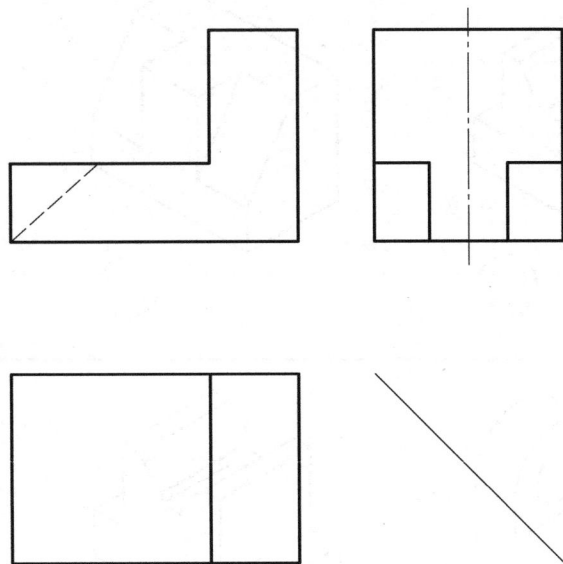

2-3-2　补画视图中所缺的图线。

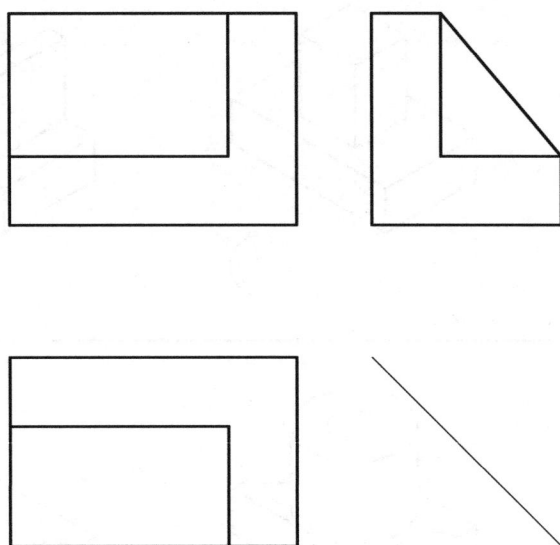

2-3-3　补画视图中所缺的图线。

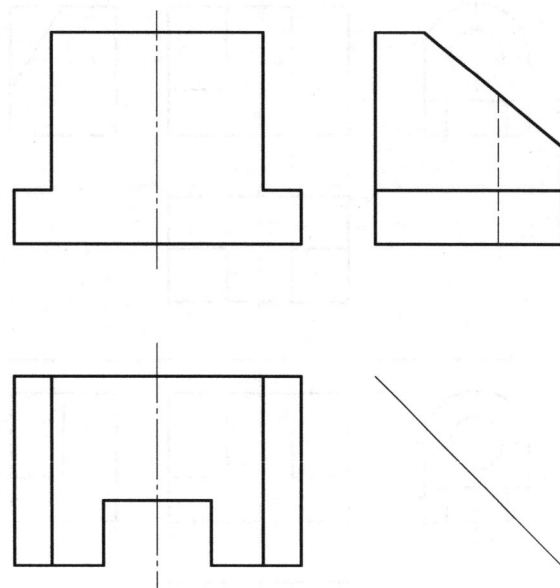

2-3-4　补画视图中所缺的图线。

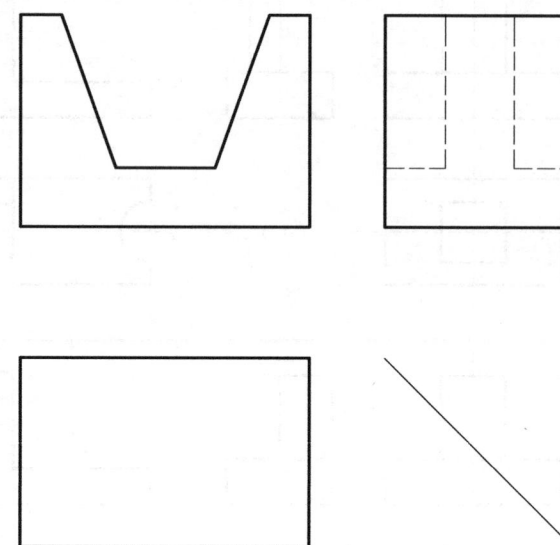

2-3-5　在指定位置补画左视图。

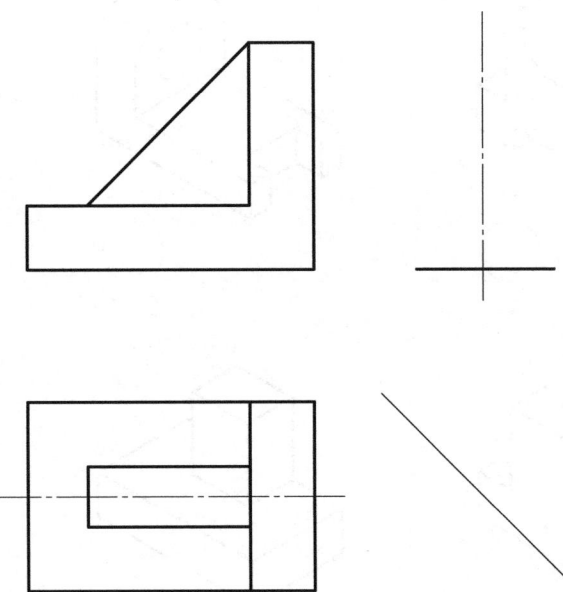

2-3-6　在指定位置补画左视图。

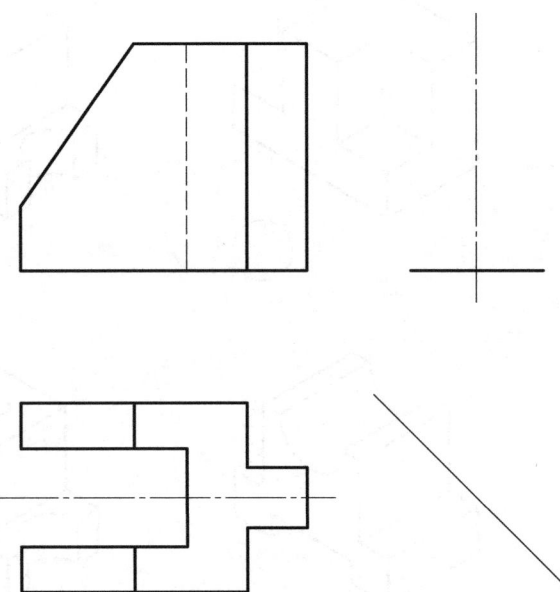

2-3-7　在指定位置补画左视图。

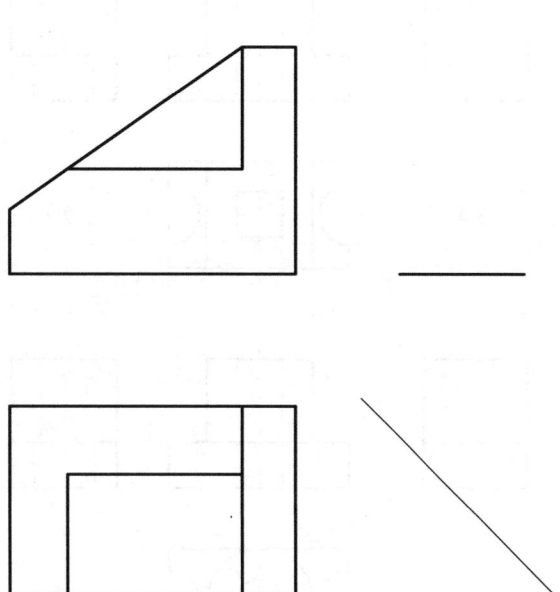

2-3-8　在指定位置补画俯视图。

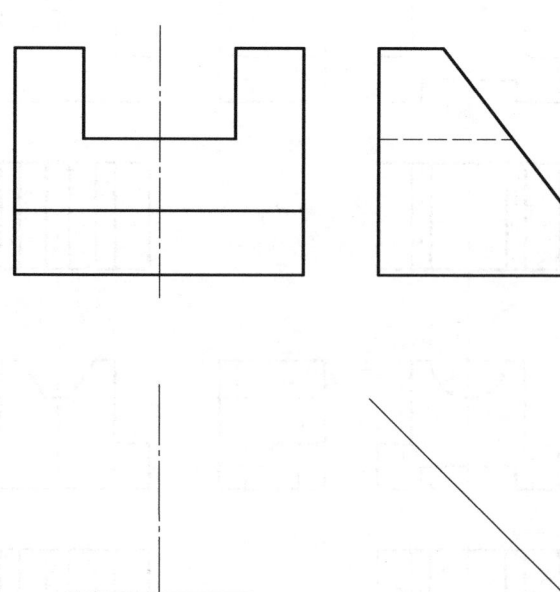

2-4-1　补画视图中所缺的图线。

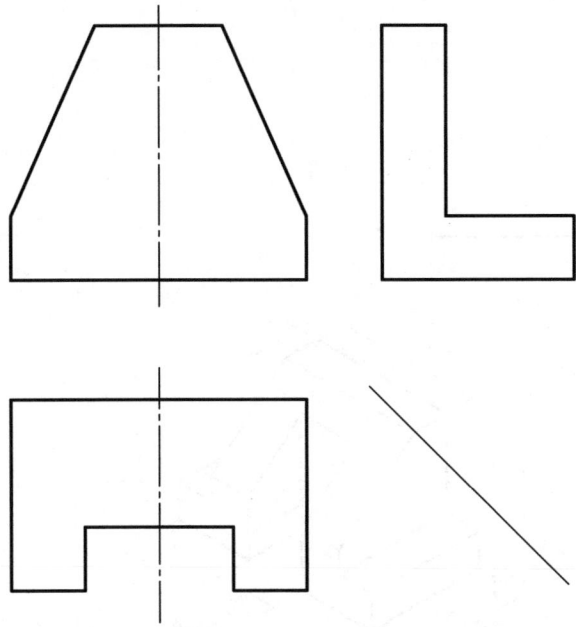

2-4-2　补画视图中所缺的图线。

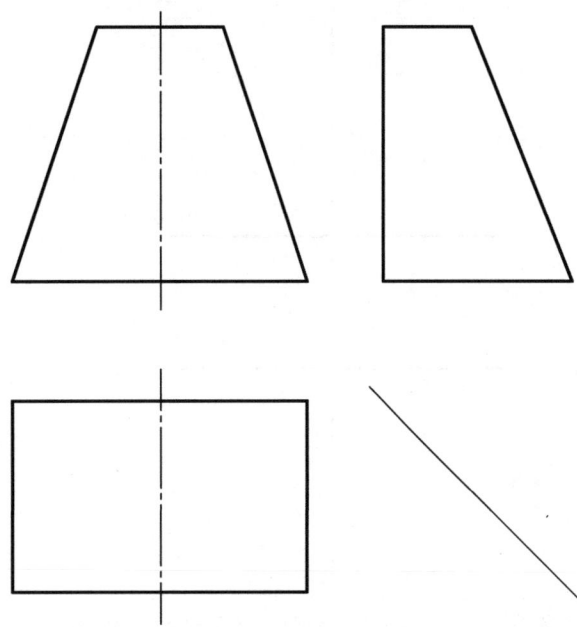

2-4-3　补画视图中所缺的图线。

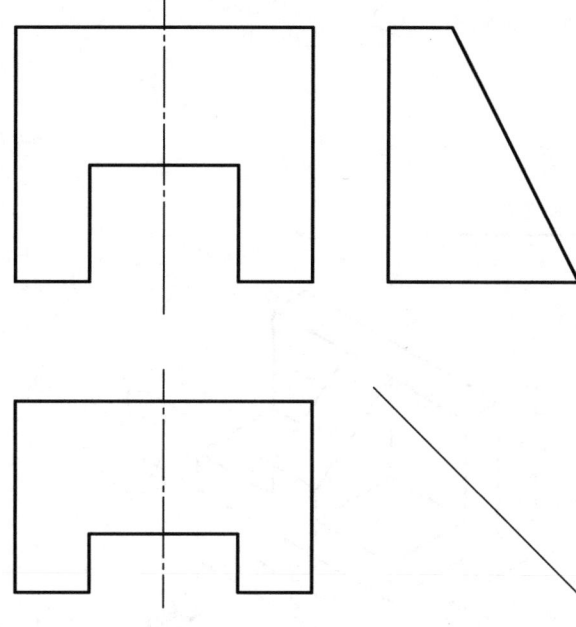

2-4-4　补画视图中所缺的图线。

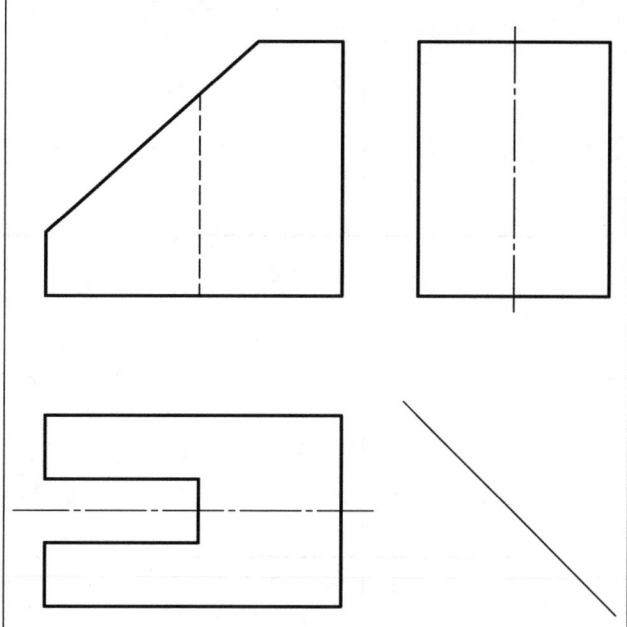

2-4-5　在指定位置补画主视图。

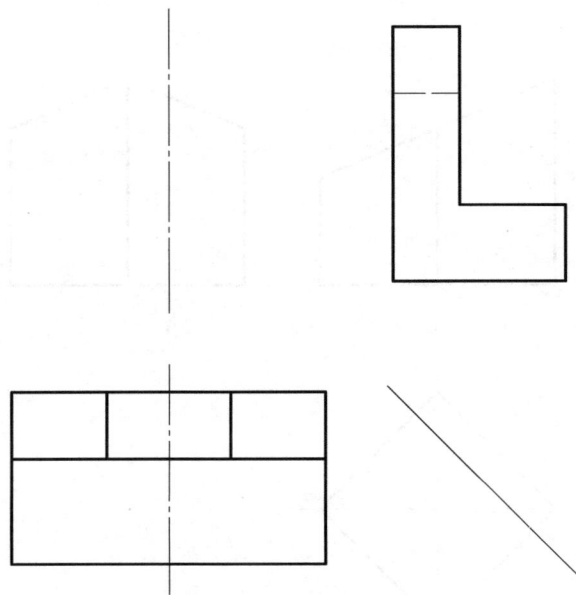

2-4-6　在指定位置补画左视图。

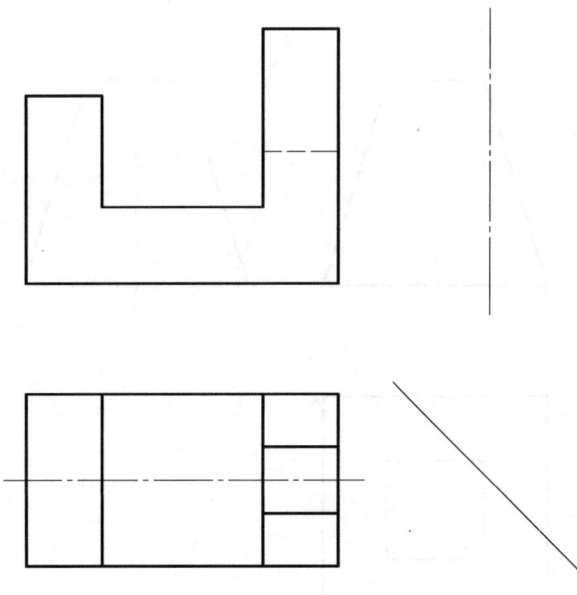

2-4-7　在指定位置补画左视图。

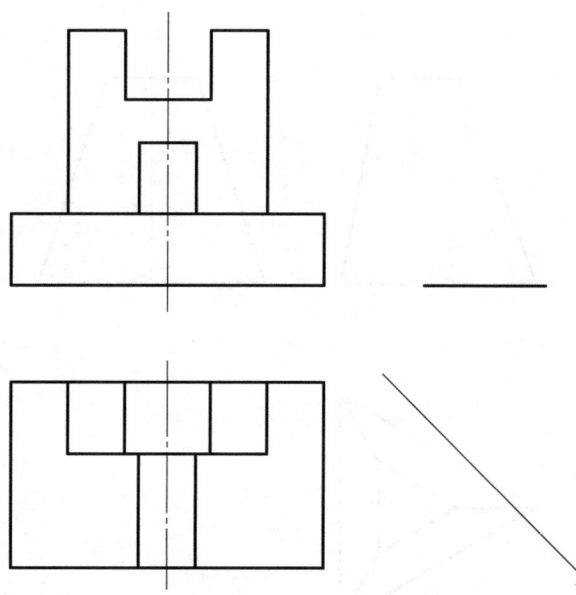

2-4-8　在指定位置补画俯视图。

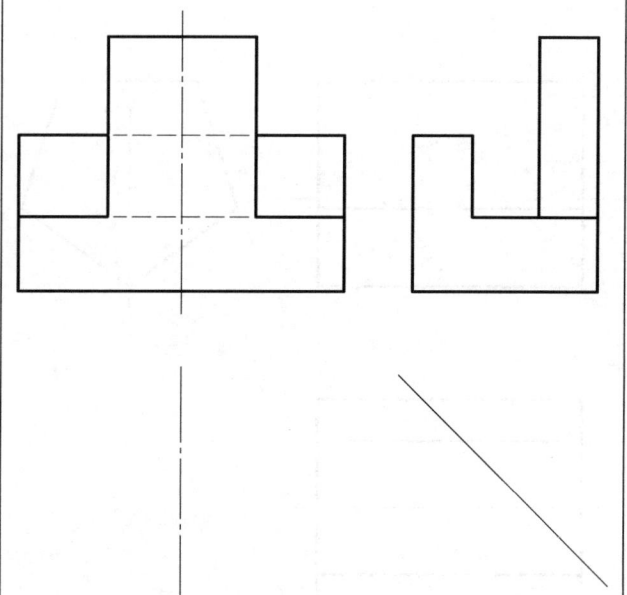

2-5-1 根据轴测图及其尺寸，按 1：1 的比例画出三视图。

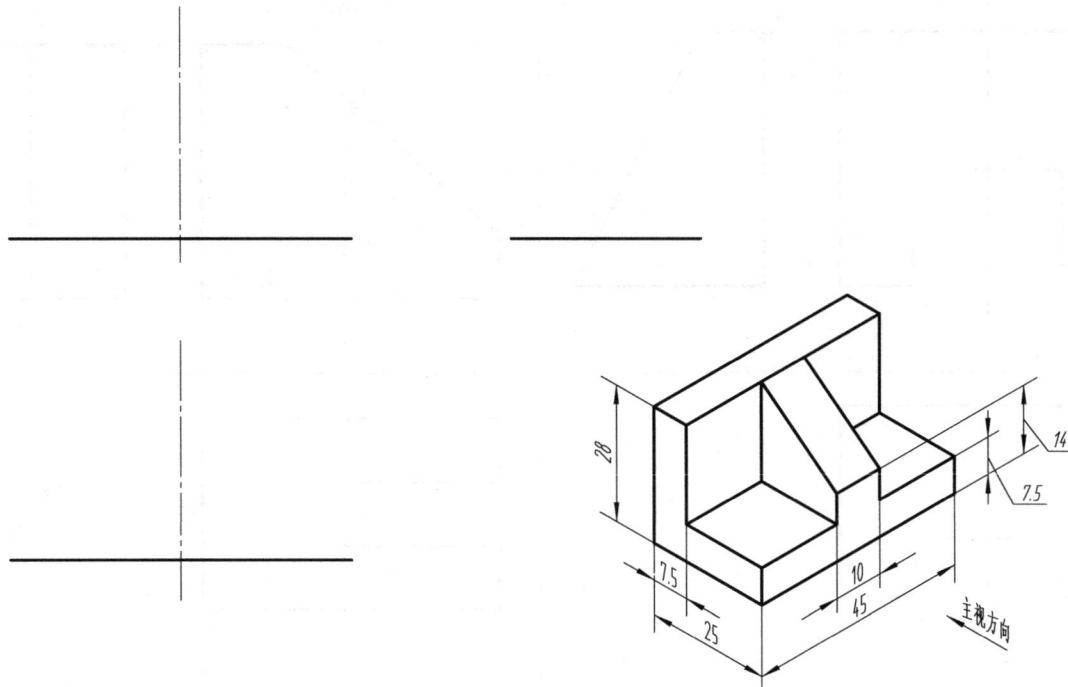

2-5-2 根据轴测图及其尺寸，按 1：1 的比例画出三视图。

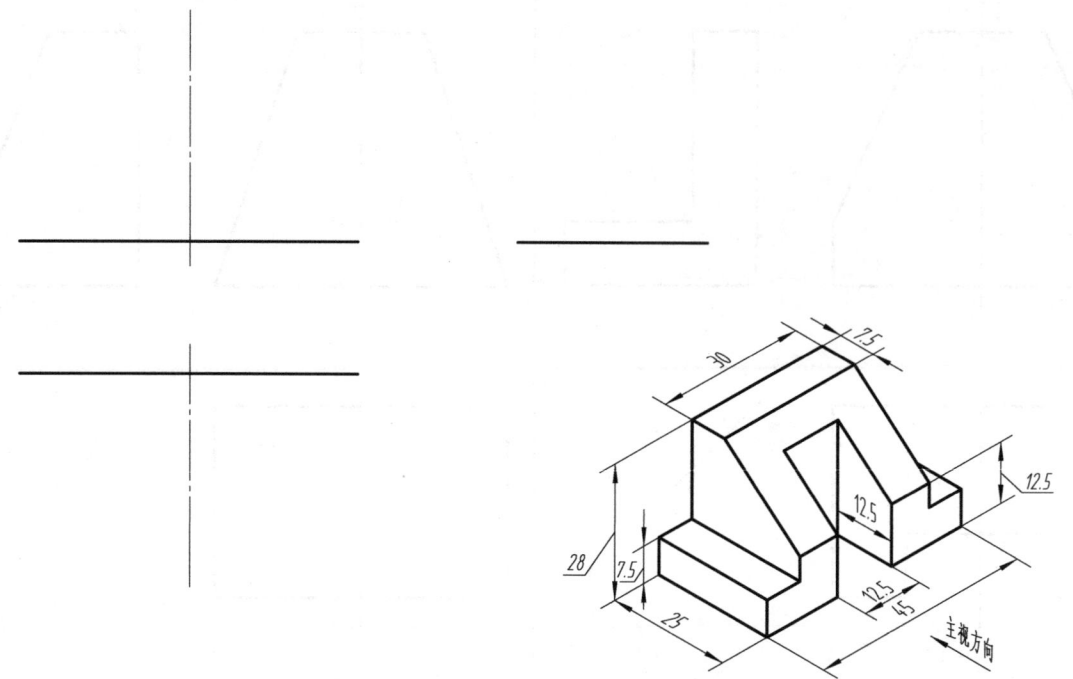

2-5-3 补画正五棱柱视图中的漏线。

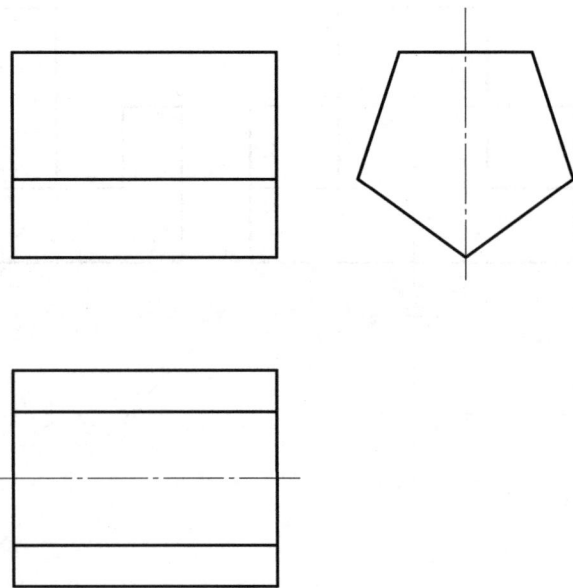

2-5-4 补画正三棱台视图中的漏线。

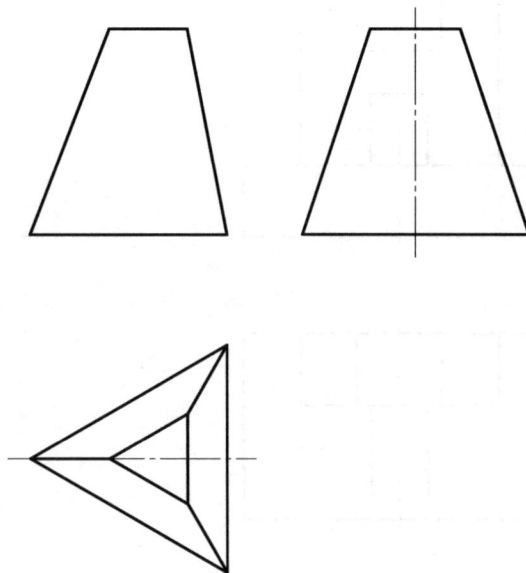

2-5-5 补画正四棱台视图中的漏线。

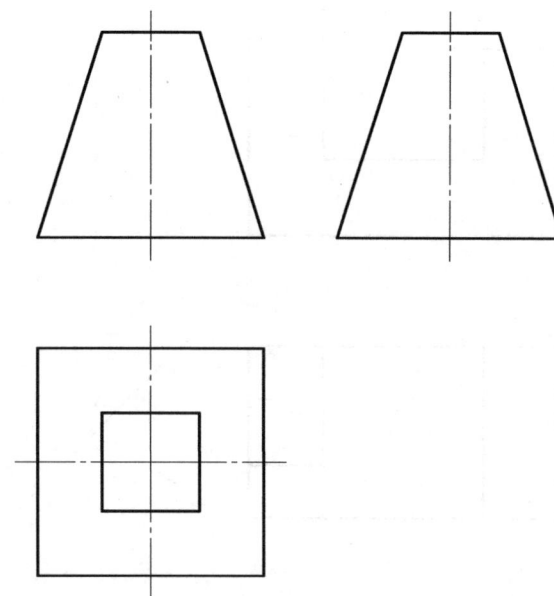

2-5-6 补画正四棱柱（上底为斜面）视图中的漏线。

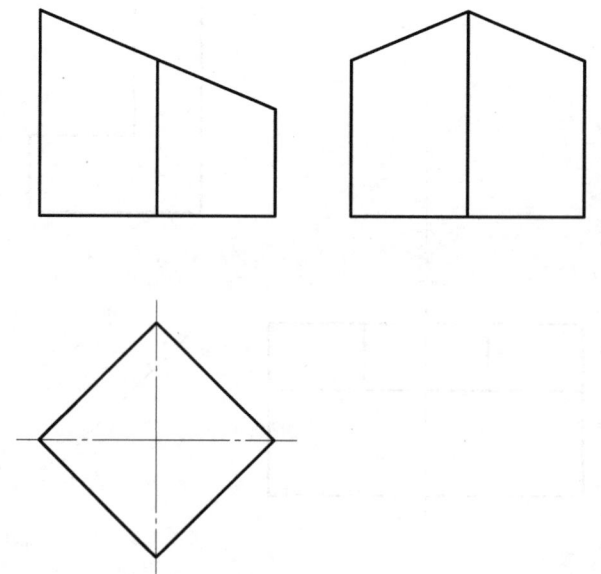

2-6-1 补画正六棱柱的左视图。

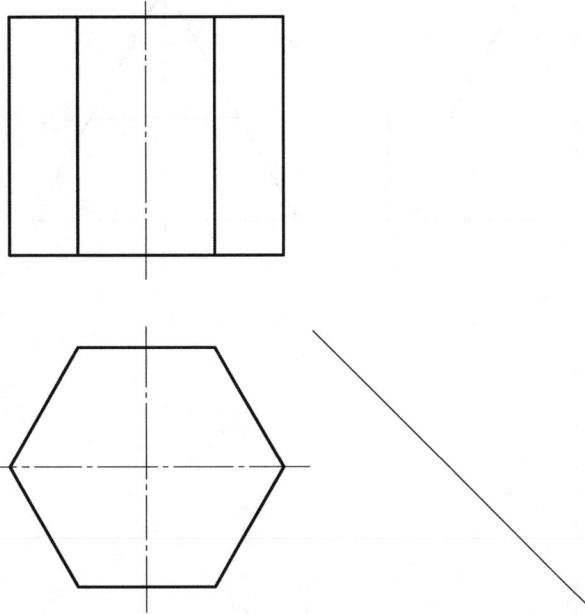

2-6-2 补画正三棱柱的左视图。

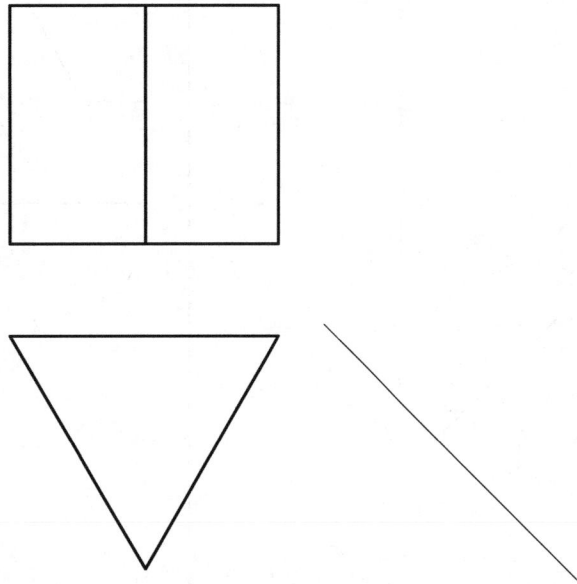

2-6-3 补画正三棱锥的左视图。

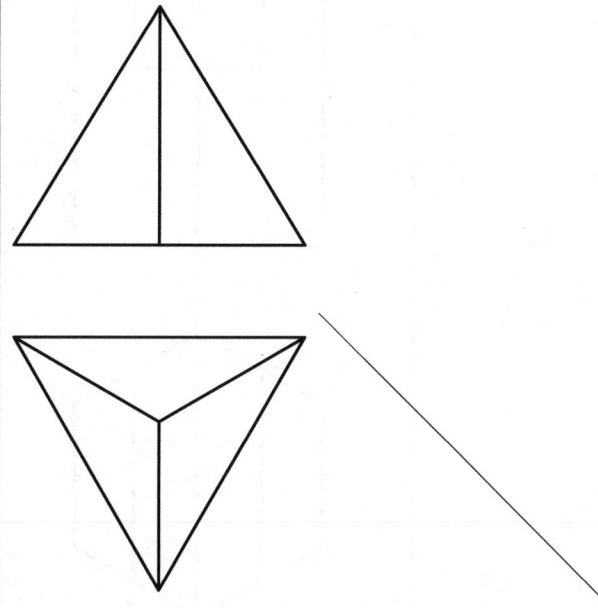

2-6-4 补画正三棱台的俯视图。

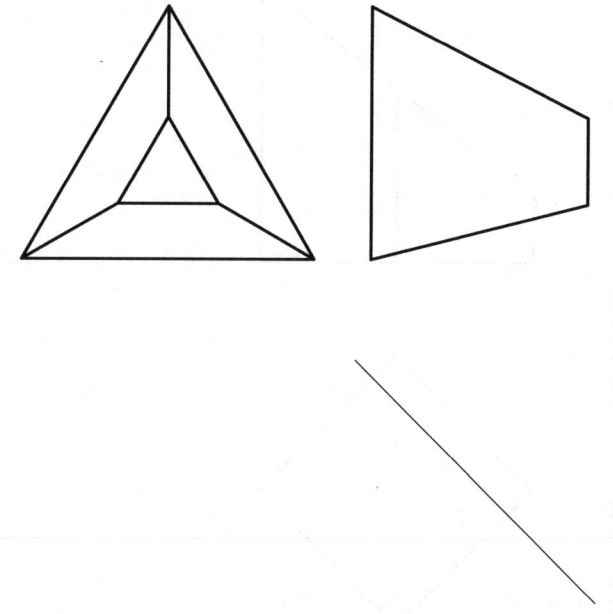

2-6-5 求正五棱柱表面上点 E 和点 F 的另外两个投影。

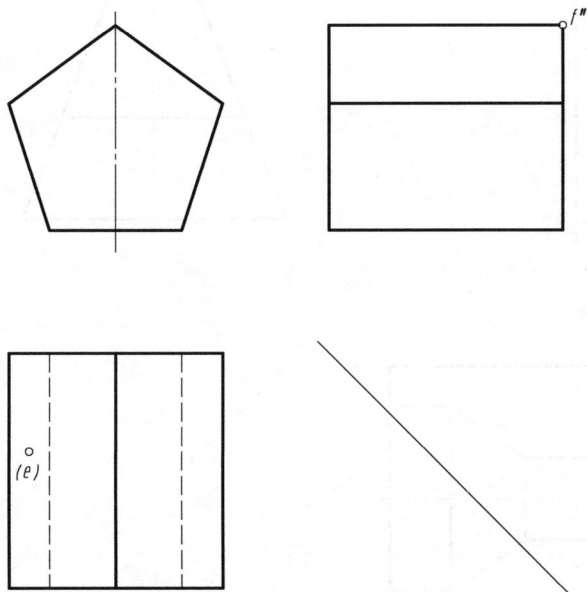

2-6-6 求正三棱柱表面上点 C 和点 D 的另外两个投影。

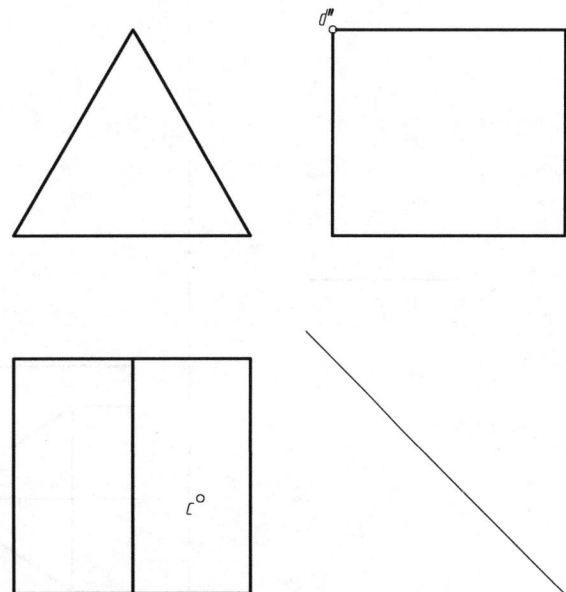

2-6-7 用辅助线法求三棱锥表面上点 C 的另外两个投影。

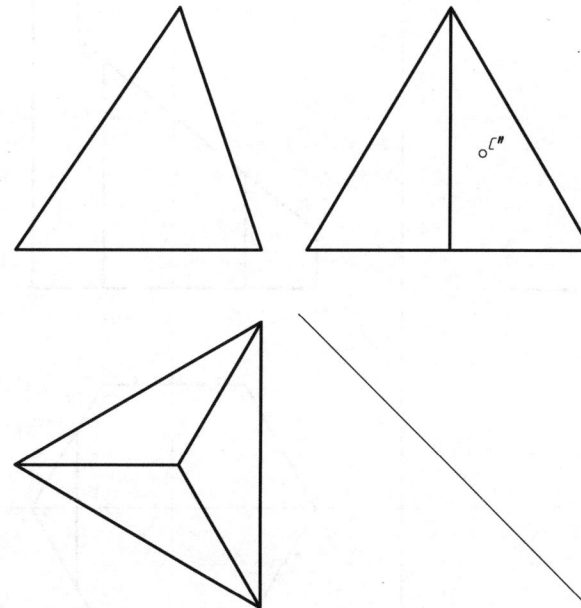

2-6-8 用辅助平面法求三棱台表面上点 D 的另外两个投影。

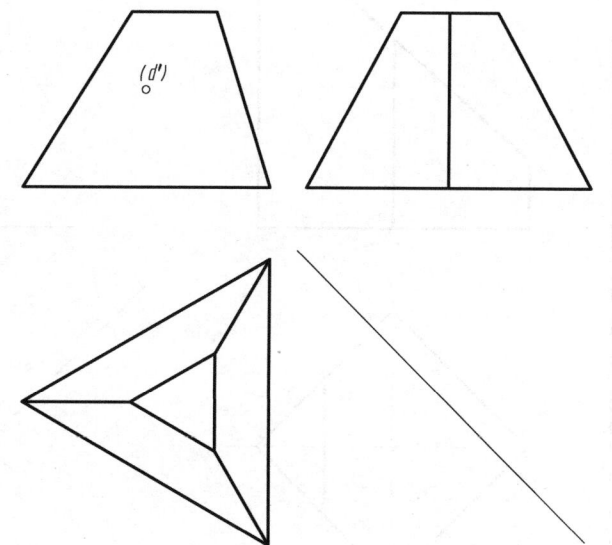

2-7-1 补画正四棱柱被斜截后的左视图。

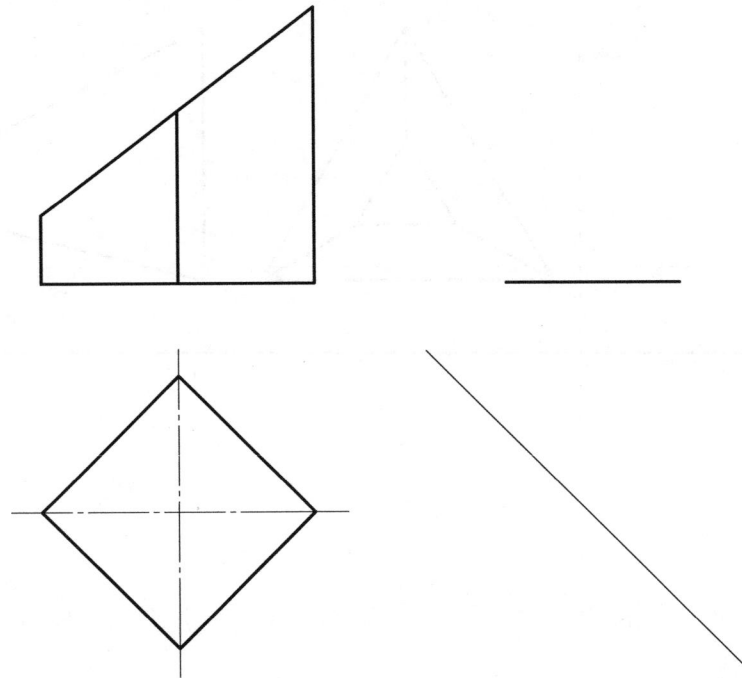

2-7-2 补画正六棱柱被切槽后的左视图。

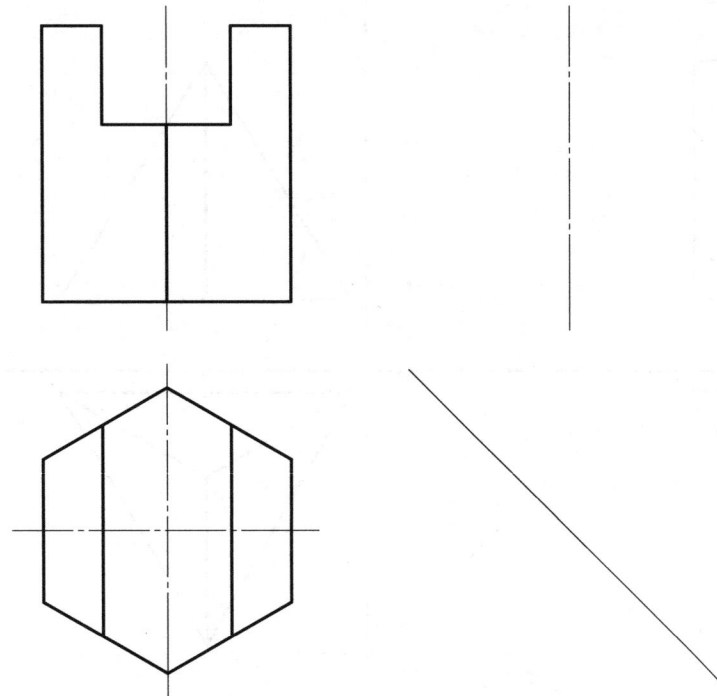

2-7-3 补画正三棱柱被截切后的俯视图。

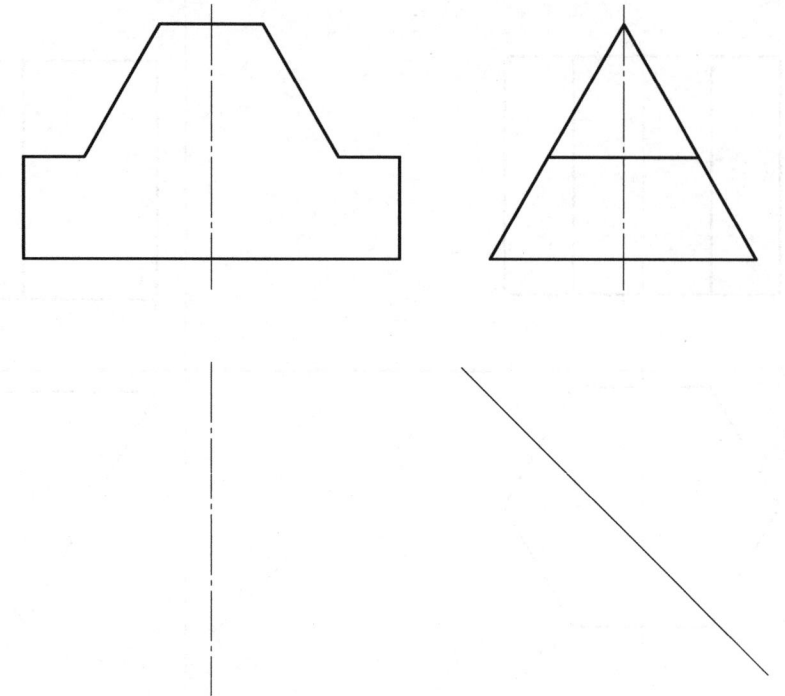

2-7-4 补画正四棱柱被截切后的左视图。

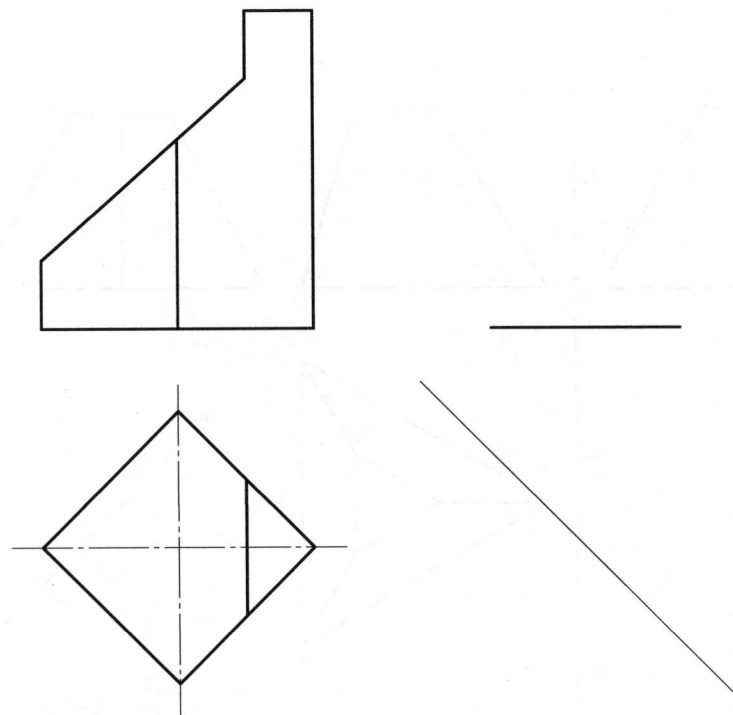

2-7-5 补画正六棱柱被截切后的左视图。

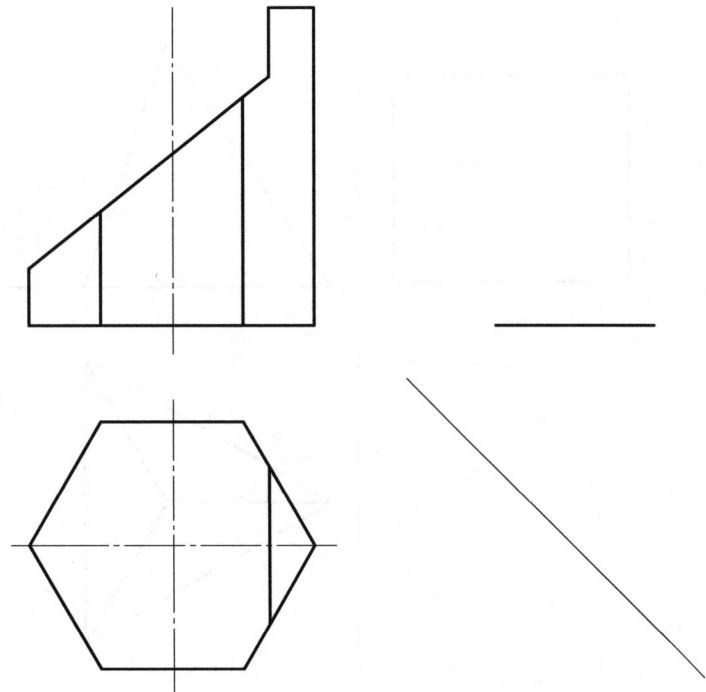

2-7-6 补画四棱台被截切后的主视图。

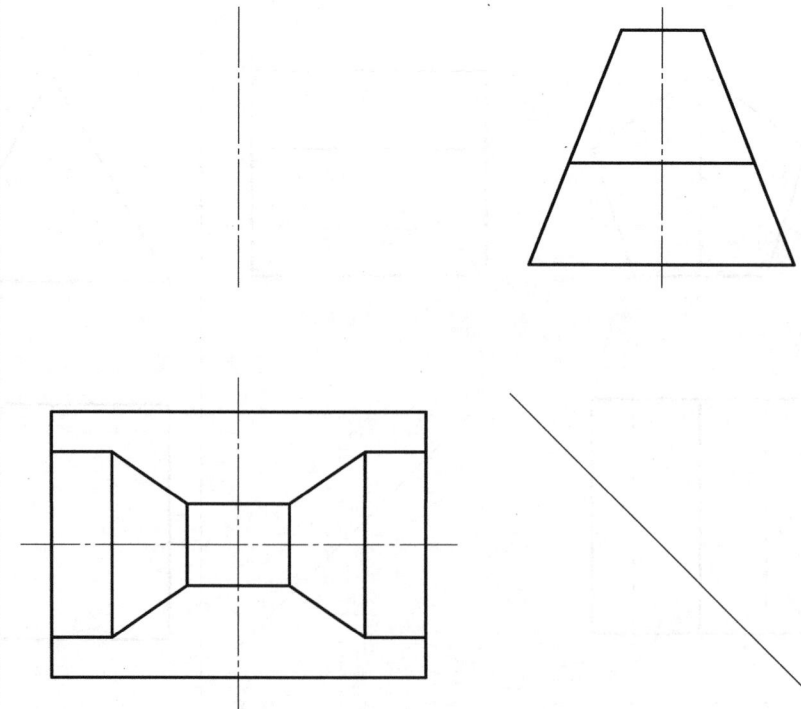

2-8-1　补画正四棱台的主视图。

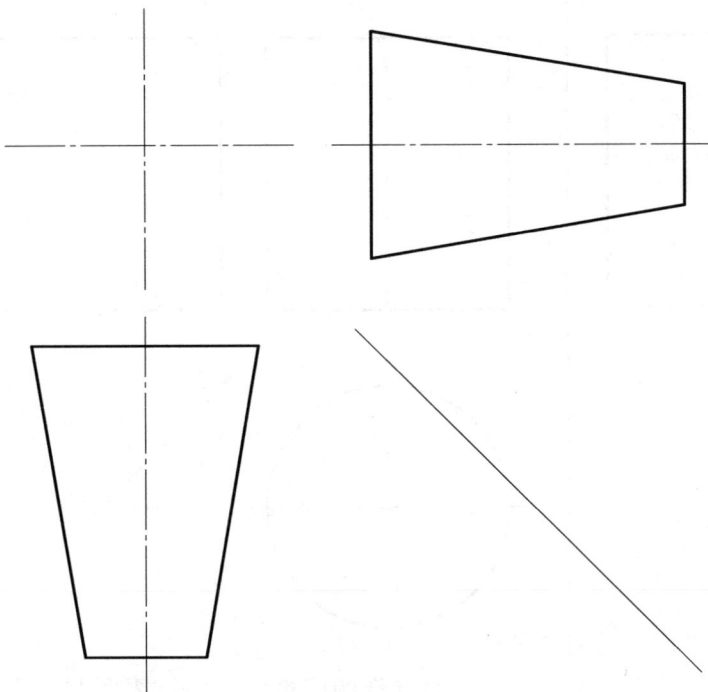

2-8-2　补画四棱台被切槽后的俯视图。

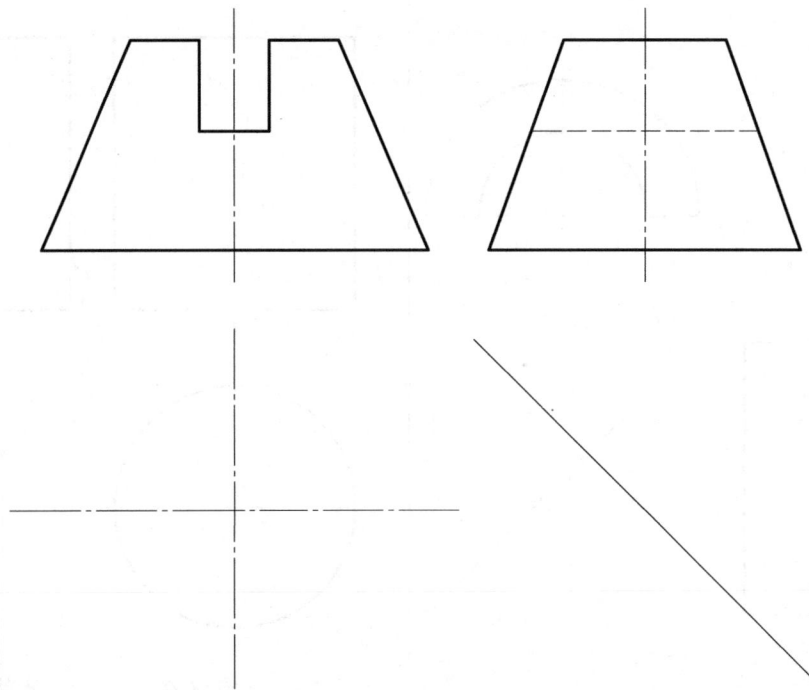

2-8-3　补全正三棱锥被截切后的俯视图。

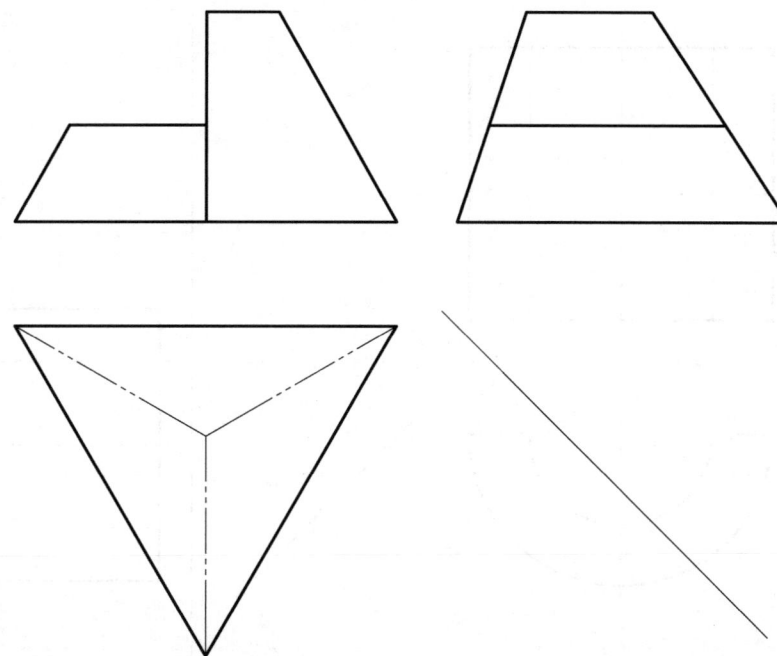

2-8-4　补全正四棱台被斜截后的俯视图。

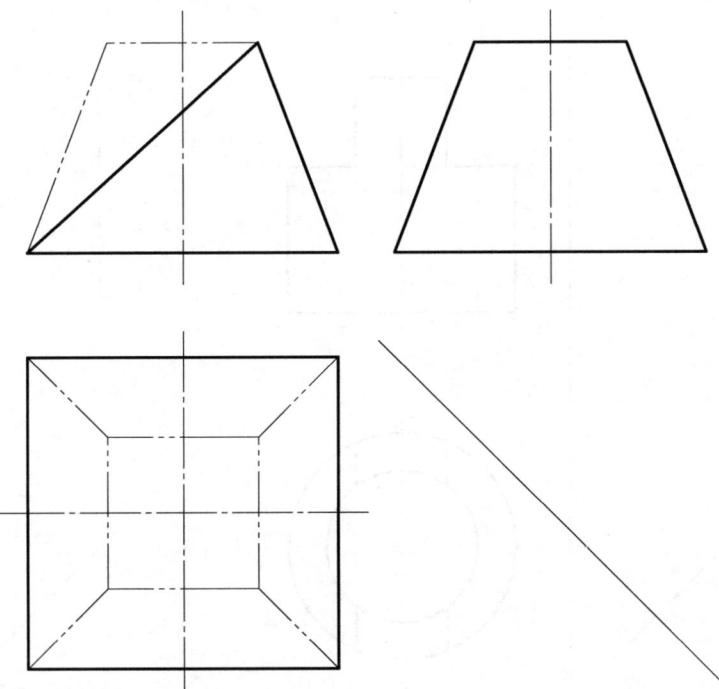

2-8-5　补画四棱台被切槽后的俯视图。

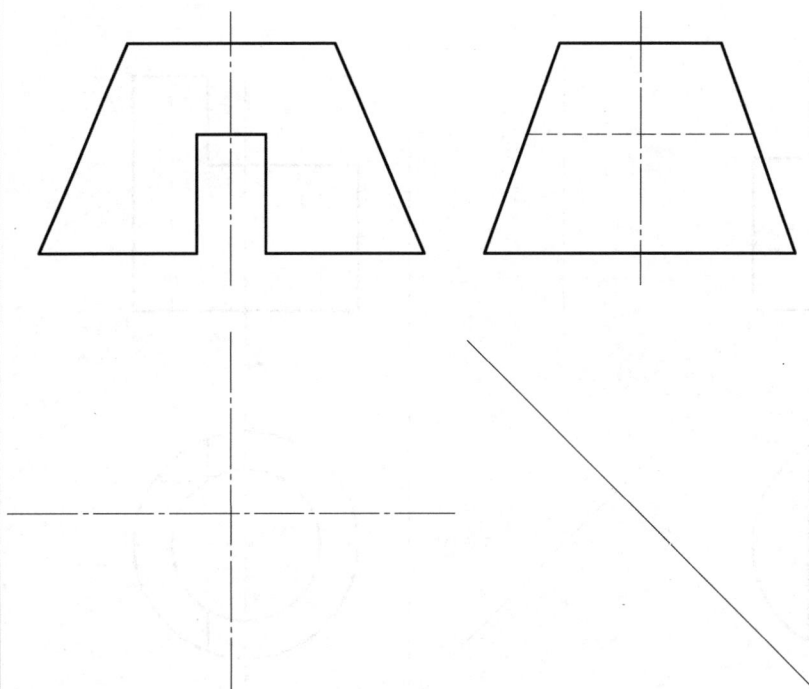

2-8-6　补全正三棱锥被截切后的俯视图。

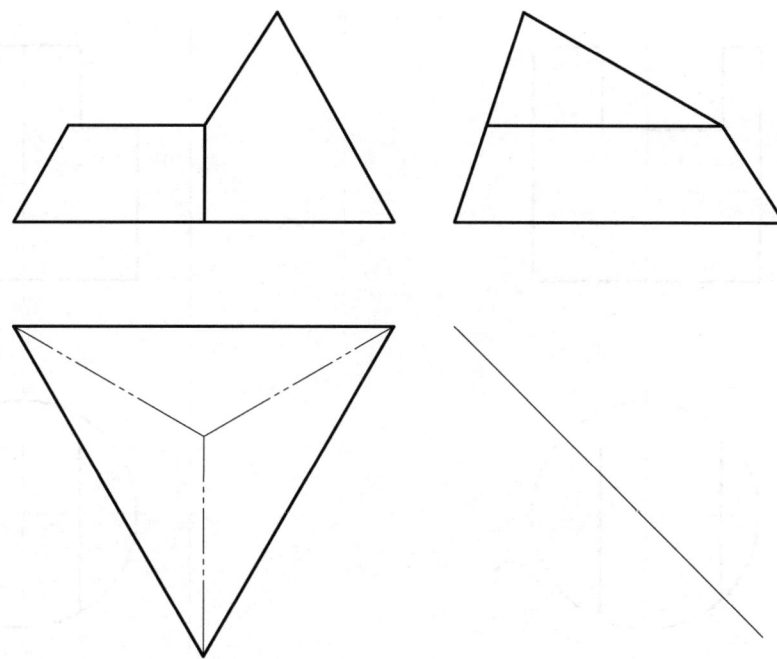

2-9-1 补画竖立半圆筒的左视图。

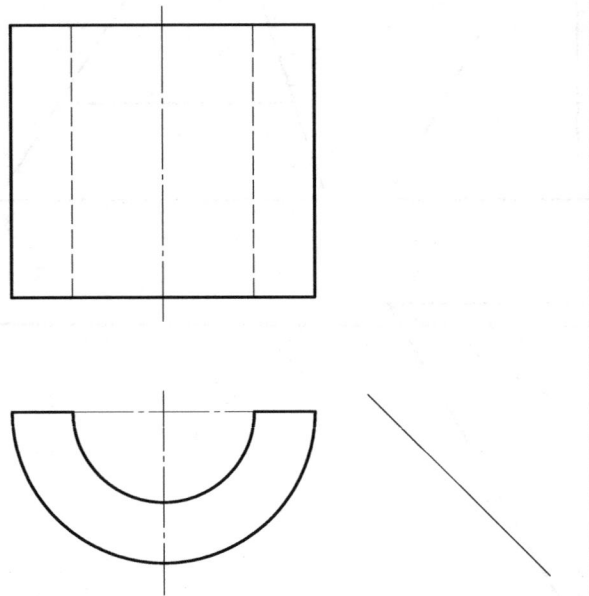

2-9-2 补画横置半圆筒的主视图。

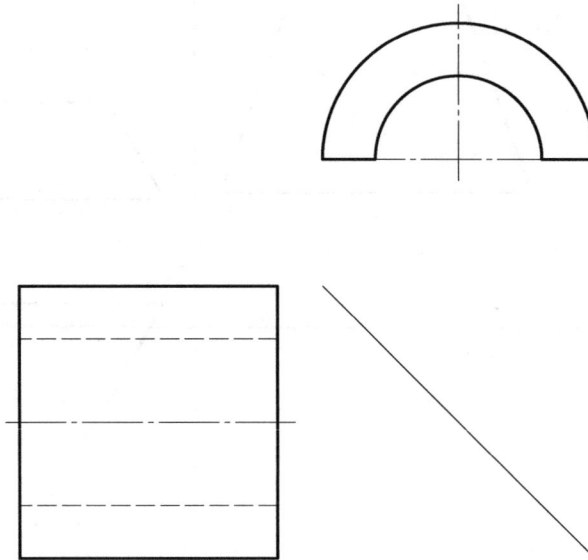

2-9-3 求圆柱表面上点的另外两个投影。

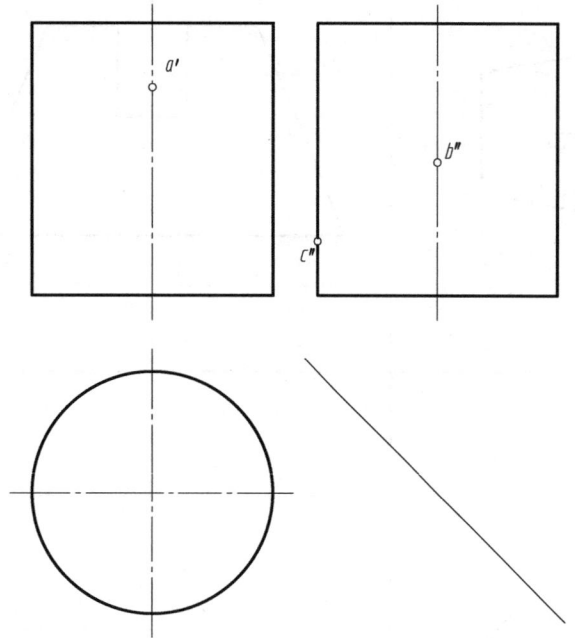

点 A 在＿＿＿＿＿素线上

点 B 在＿＿＿＿＿素线上；点 C 在＿＿＿＿＿素线上

2-9-4 求圆柱表面上点的另外两个投影。

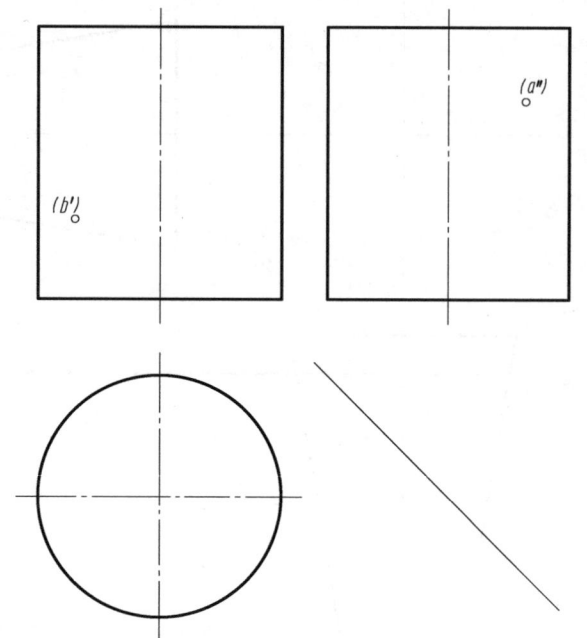

点 A 在圆柱的＿＿＿＿＿表面上

点 B 在圆柱的＿＿＿＿＿表面上

2-9-5 补画圆柱被截切后的左视图。

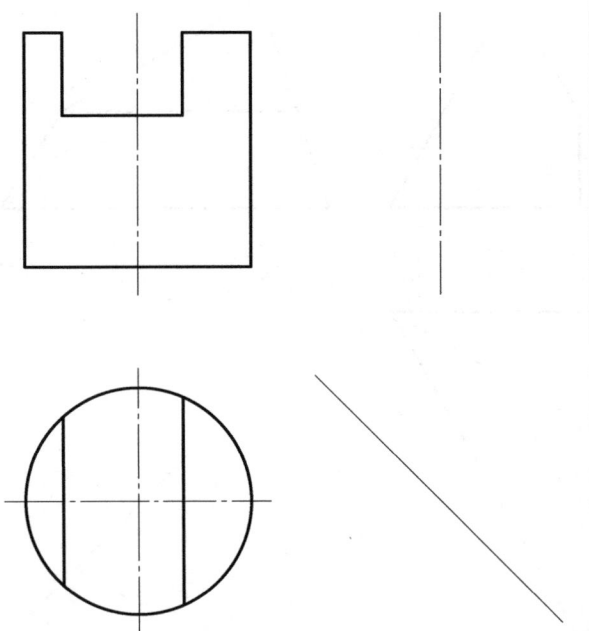

2-9-6 补画圆柱被截切后的左视图。

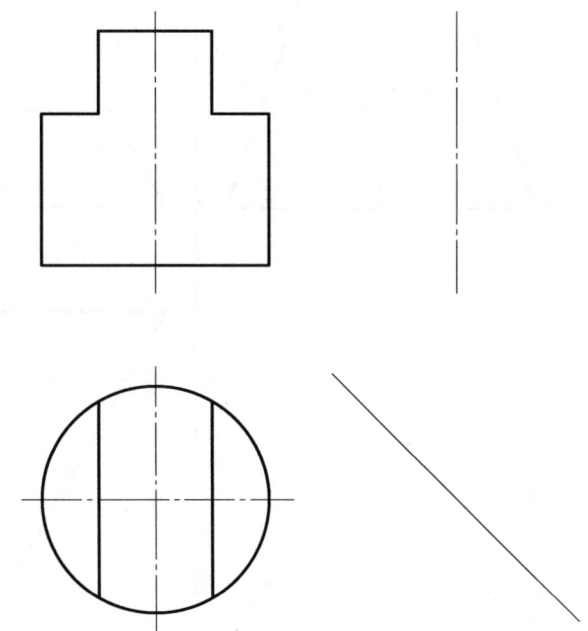

2-9-7 补画圆筒被截切后的左视图。

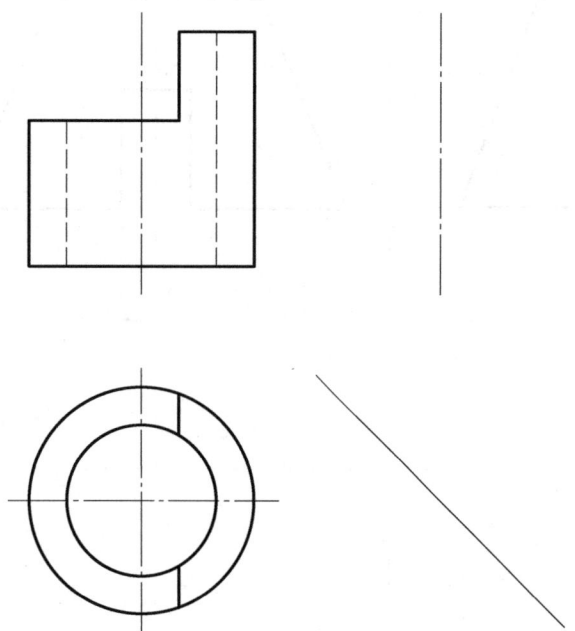

2-9-8 补画圆筒被截切后的左视图。

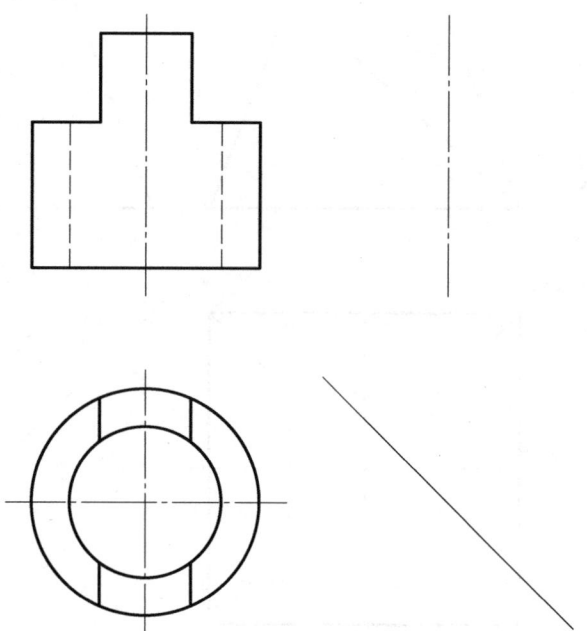

2-10-1　求圆锥表面上点的另外两个投影。

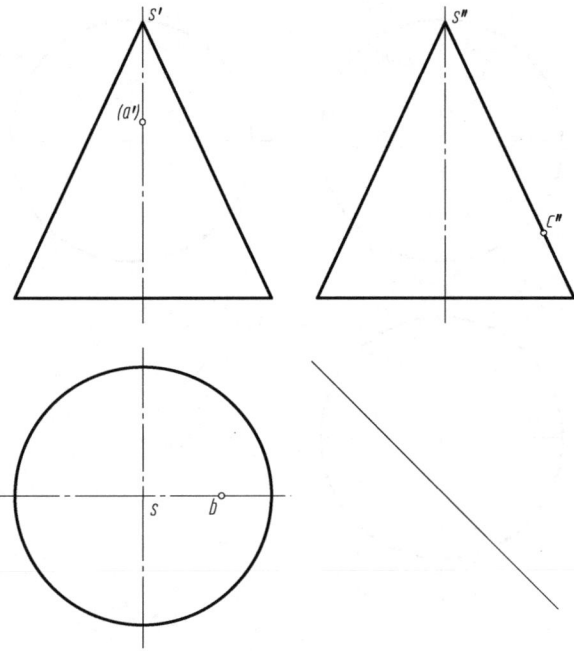

2-10-2　用辅助线法求圆锥表面上点的另外两个投影。

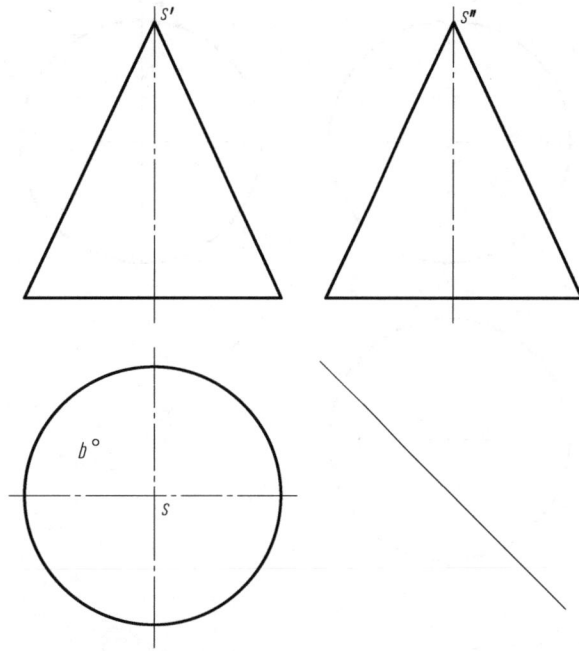

2-10-3　用辅助圆法求圆锥表面上点的另外两个投影。

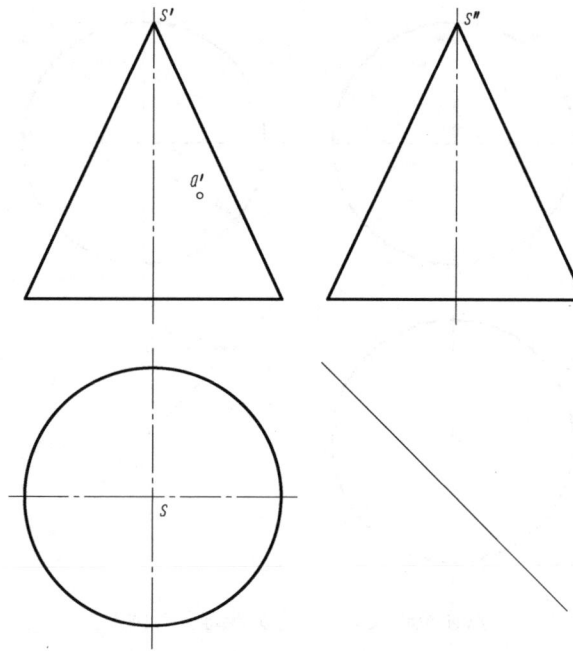

2-10-4　补画四分之一圆台的俯视图，并求其表面上点 A 的另外两个投影。

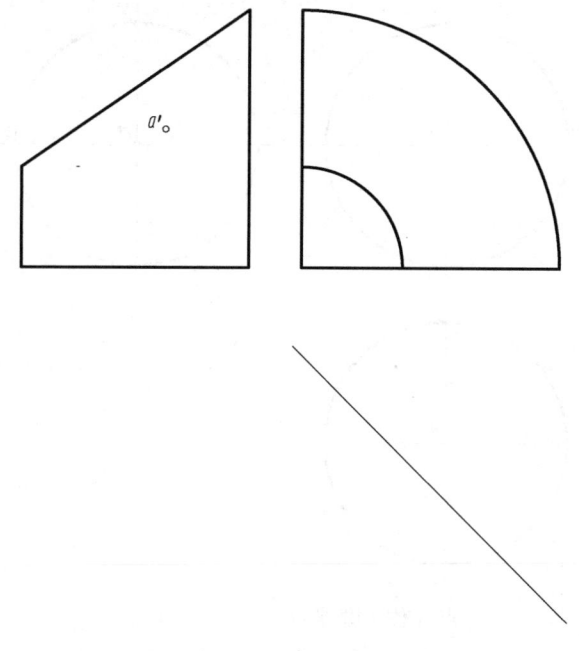

2-10-5　补全切口圆台的俯视图。

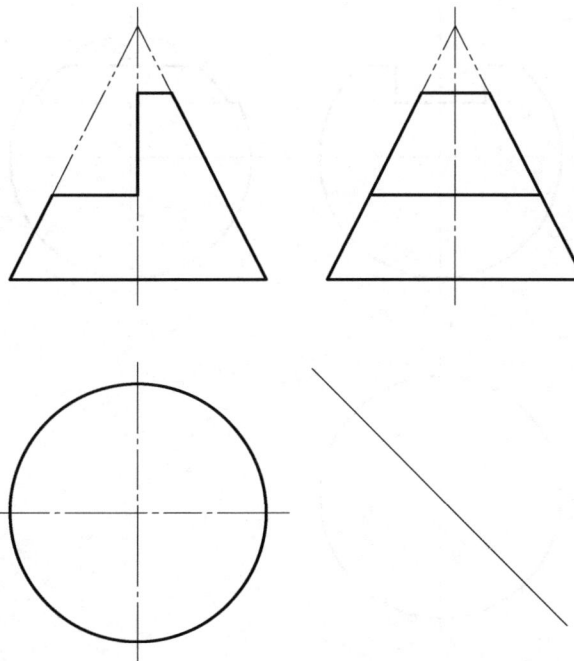

2-10-6　补全切口圆台的俯视图。

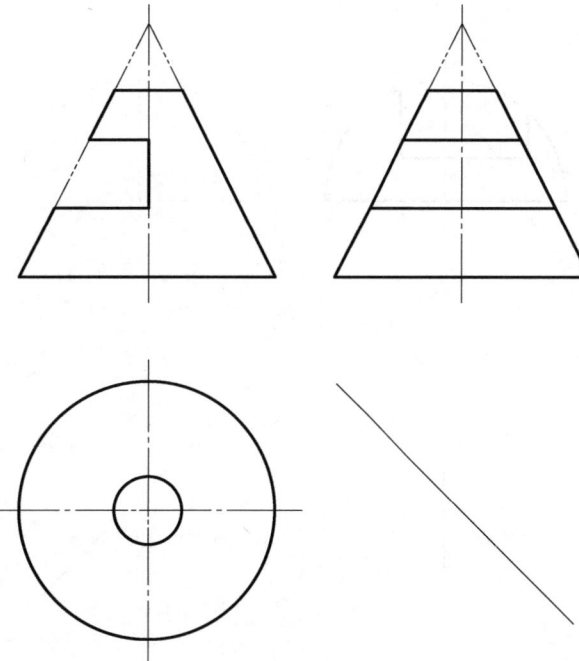

2-10-7　补全切口圆锥的俯视图。

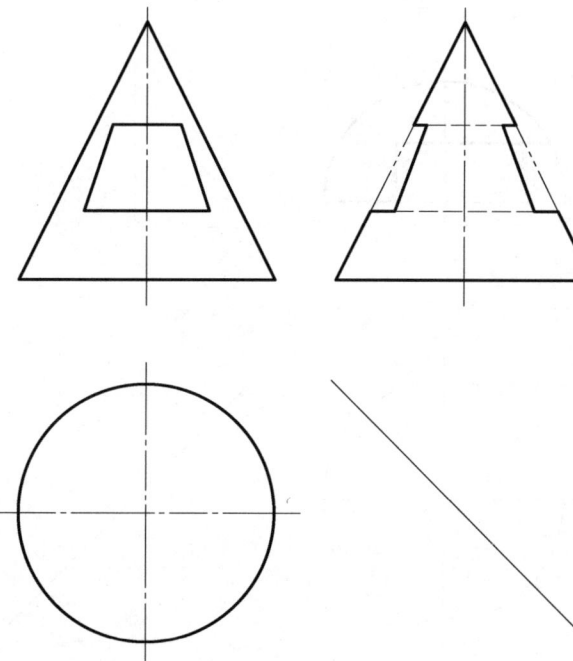

2-10-8　补全切口圆锥的俯视图。

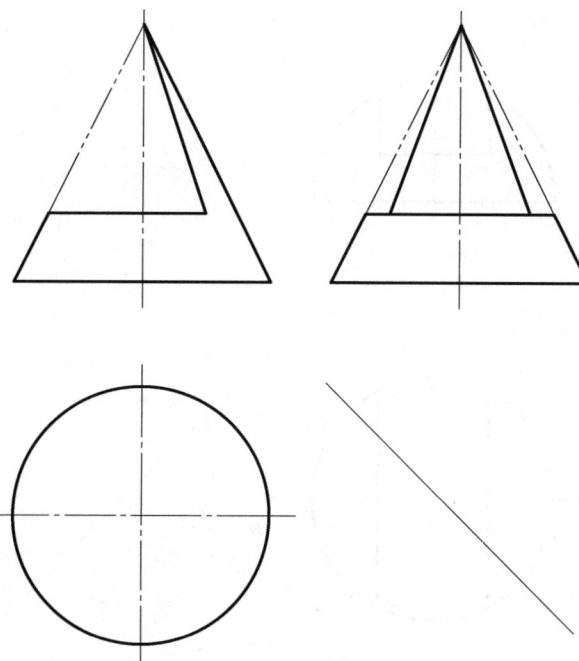

2-11-1 判断圆球表面上点的空间位置。

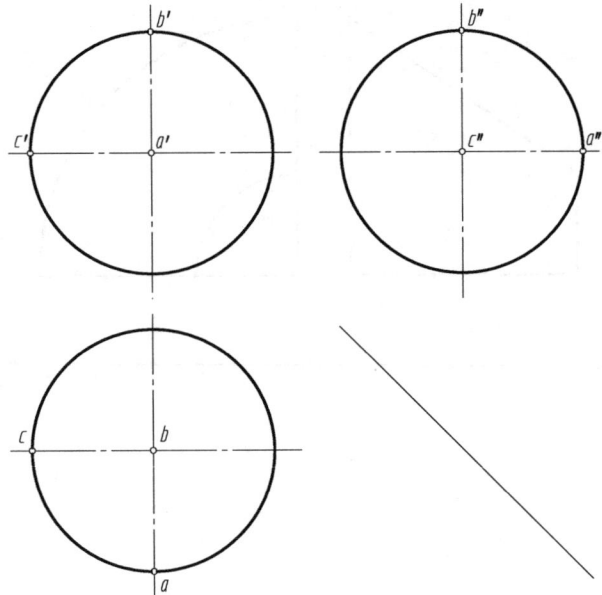

点 A 位于圆球的（　　　）点
点 B 位于圆球的（　　　）点
点 C 位于圆球的（　　　）点

2-11-2 判断圆球表面上点的空间位置并补全点的其他投影。

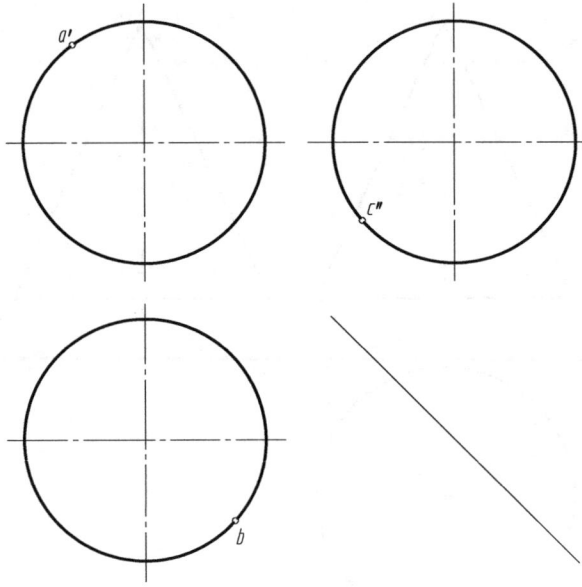

点 A 位于（　　）半球分界圆上
点 B 位于（　　）半球分界圆上
点 C 位于（　　）半球分界圆上

2-11-3 用辅助圆法求点 A 的另外两个投影，并判断点的空间位置。

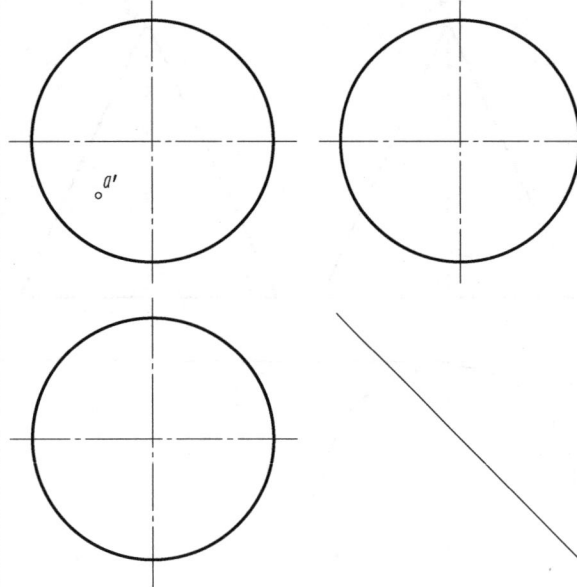

点 A 位于圆球的（　　　　）球面上

2-11-4 用辅助圆法求点 A 的另外两个投影，并判断点的空间位置。

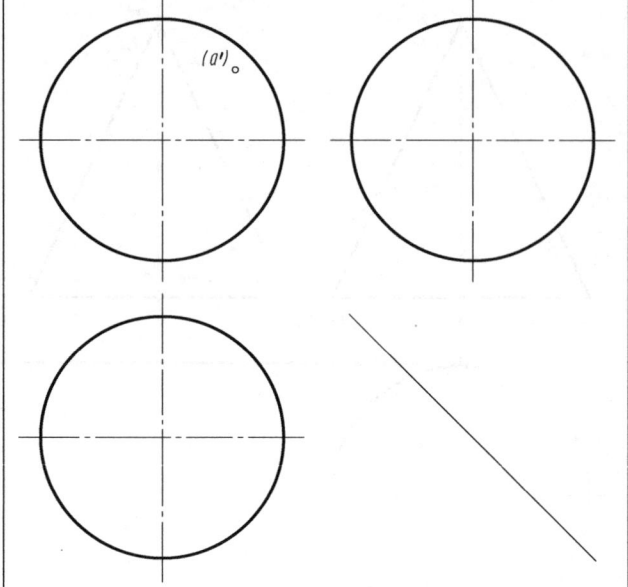

点 A 位于圆球的（　　　　）球面上

2-11-5 补画开槽半圆球的左视图。

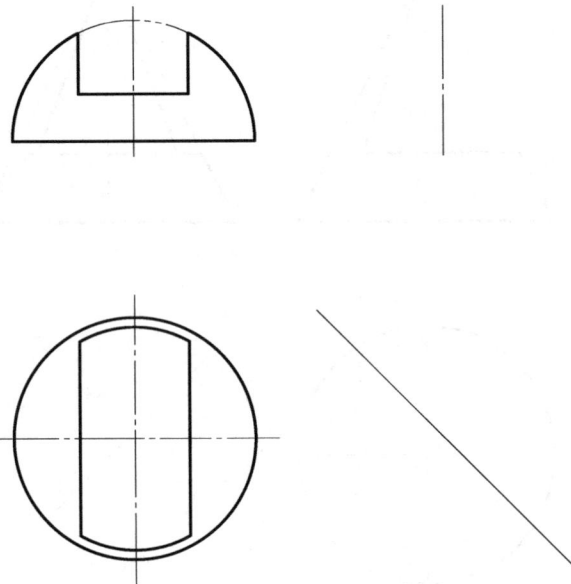

2-11-6 补画切口半圆球的左、俯视图。

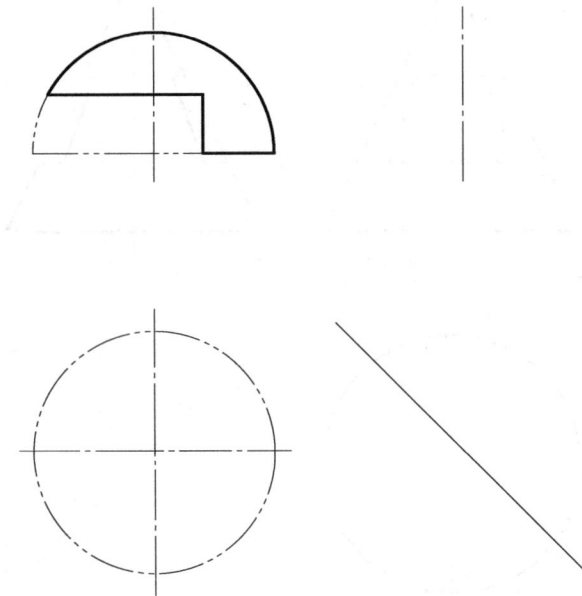

2-11-7 补画开槽半圆球的左、俯视图。

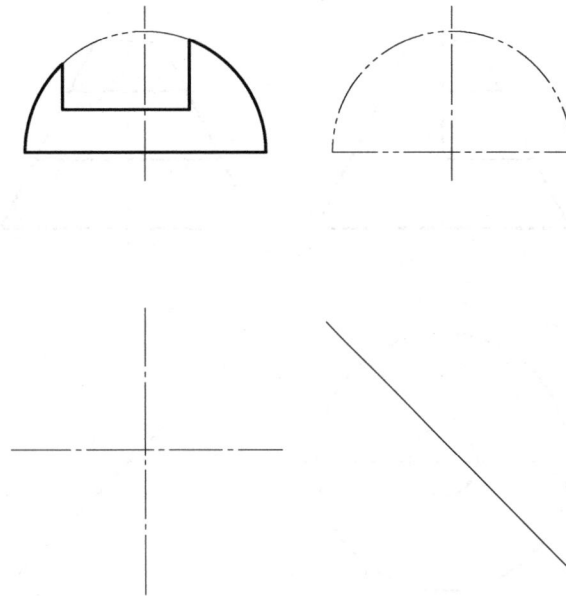

2-11-8 补全切口圆球的俯视图。

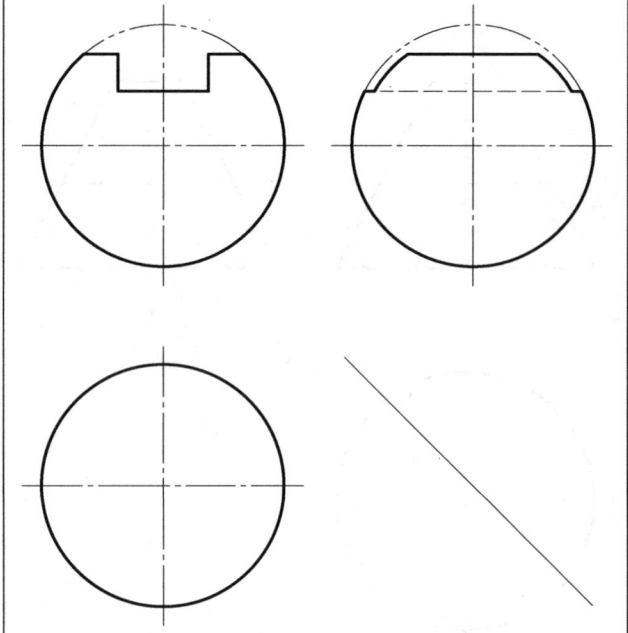

2-12-1 查看尺寸标注的对比图例，指出不妥之处及原因。	2-12-2 查看尺寸标注的对比图例，指出错误之处及原因。	2-12-3 查看尺寸标注的对比图例，指出错误之处及原因。
正确注法 注法不妥	正确注法 错误注法	正确注法 错误注法

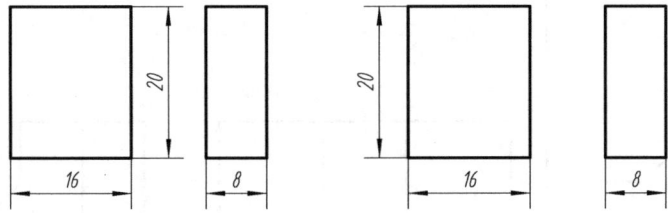

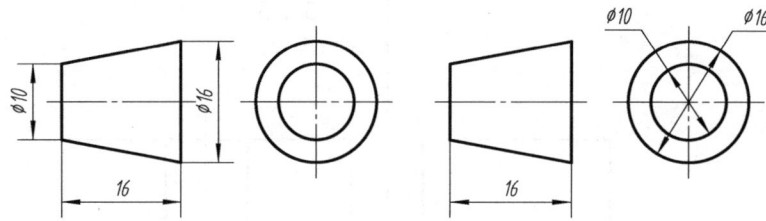

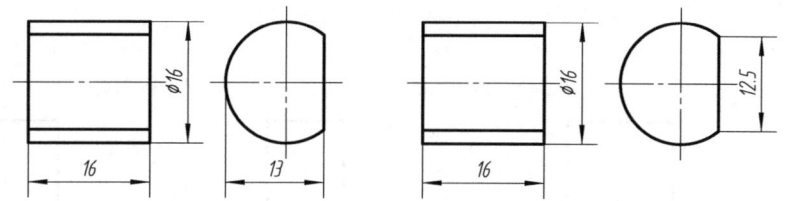

2-12-4 查看尺寸标注的对比图例，指出错误之处及原因。	2-12-5 查看尺寸标注的对比图例，指出错误之处及原因。	2-12-6 查看尺寸标注的对比图例，指出错误之处及原因。
正确注法 错误注法	正确注法 错误注法	正确注法 错误注法

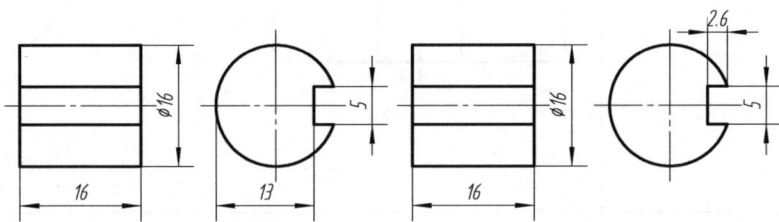

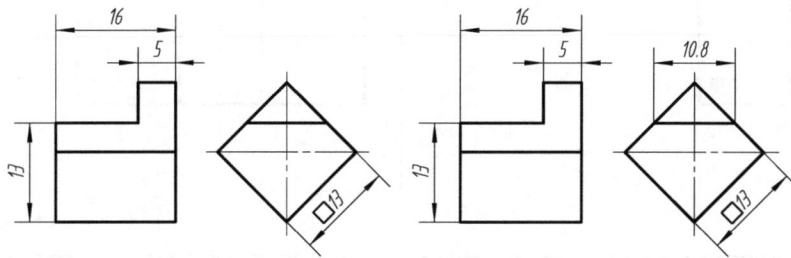

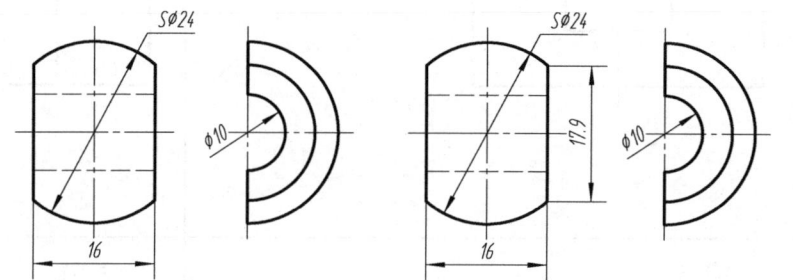

2-12-7 标注三棱柱尺寸。	2-12-8 标注正六棱柱尺寸。	2-12-9 标注正四棱台尺寸。	2-12-10 标注开槽半圆球尺寸。	2-12-11 标注开槽圆柱尺寸。	2-12-12 标注切口圆台尺寸。

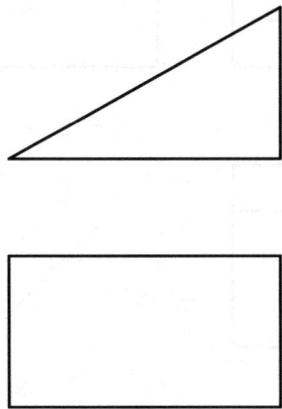

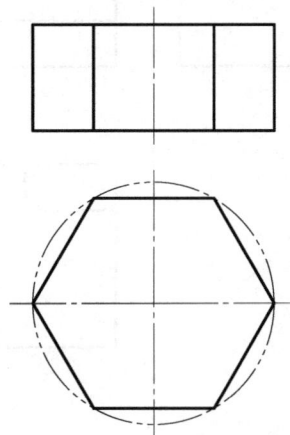

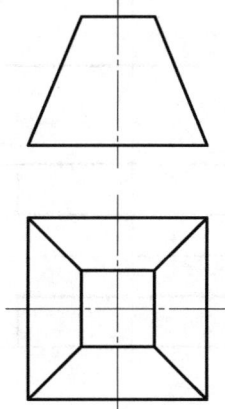

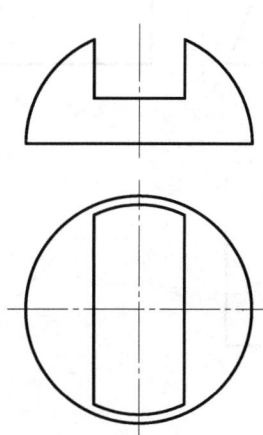

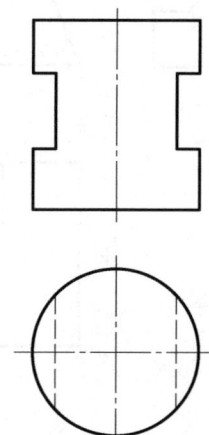

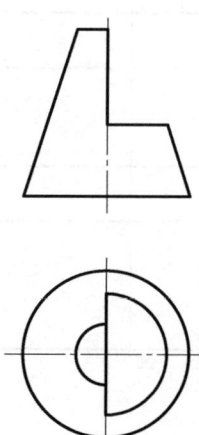

第三章　组　合　体

3-1　补全视图中所缺的图线（一）

班级　　　　姓名　　　　学号

3-1-1

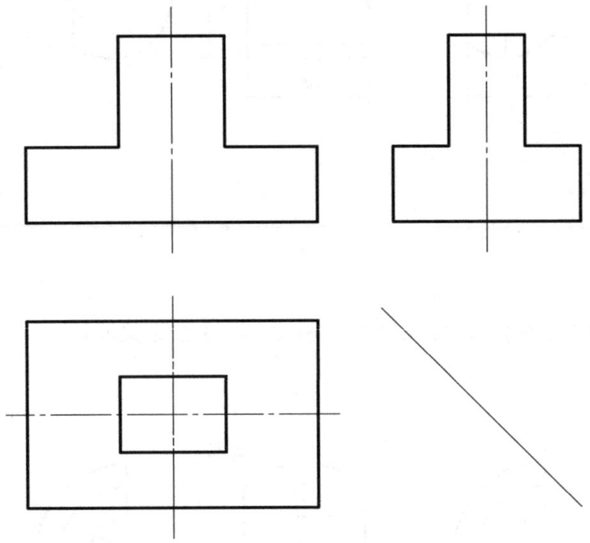

3-1-2

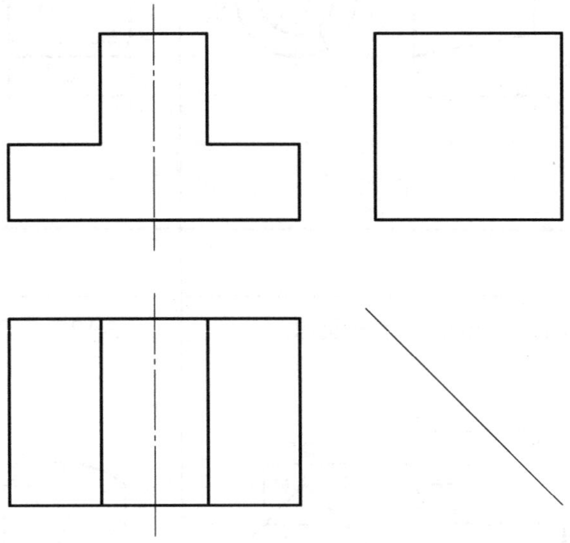

3-1-3

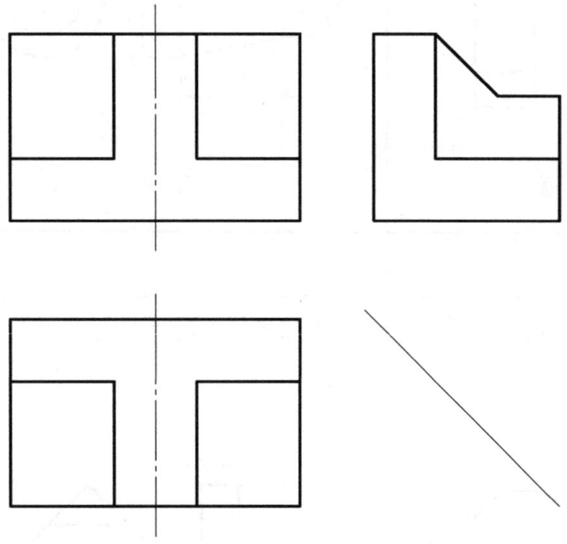

3-1-4

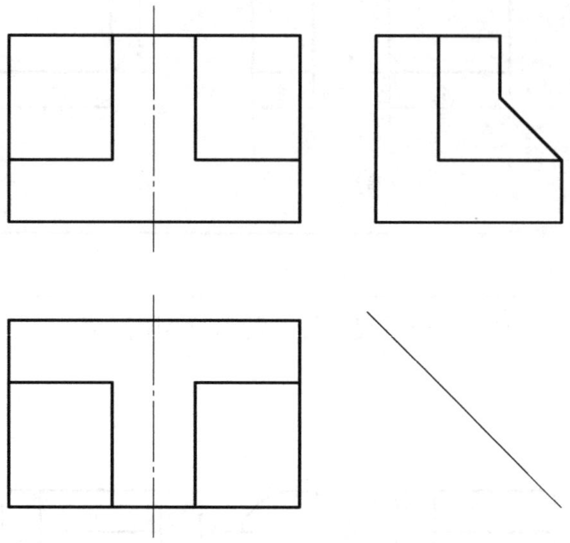

3-1-5

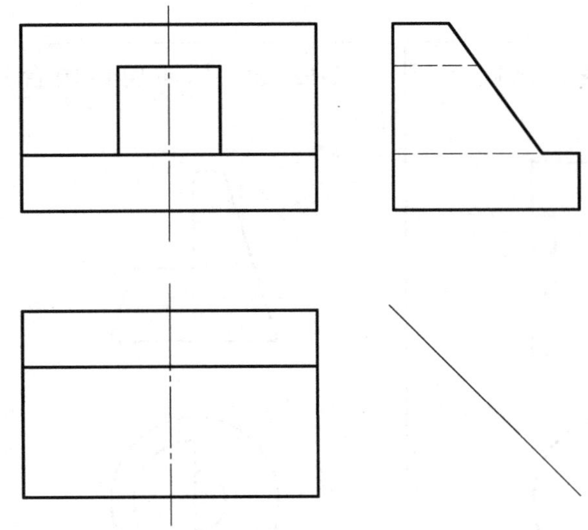

3-1-6

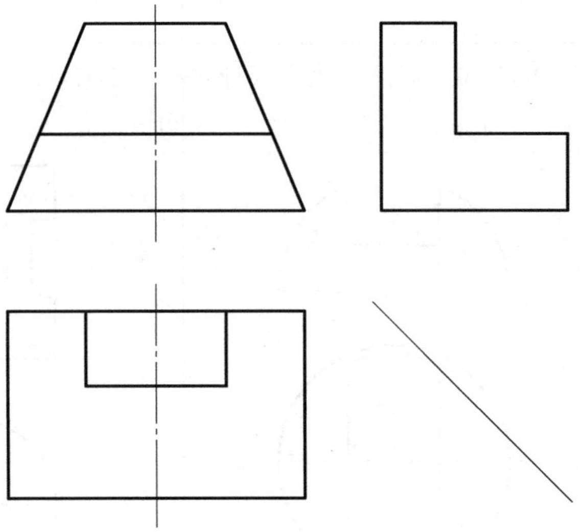

3-1-7

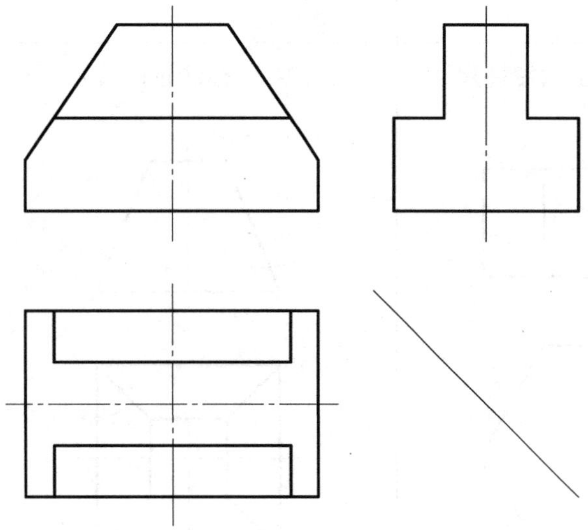

3-1-8

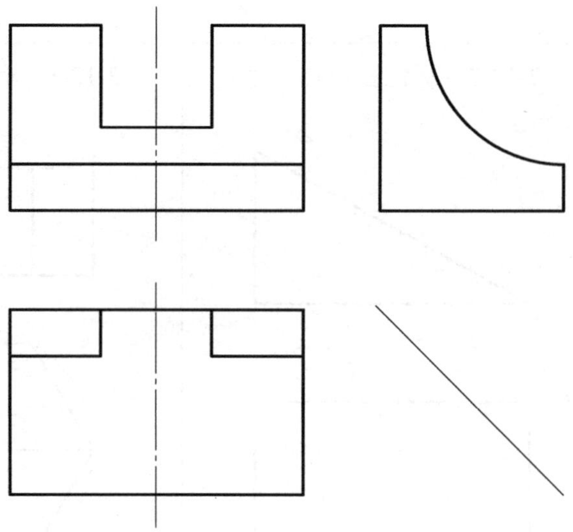

3-2-1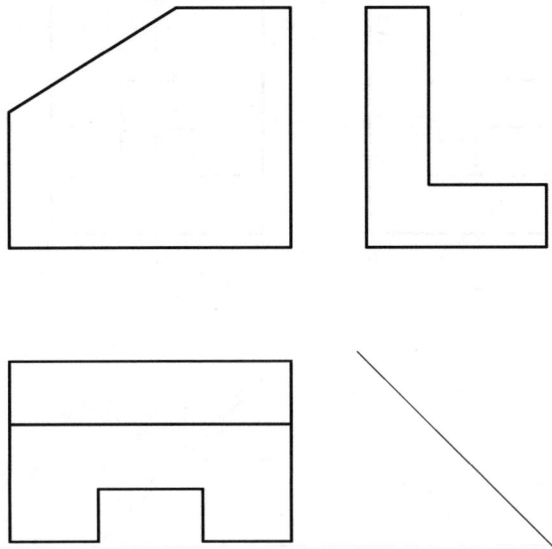

3-2-2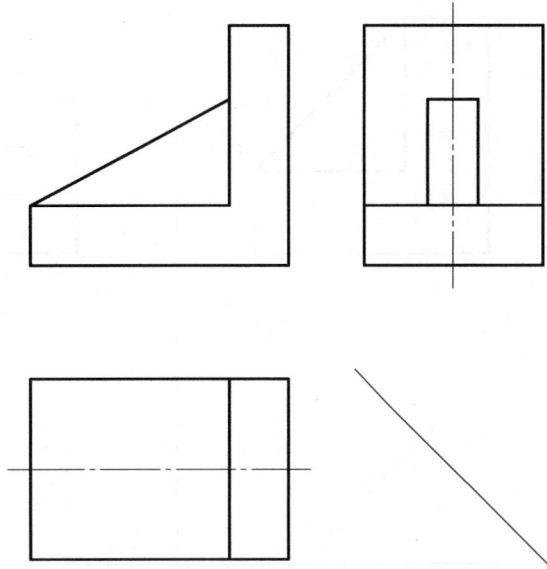

3-2-3

3-2-4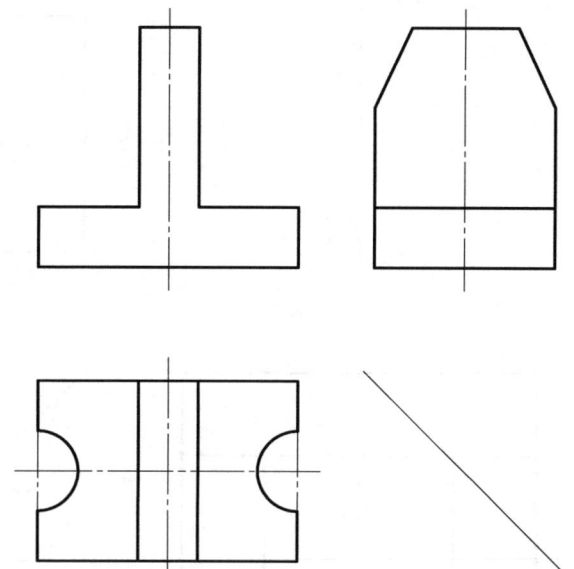

3-2-5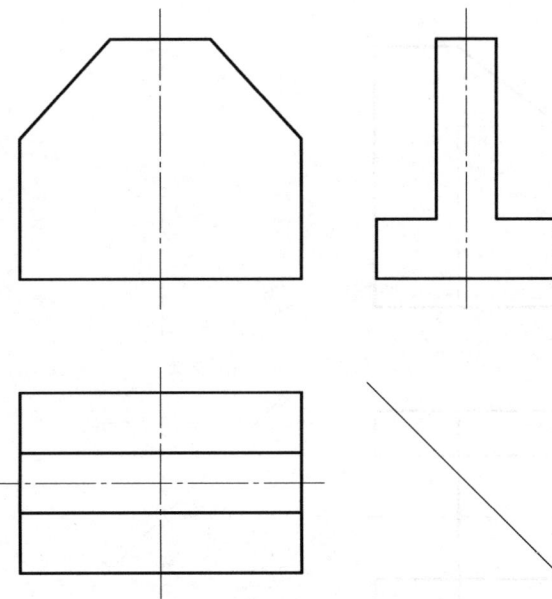

3-2-6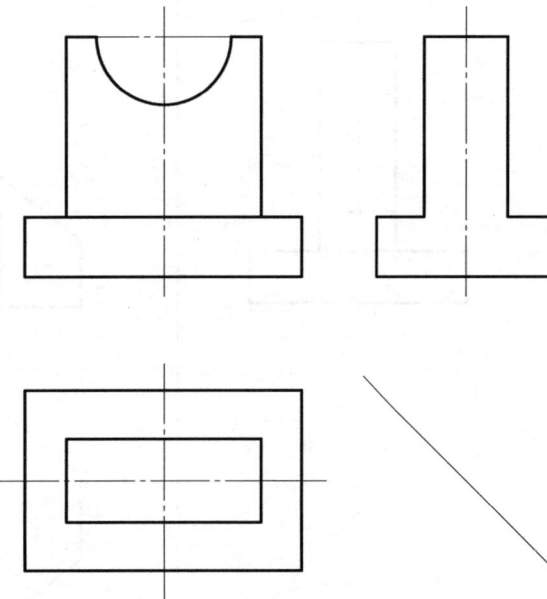

3-2-7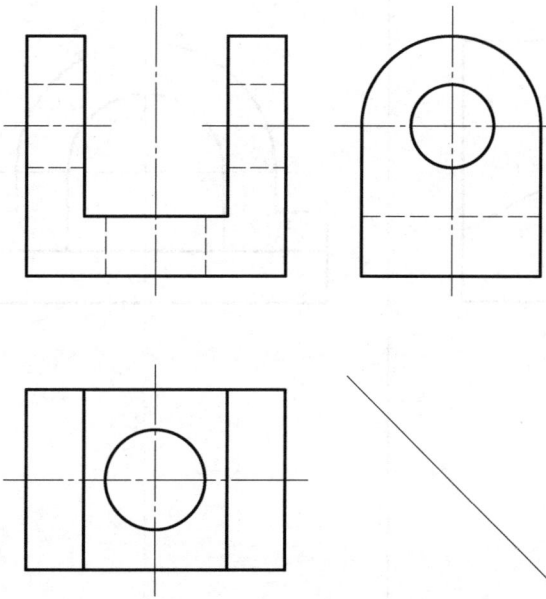

3-2-8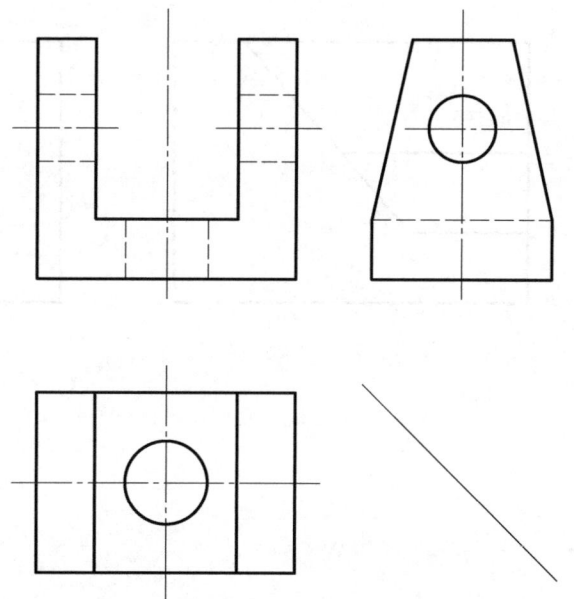

3-3-1 补画主视图。

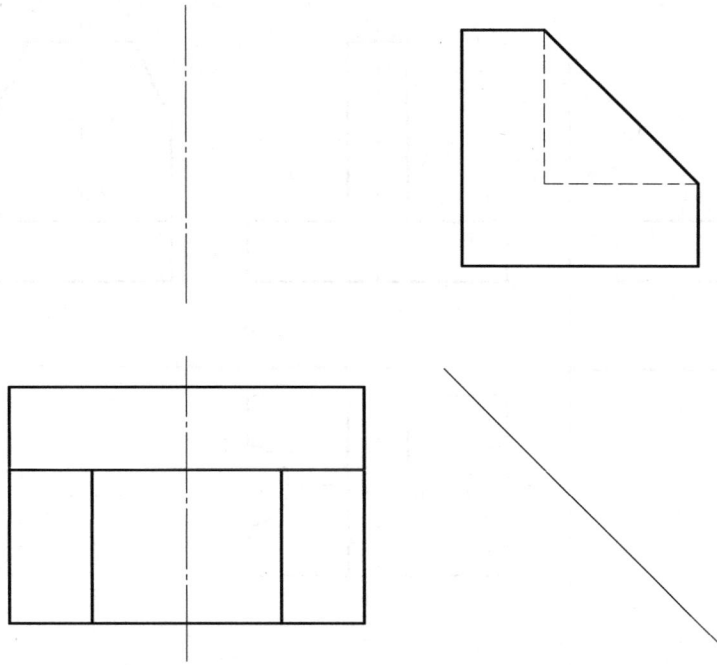

3-3-2 补画主视图。

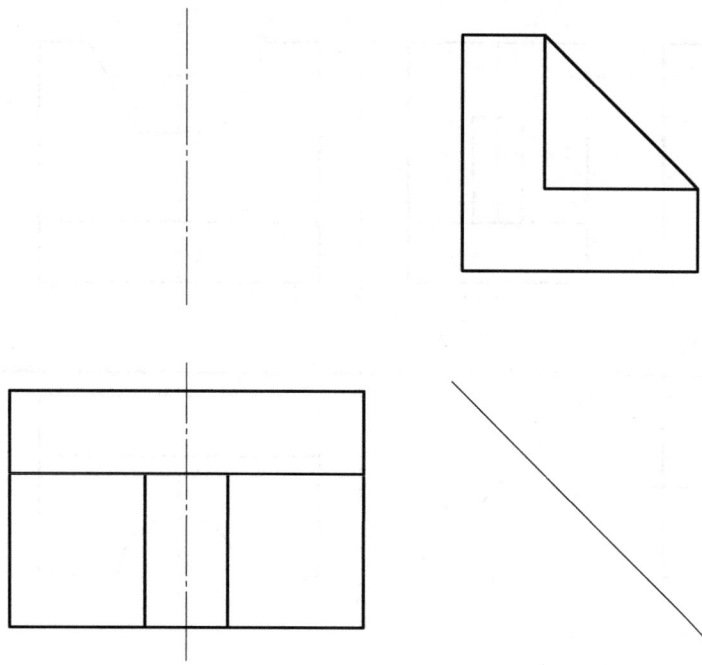

3-3-3 补画俯视图。

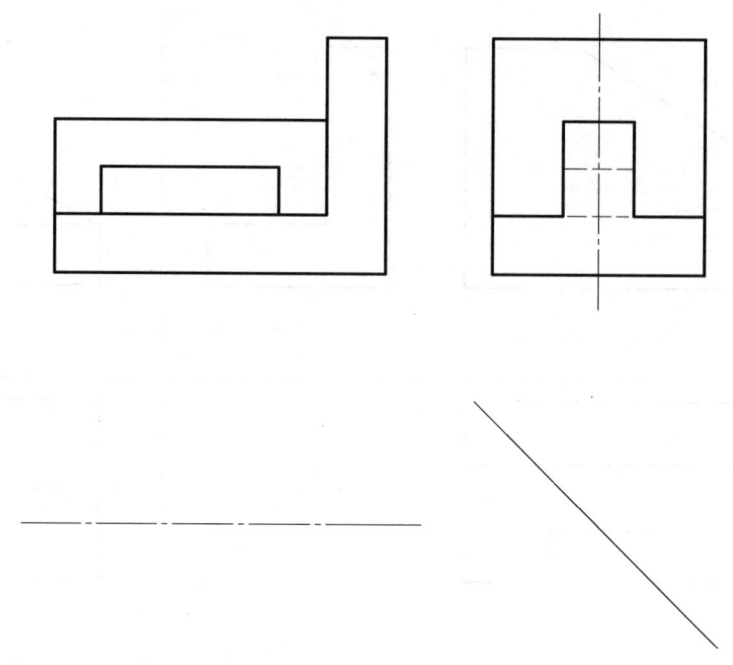

3-3-4 补画俯视图。

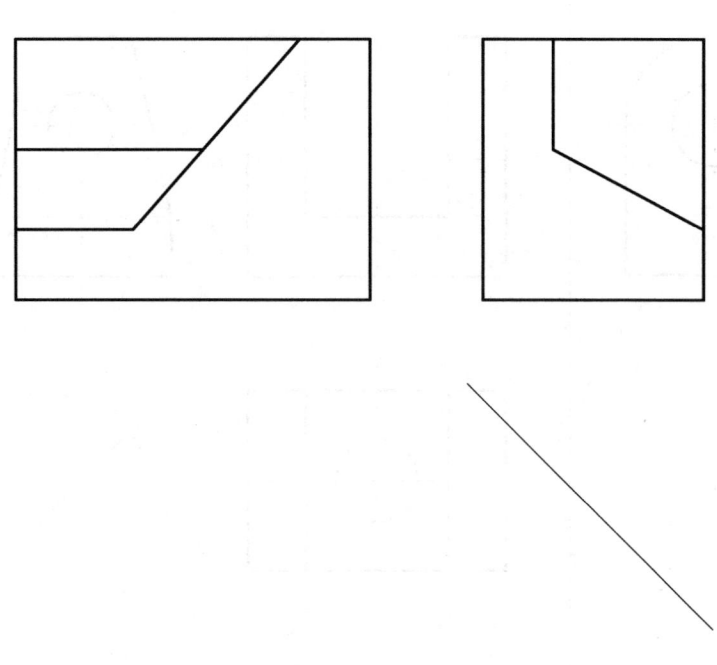

3-3-5 补画俯视图。

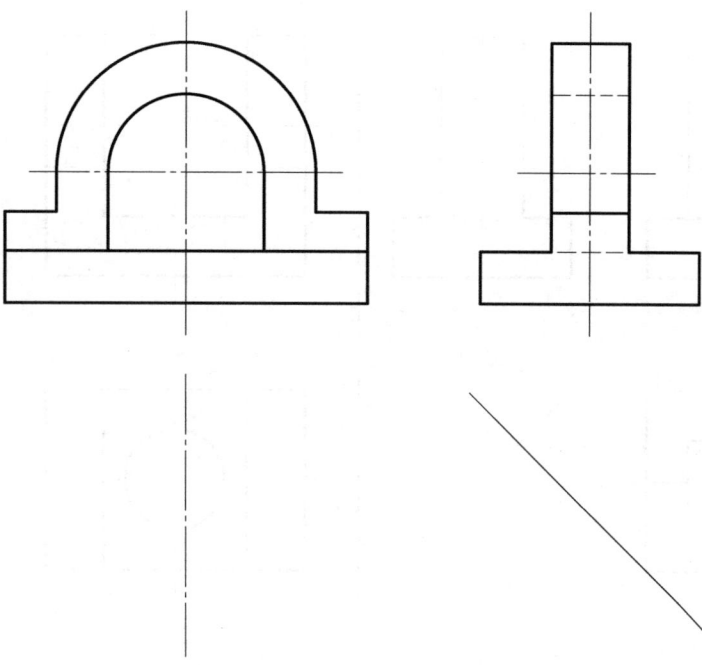

3-3-6 补画左视图。

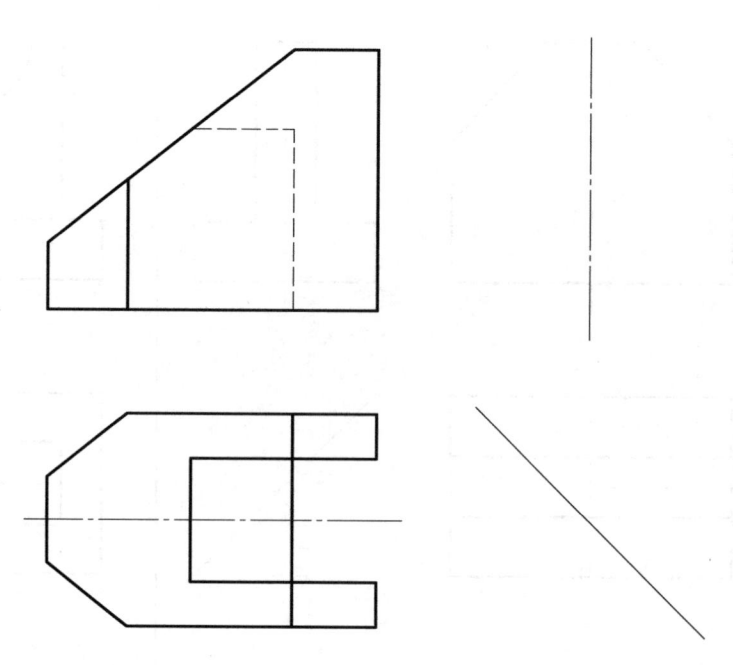

3-4-1

(a)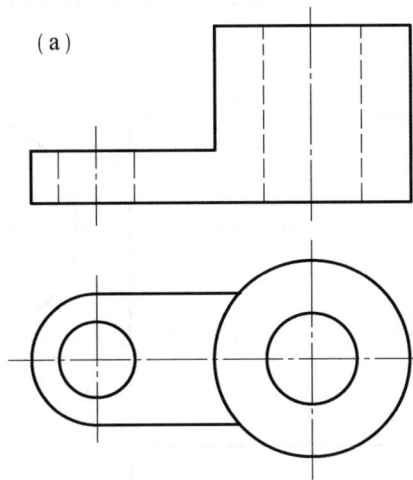
(b)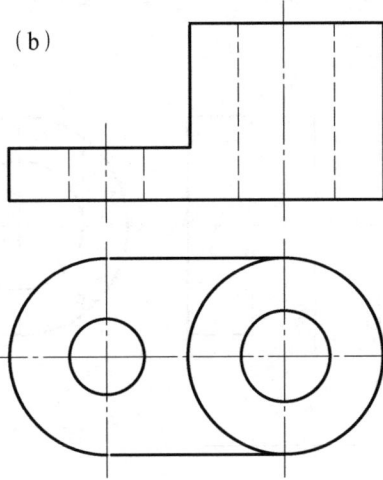
(c)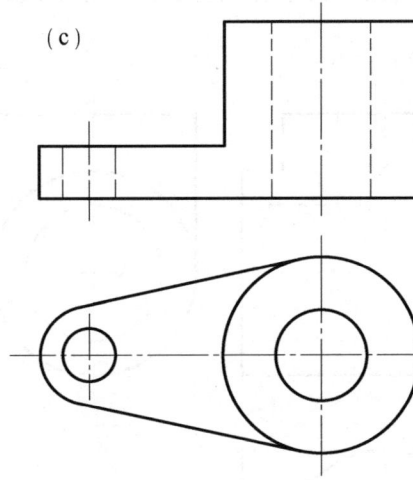
(d)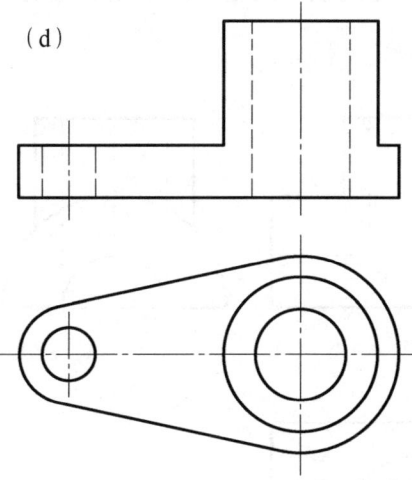

3-4-2

(a)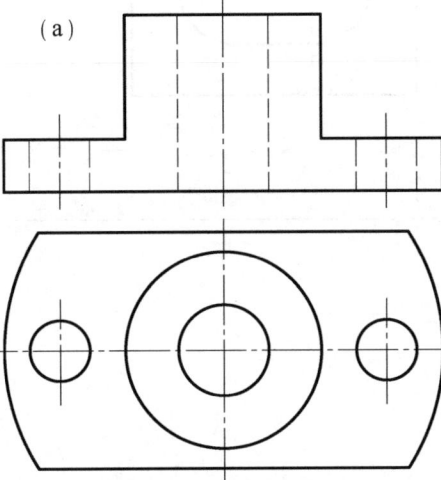
(b)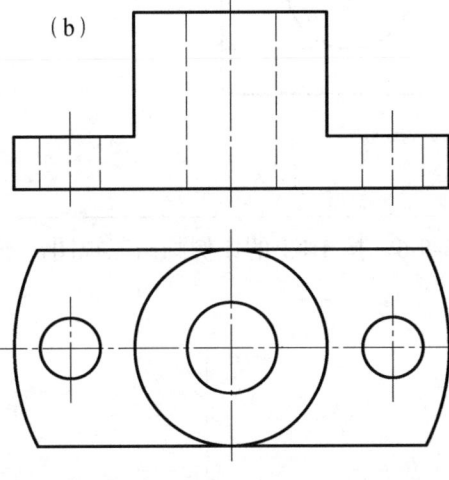
(c)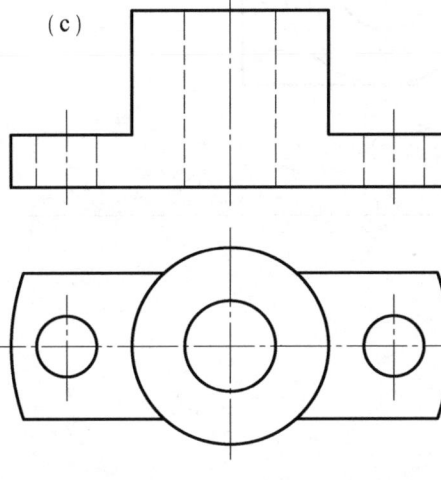
(d)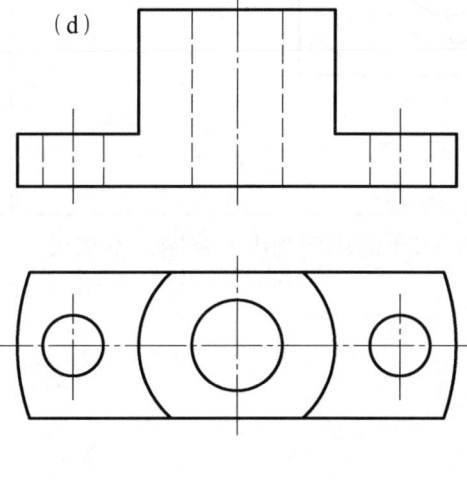

3-4-3

(a)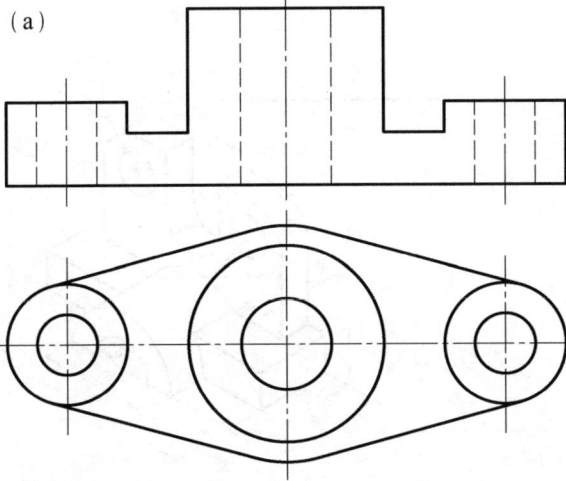
(b)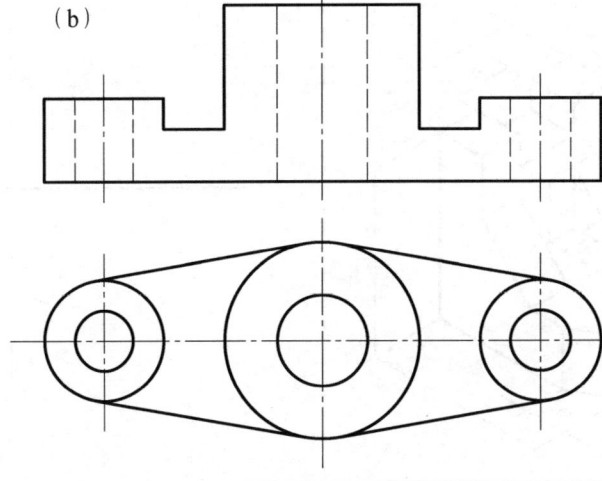
(c)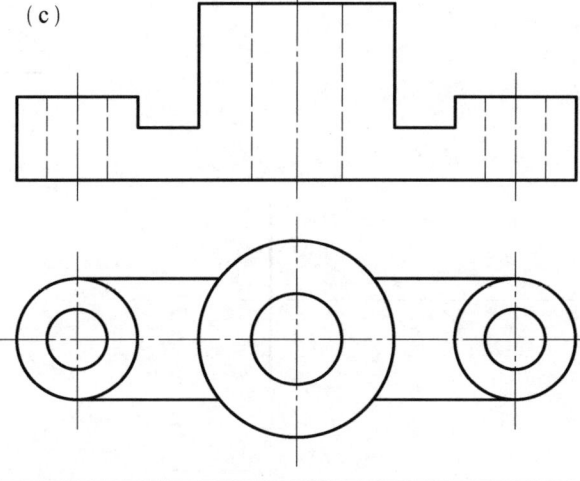

3-5-1　用简化画法补画主视图中相贯线的投影。

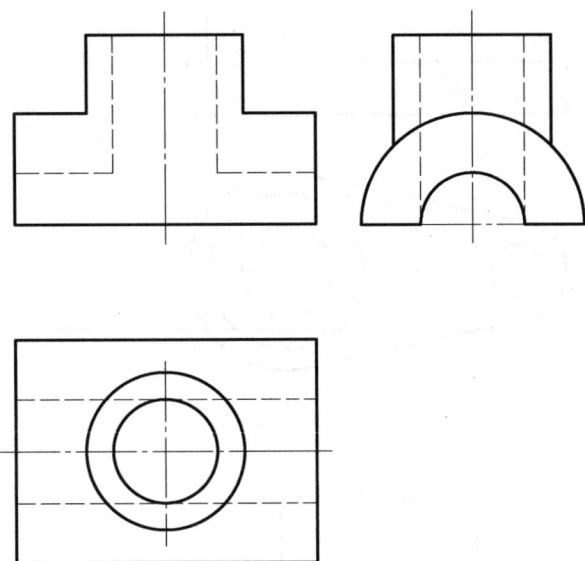

3-5-2　用简化画法补画主视图中相贯线的投影。

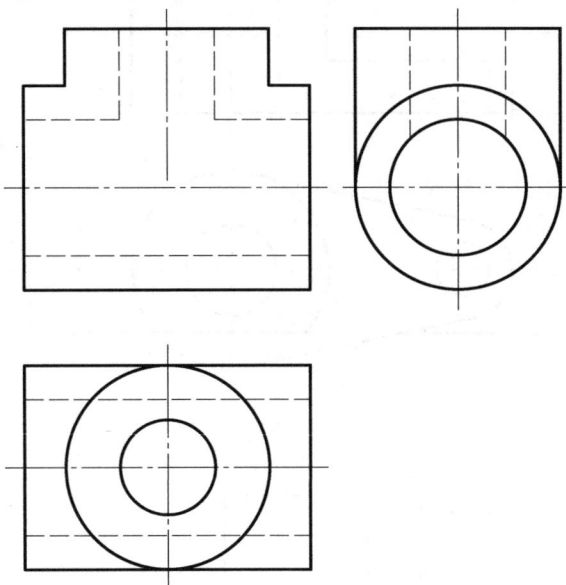

3-5-3　用简化画法补画主视图中相贯线的投影。

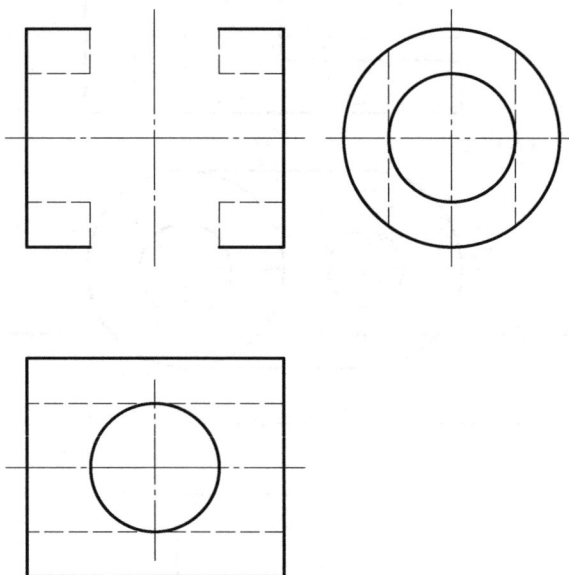

3-5-4　用简化画法补画主视图中相贯线的投影。

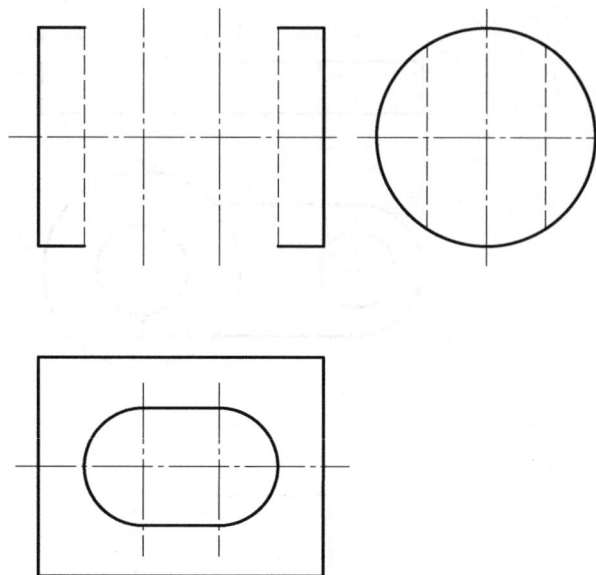

3-5-5　按 1∶1 的比例画出三视图，不注尺寸。

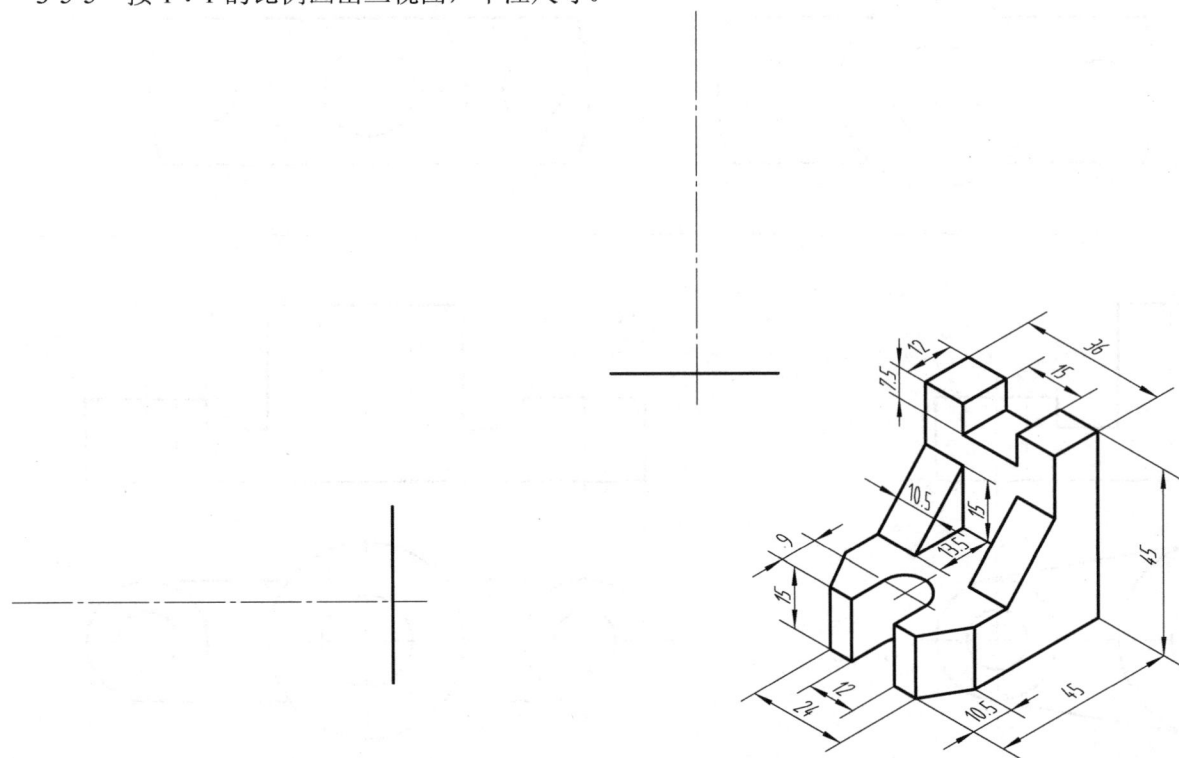

3-5-6　按 1∶1 的比例画出三视图，不注尺寸。

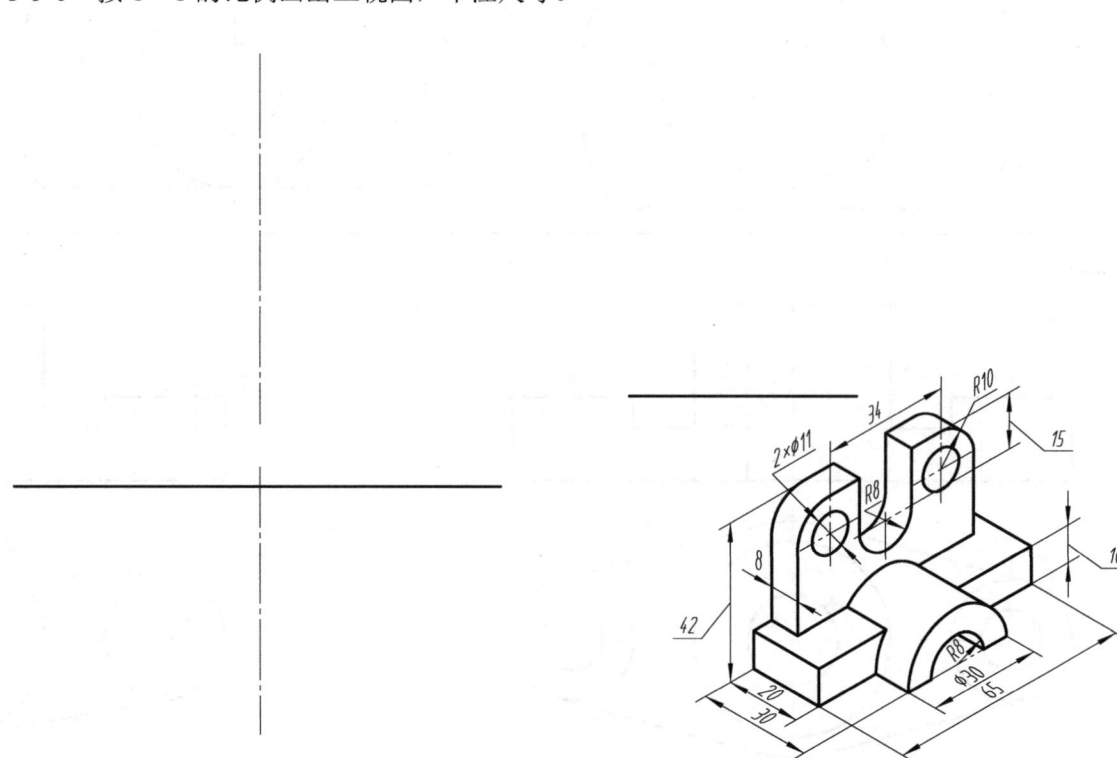

3-6-1

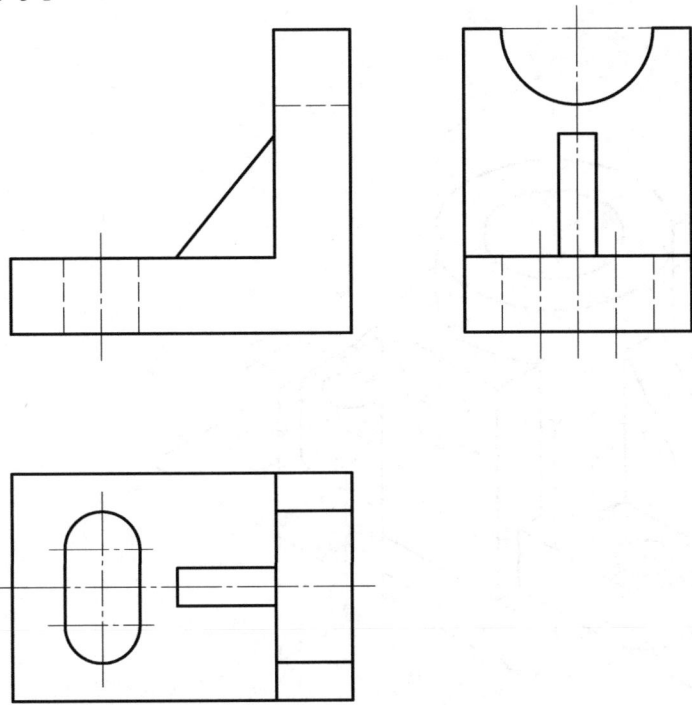

3-6-2

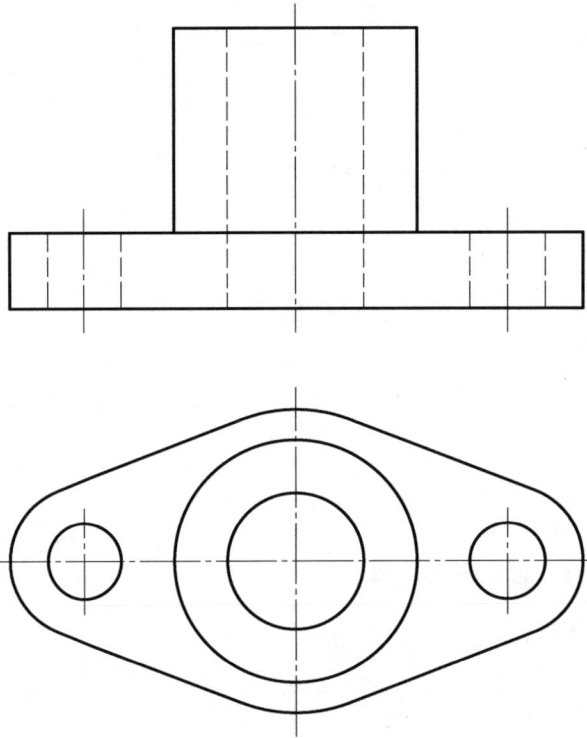

3-6-3

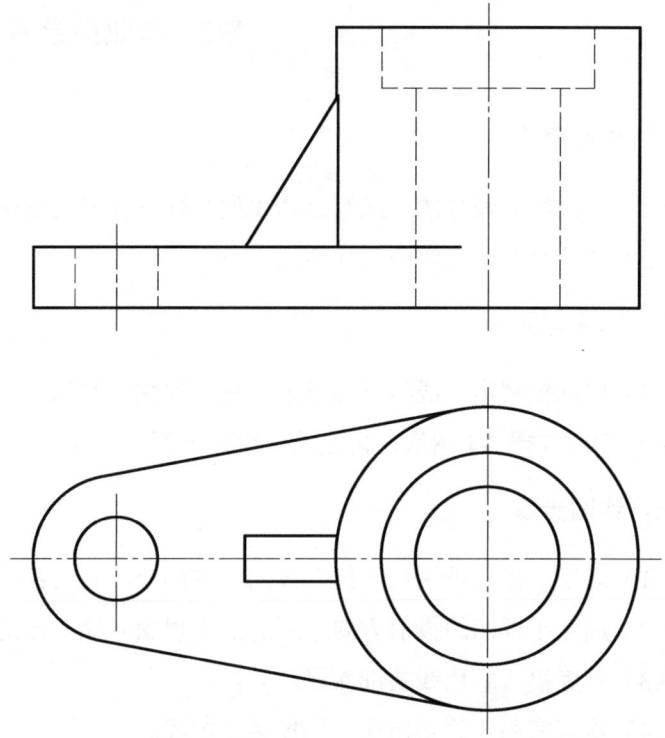

3-6-4

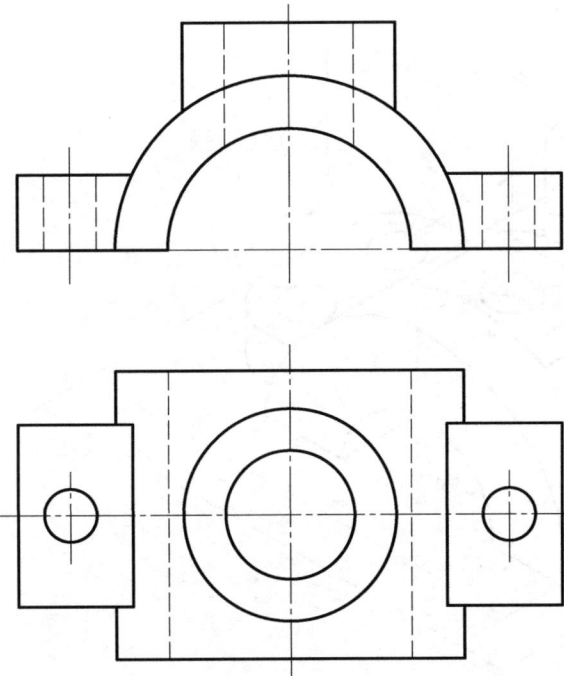

3-6-5

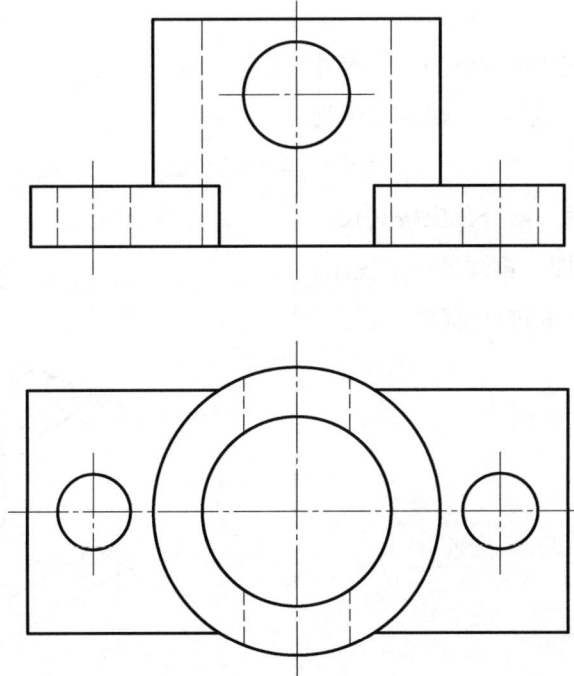

3-6-6

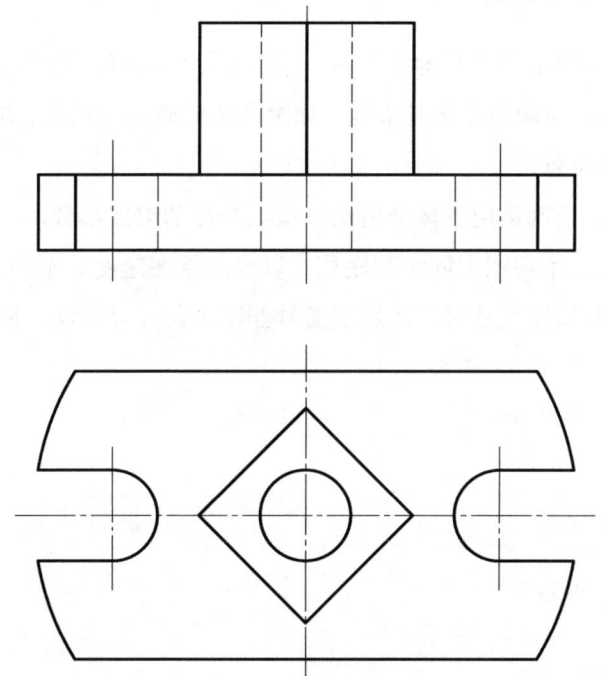

№3　作业指导书

一、作业目的

（1）掌握根据轴测图（或组合体模型）画三视图的方法，提高绘图技能。

（2）熟悉组合体视图的尺寸注法。

二、内容与要求

（1）根据轴测图（或组合体模型）画三视图，并标注尺寸。

（2）用 A3 或 A4 图纸，自己选定绘图比例。

三、作图步骤

（1）运用形体分析法搞清组合体的组成部分，以及各组成部分之间的相对位置和组合关系。

（2）选定主视图的投射方向。所选的主视图应能明显地表达组合体的形状特征。

（3）画底稿（底稿线要细而轻淡）。

（4）检查底稿，修正错误，擦掉多余图线。

（5）依次描深图线，标注尺寸，填写标题栏。

四、注意事项

（1）图形布置要匀称，留出标注尺寸的位置。先依据图纸幅面、绘图比例和组合体的总体尺寸大致布图，再画出作图基准线（如组合体的底面或顶面、端面的投影，对称中心线等），确定三个视图的具体位置。

（2）正确运用形体分析法，按组合体的组成部分，一部分一部分地画。每一部分都应按其长、宽、高在三个视图上同步画底稿，以提高绘图速度。不要先画出一个完整的视图，再画另一个视图。

（3）标注尺寸时，不能照搬轴测图上的尺寸注法，应按标注三类尺寸的要求进行标注。

3-7-1 轴测图图例。

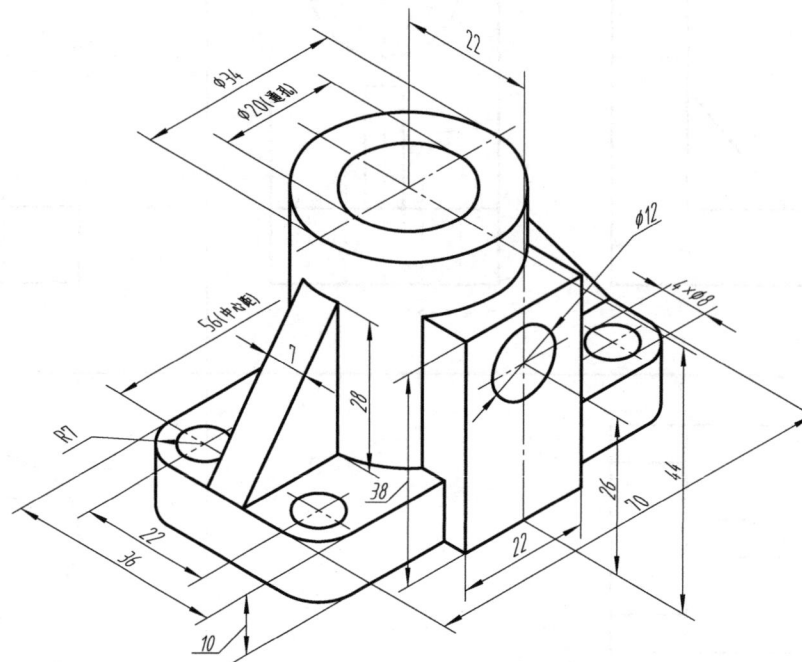

3-7-2 轴测图图例。

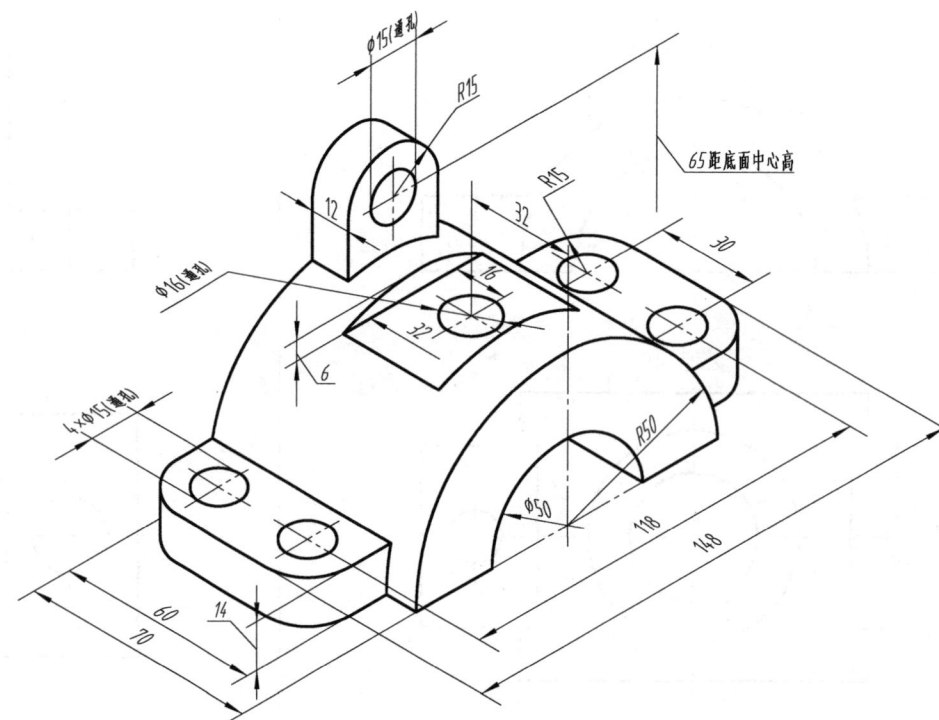

3-8-1 主、俯视图相同，左视图不同，哪一组三视图是正确的？

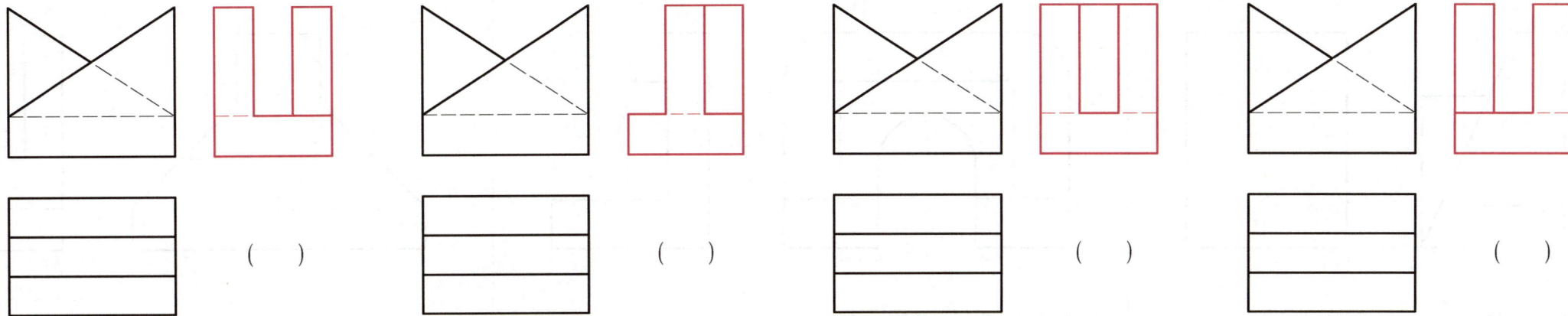

（　）　　　　（　）　　　　（　）　　　　（　）

3-8-2 主、左视图相同，俯视图不同，哪一组三视图是正确的？

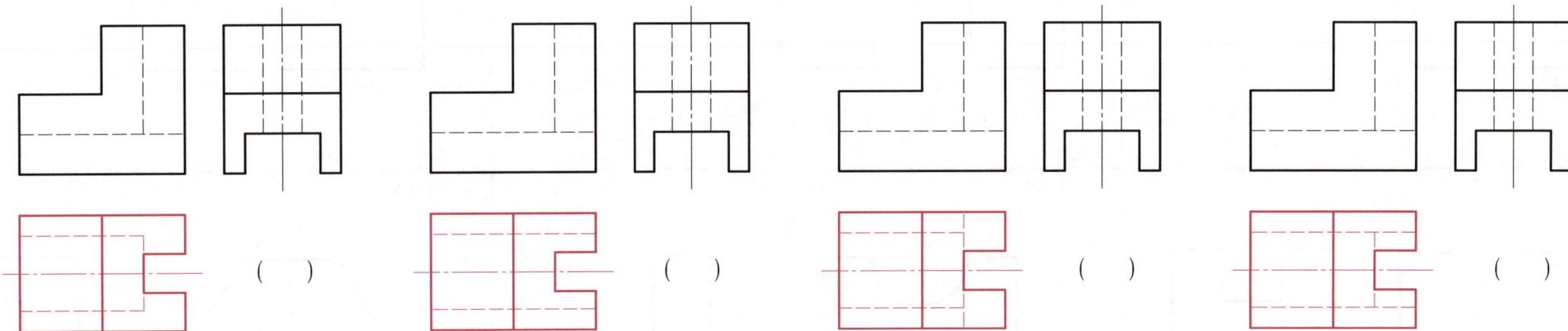

（　）　　　　（　）　　　　（　）　　　　（　）

3-8-3 主、左视图相同，俯视图不同，哪一组三视图是正确的？

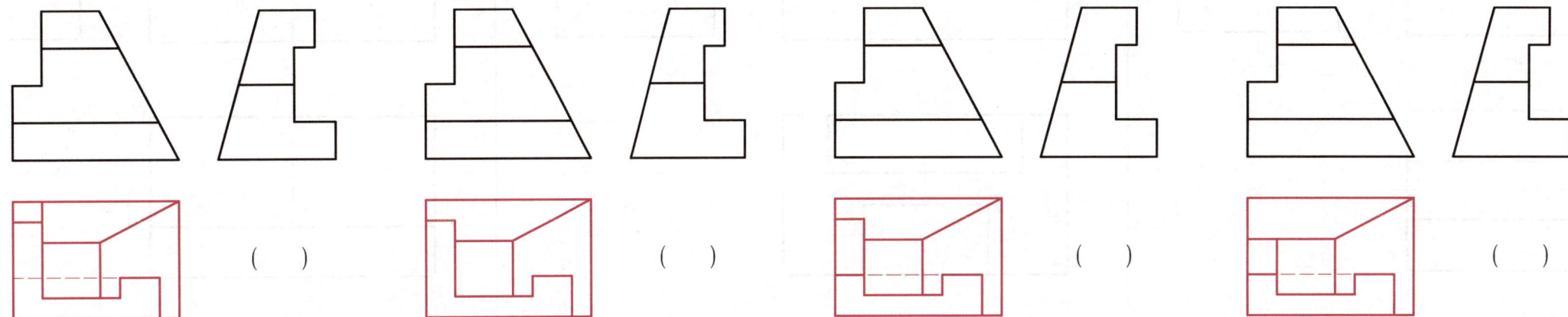

（　）　　　　（　）　　　　（　）　　　　（　）

3-9-1
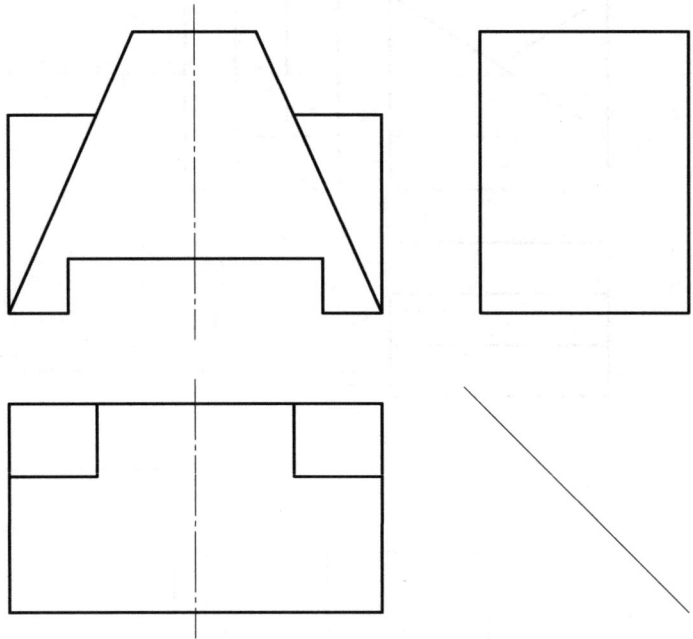

3-9-2
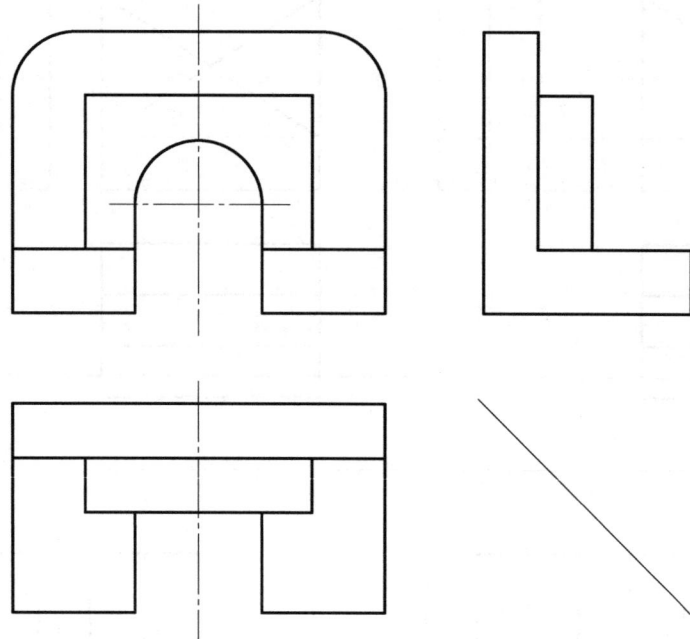

3-9-3
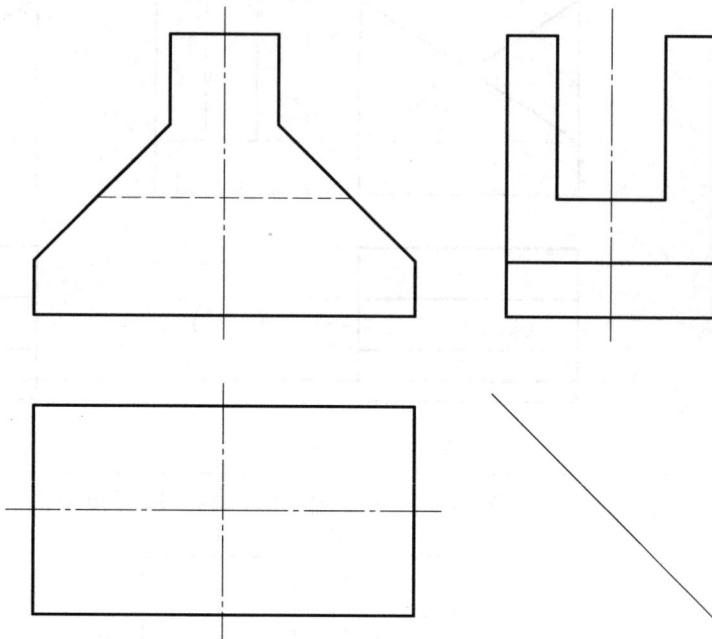

3-9-4
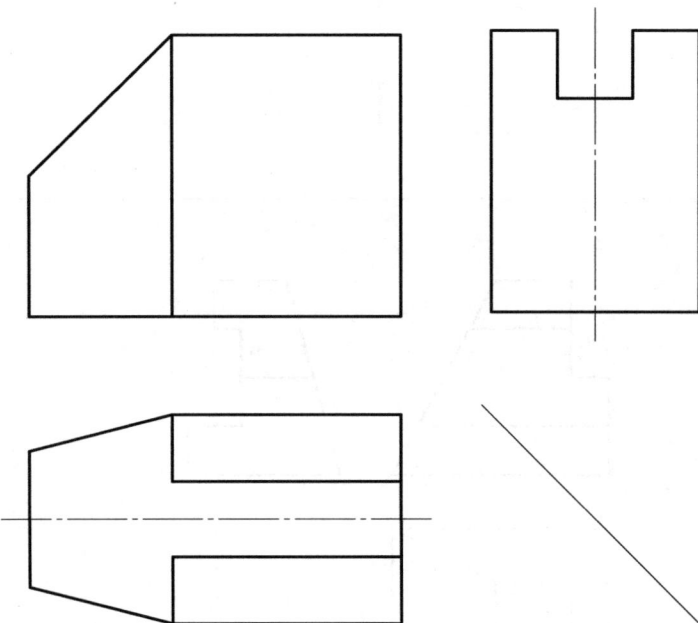

3-9-5
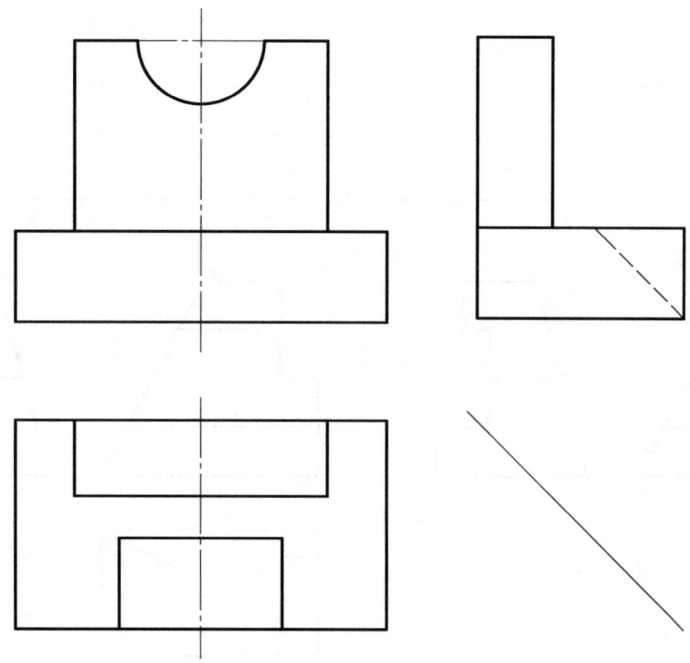

3-9-6
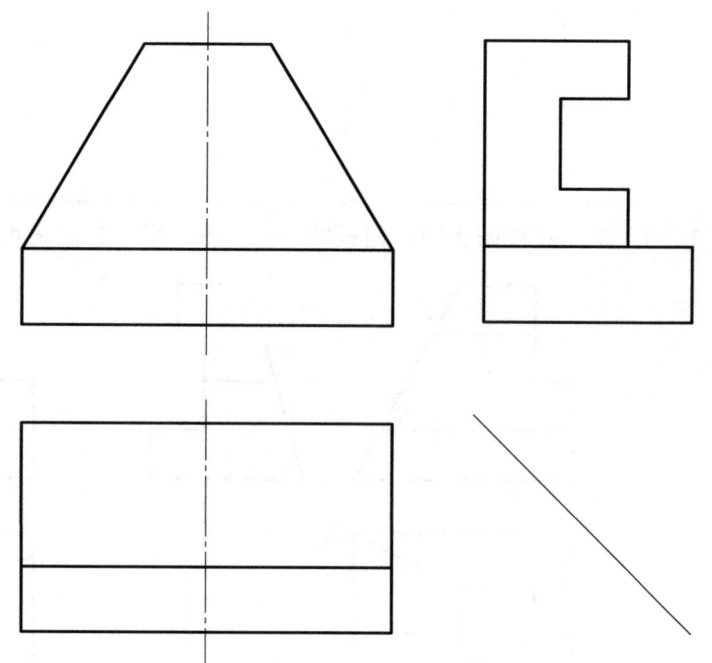

3-10-1

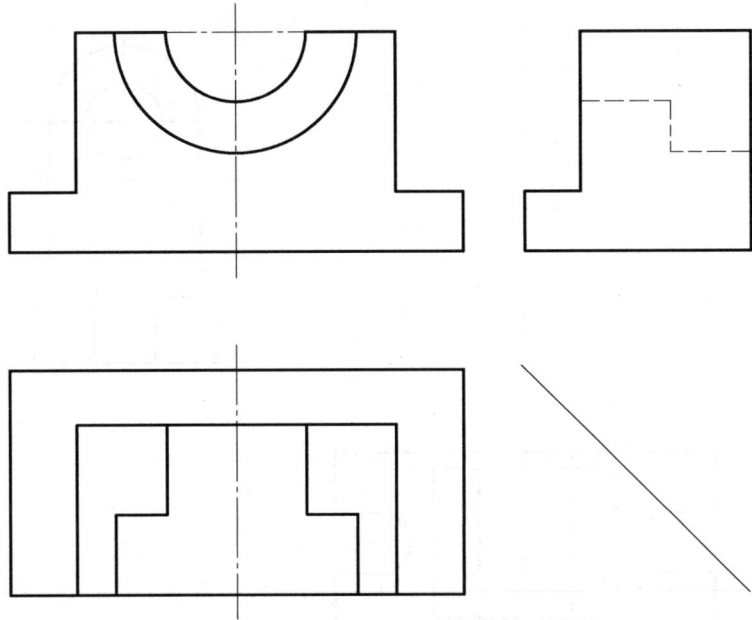

3-10-2

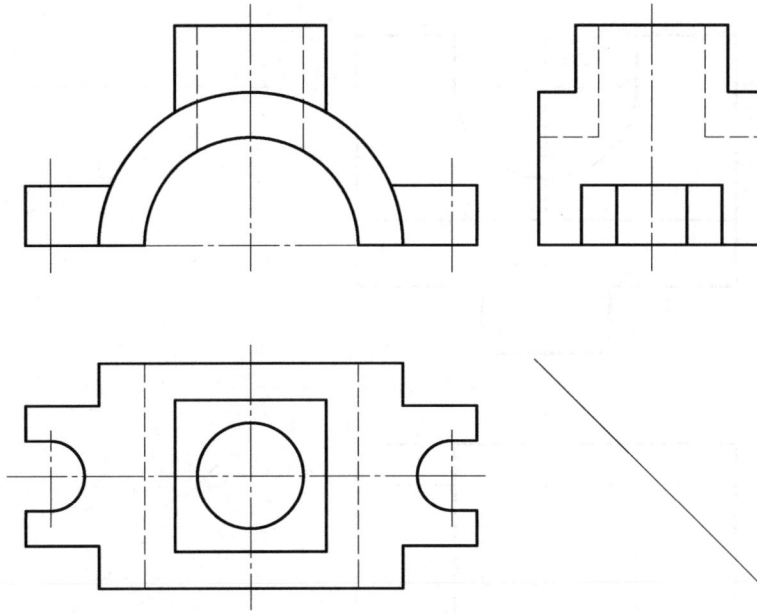

3-10-3

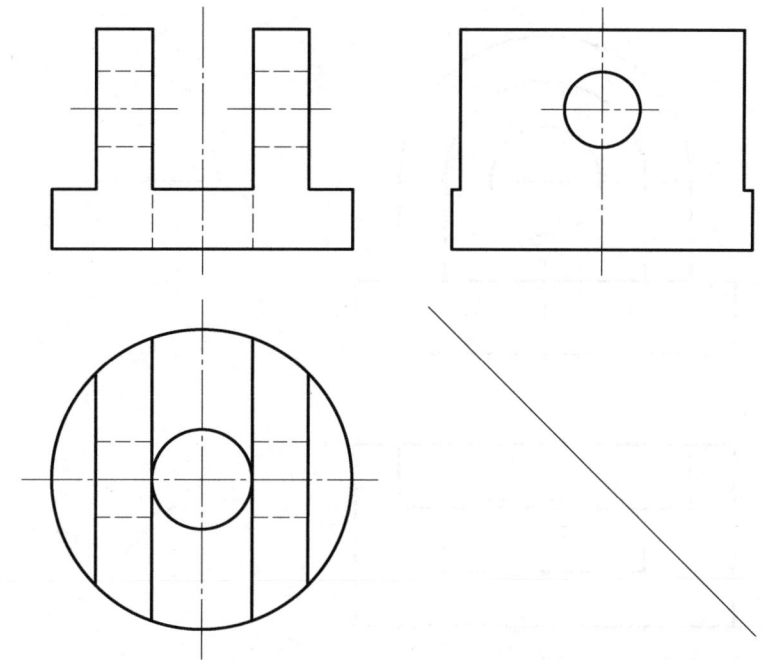

3-10-4

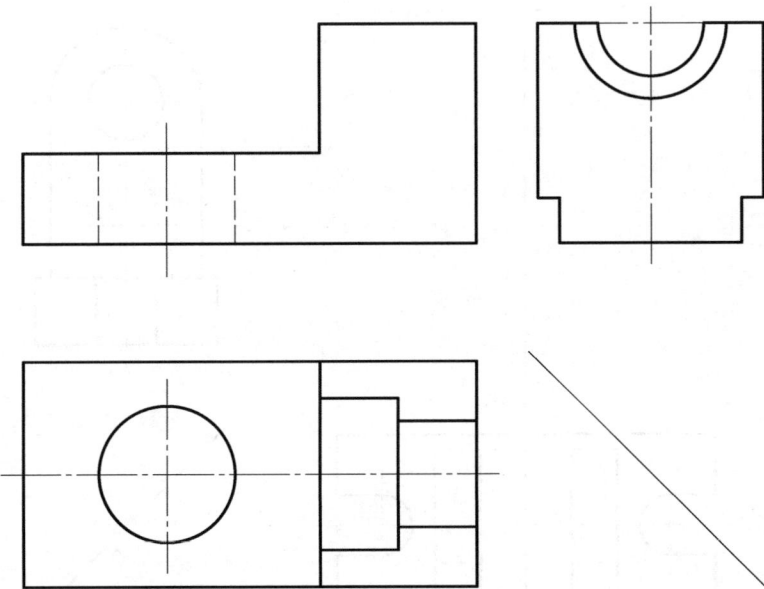

3-10-5

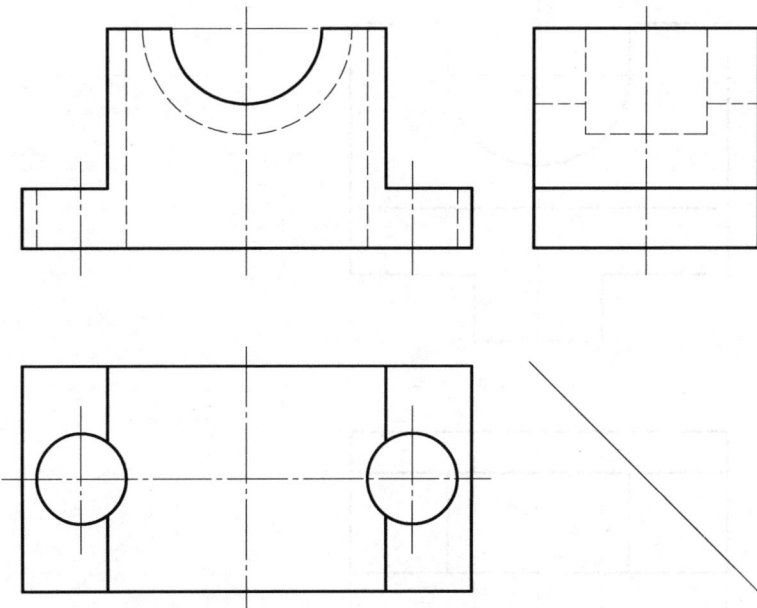

3-10-6

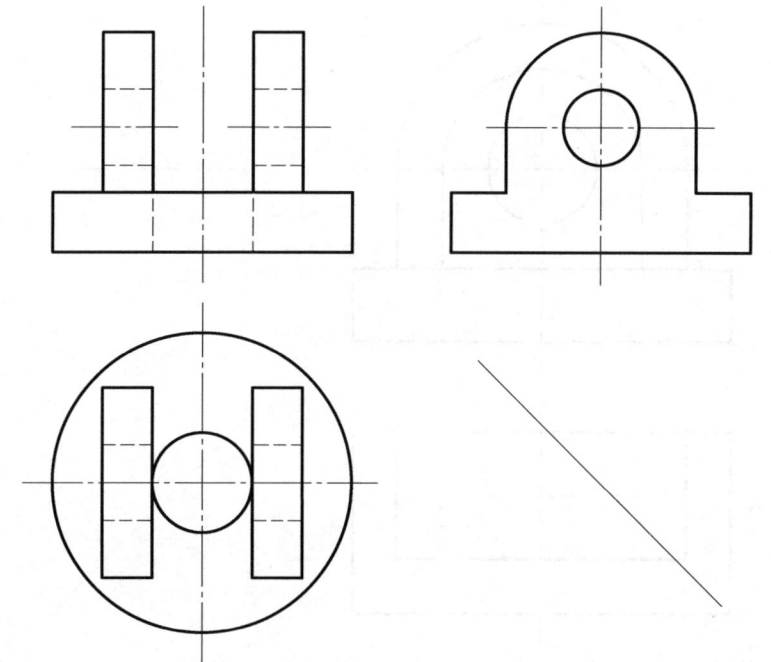

3-11-1 补画左视图。

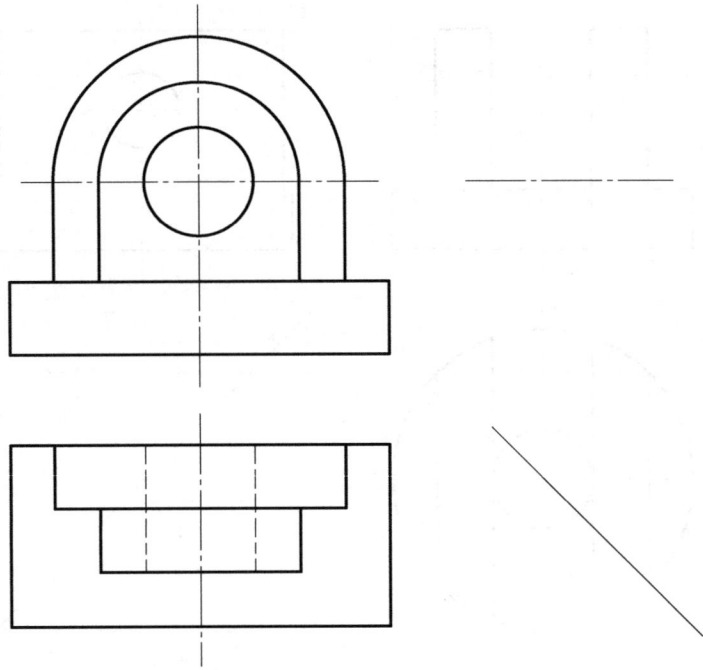

3-11-2 补画左视图。

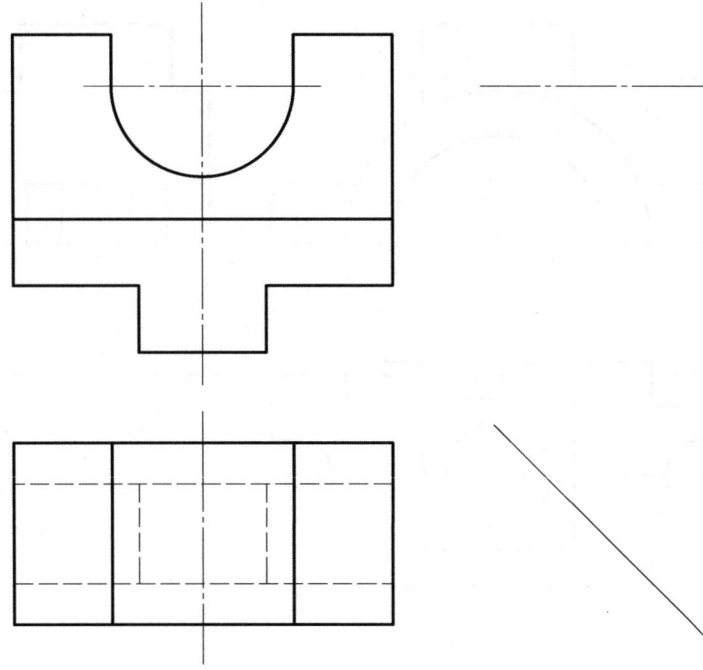

3-11-3 补画主视图。

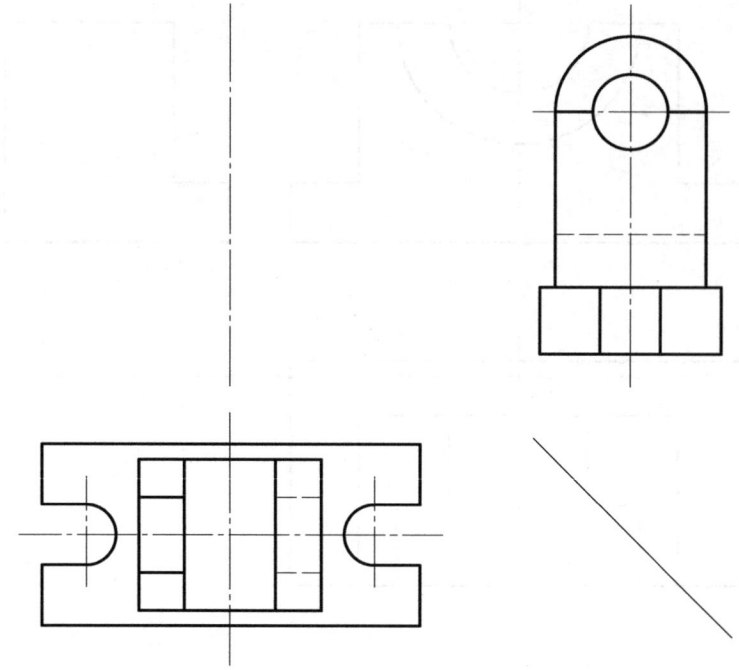

3-11-4 补画左视图。

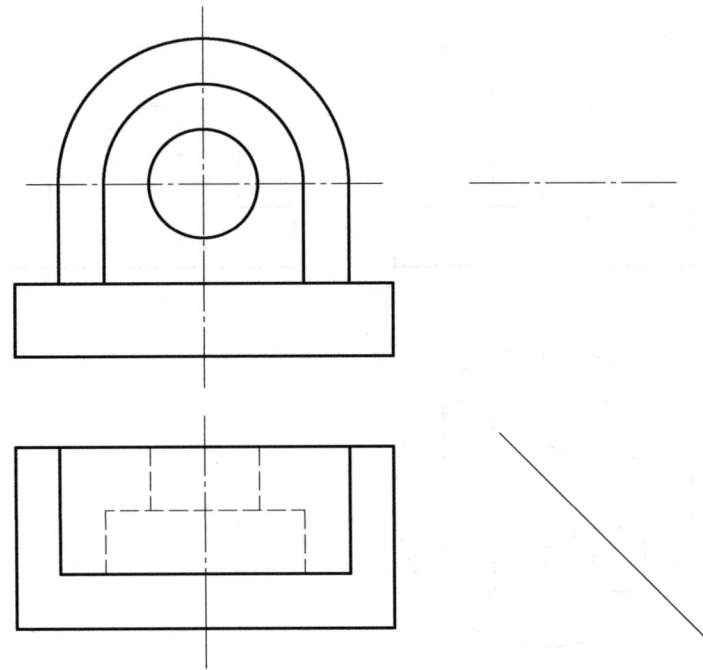

3-11-5 补画左视图。

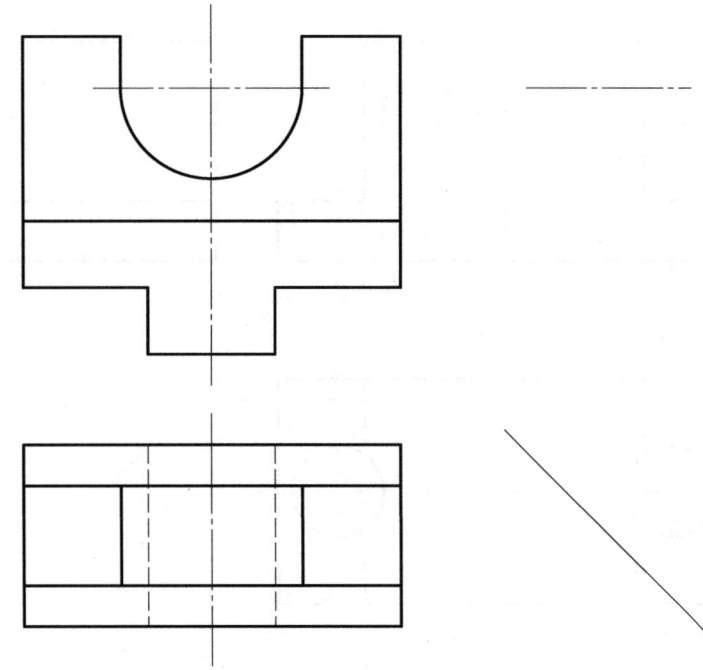

3-11-6 补画主视图。

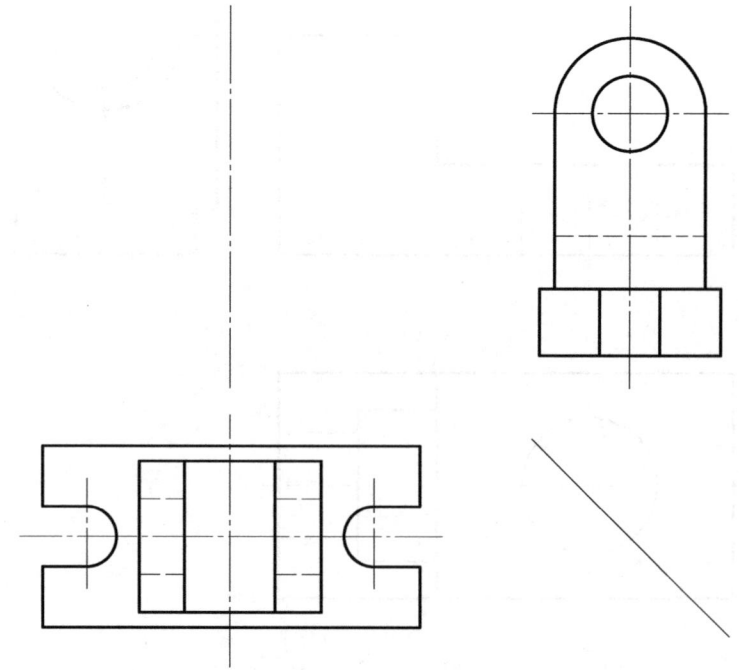

3-12-1 补画左视图。

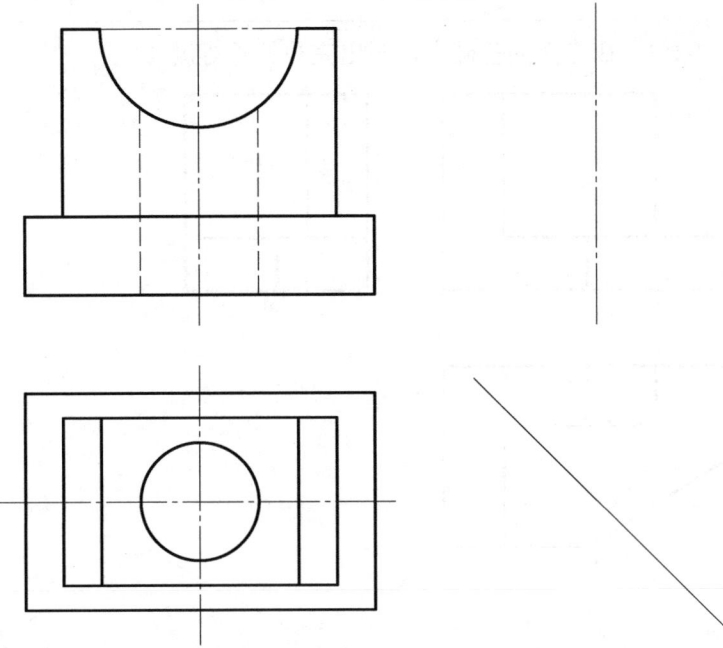

3-12-2 补画左视图。

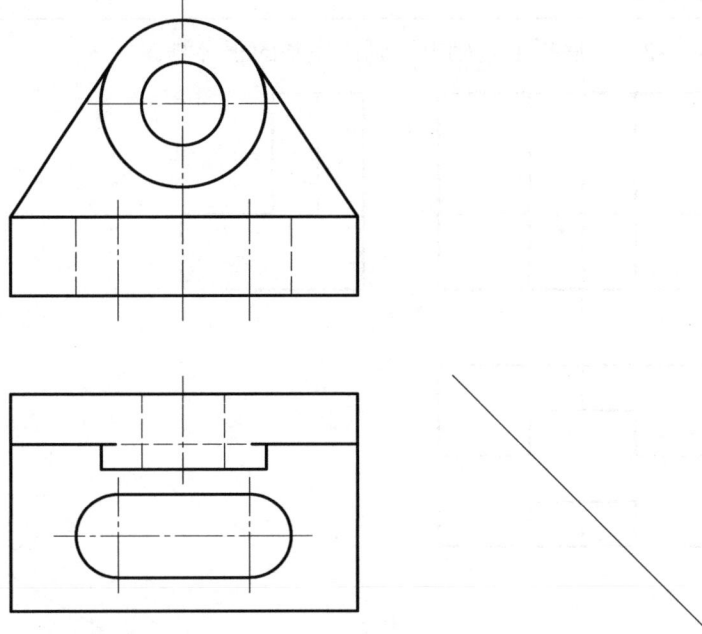

3-12-3 补画左视图。

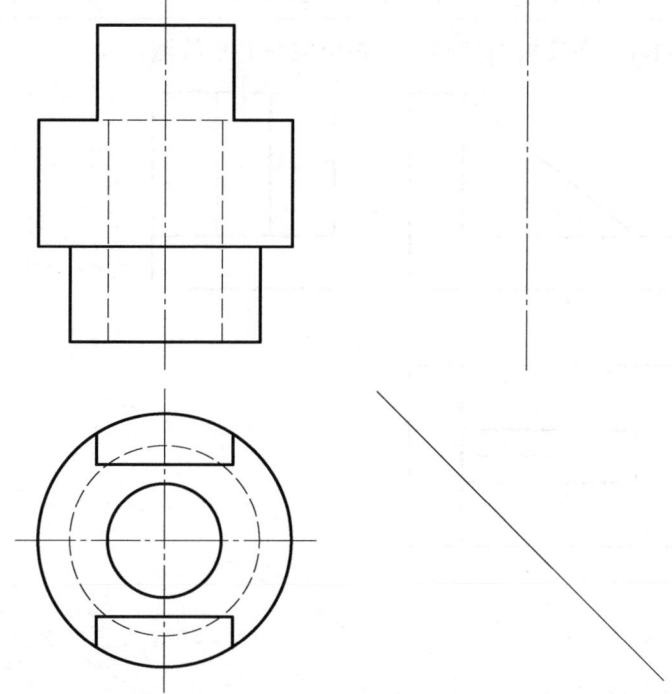

3-12-4 补画俯视图。

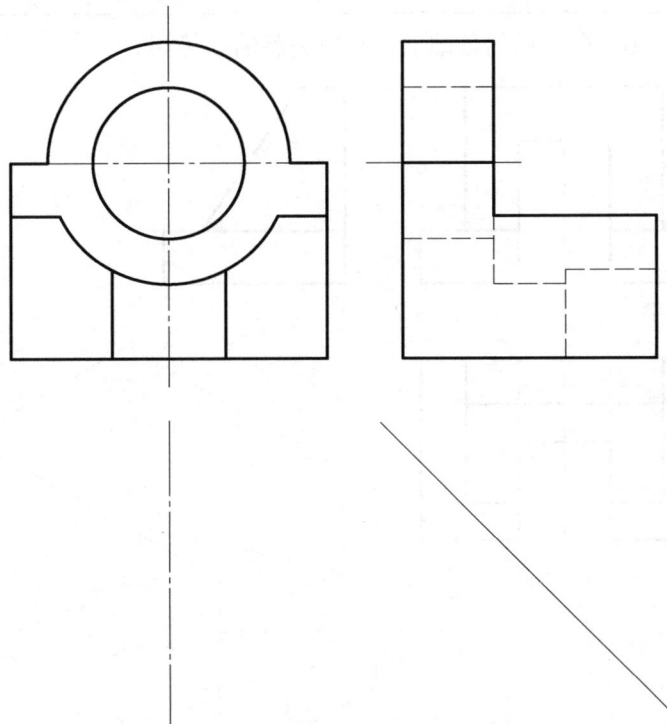

3-12-5 补画左视图。

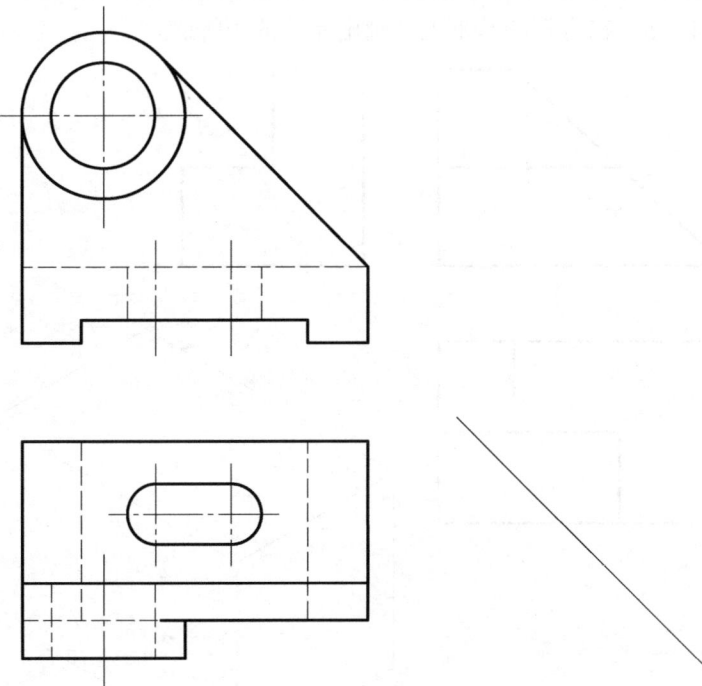

3-12-6 补画左视图。

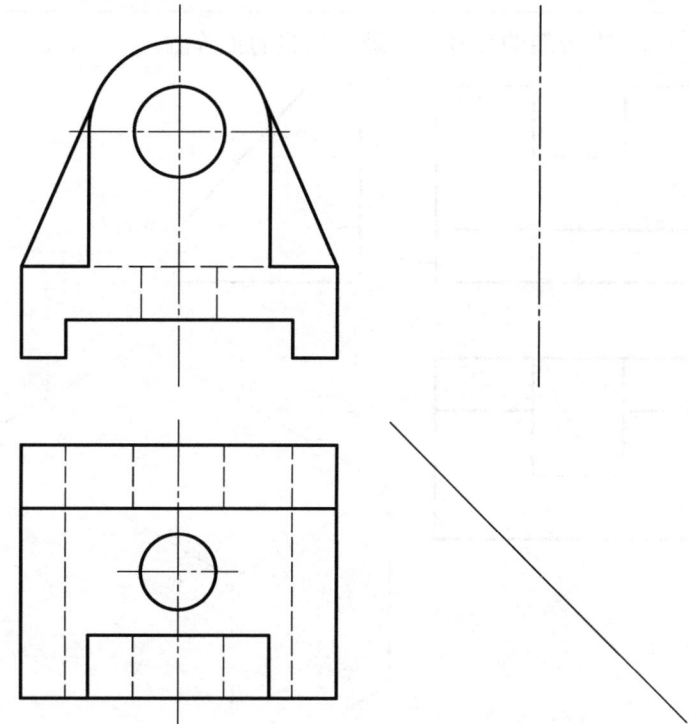

第四章 轴 测 图

班级　　　姓名　　　学号

4-1　根据三视图按1：1的比例画出完整的正等轴测图，尺寸从视图中量取整数

4-1-1　在底板的基础上，画出完整的正等测。

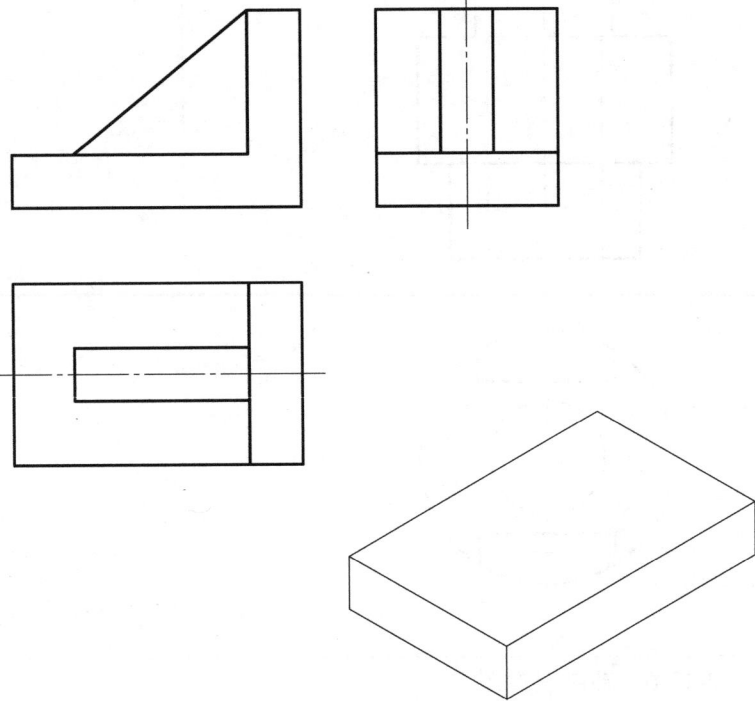

4-1-2　在底板的基础上，画出完整的正等测。

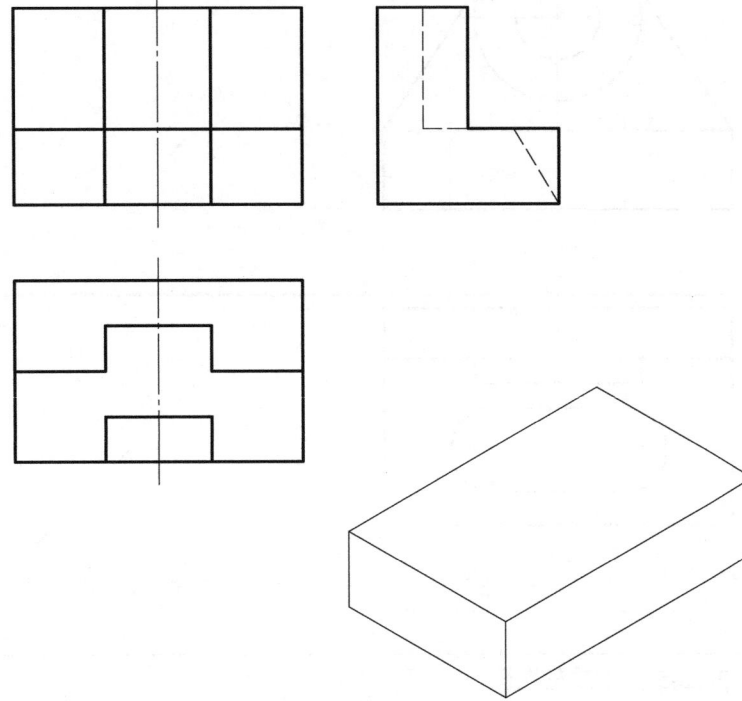

4-1-3　在底面的基础上，画出完整的正等测。

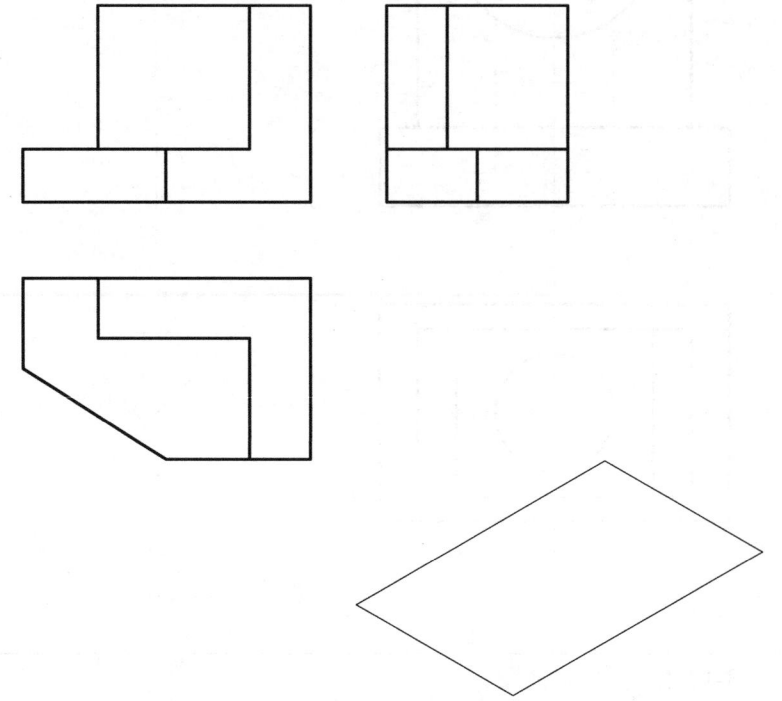

4-1-4　在方箱的基础上，画出完整的正等测。

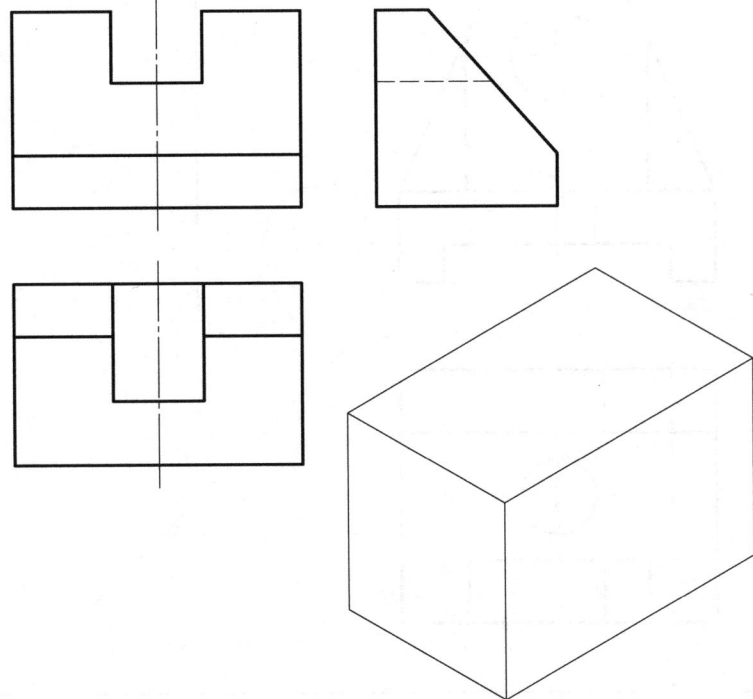

4-1-5　在方箱的基础上，画出完整的正等测。

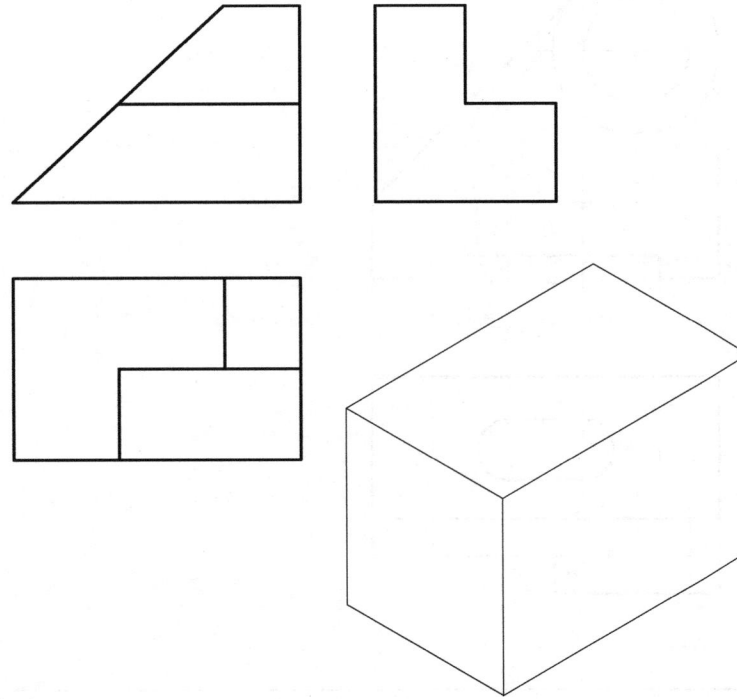

4-1-6　在方箱的基础上，画出完整的正等测。

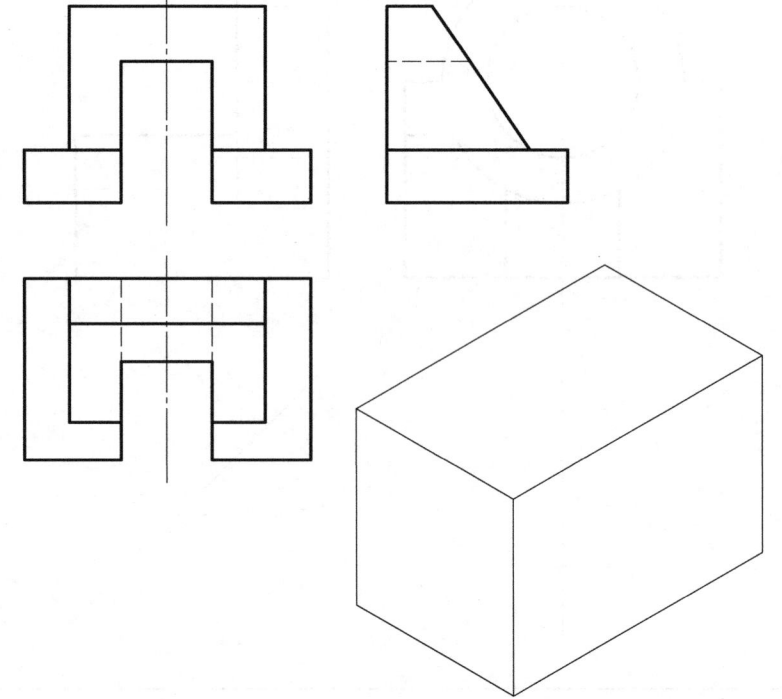

4-2-1

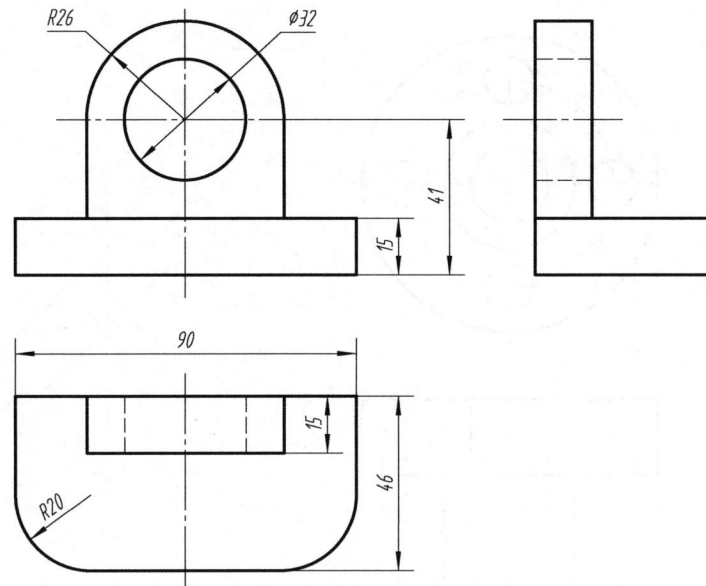

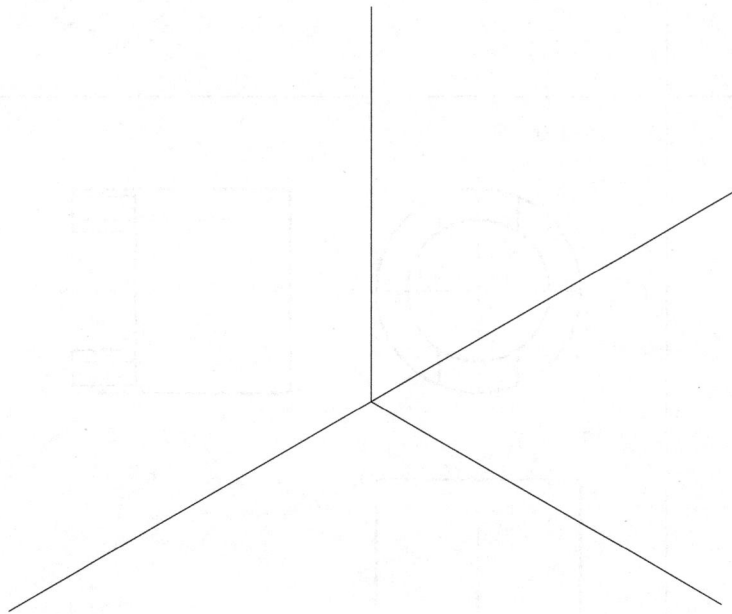

4-2-2

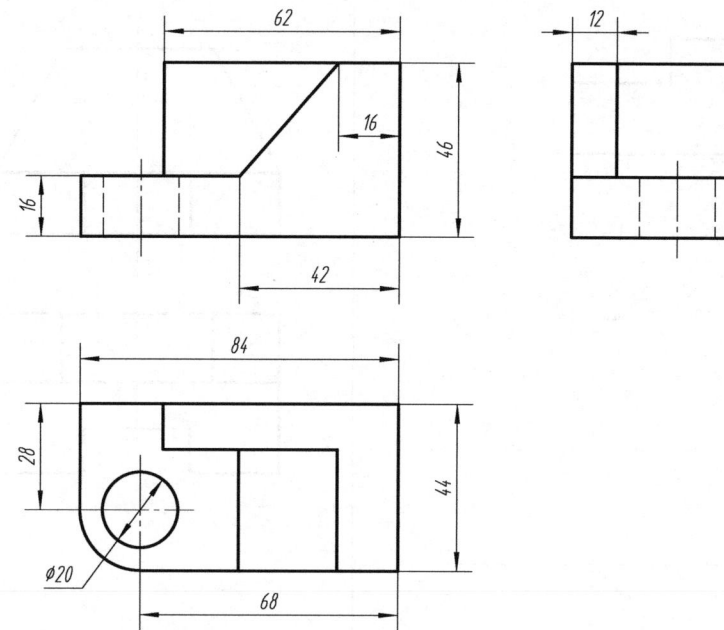

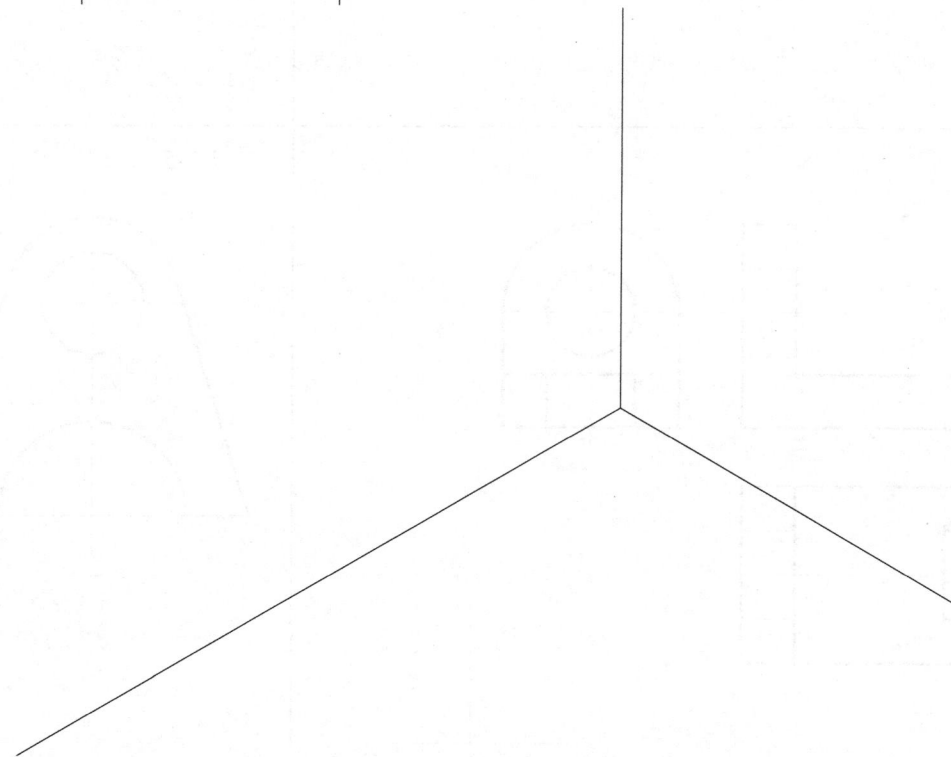

4-3-1

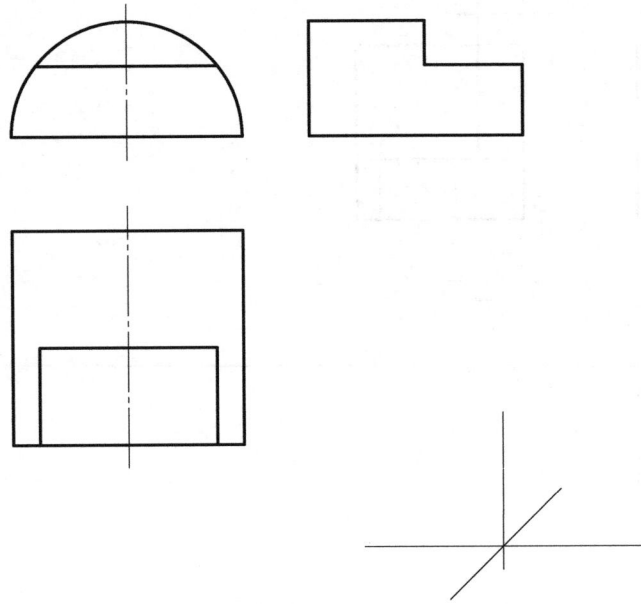

4-3-2

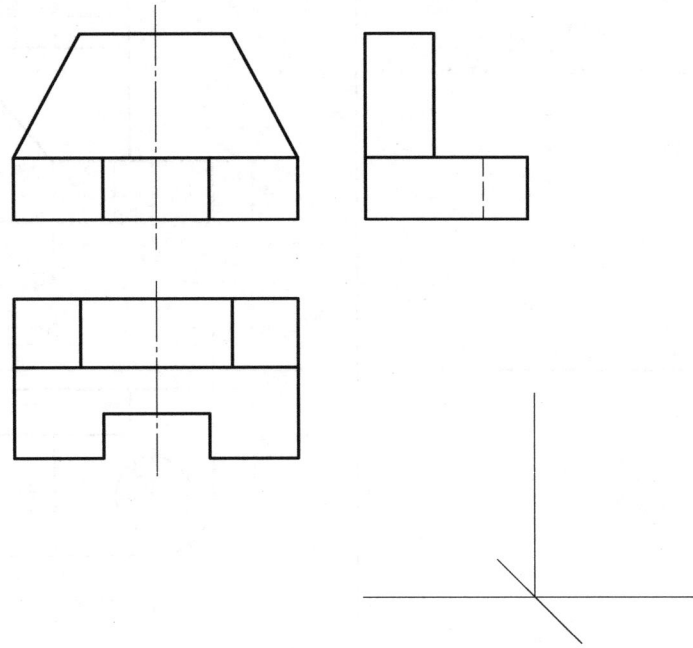

4-3-3

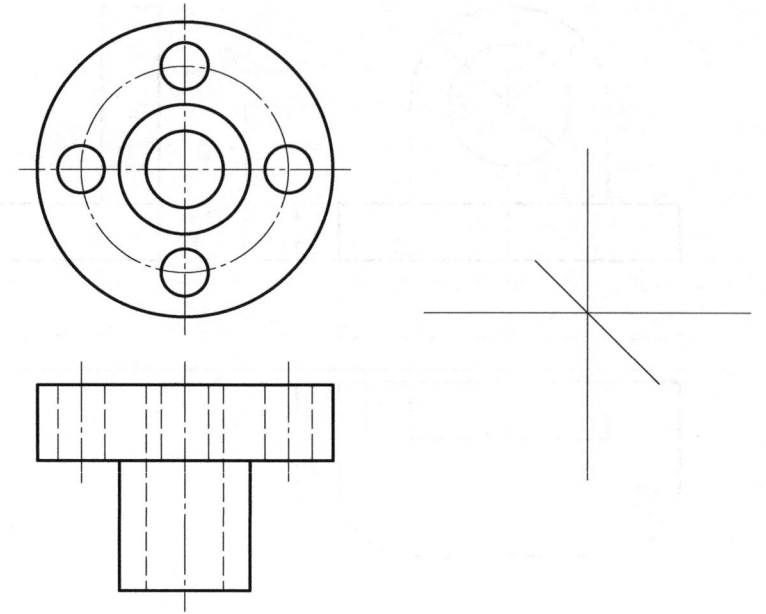

4-3-4

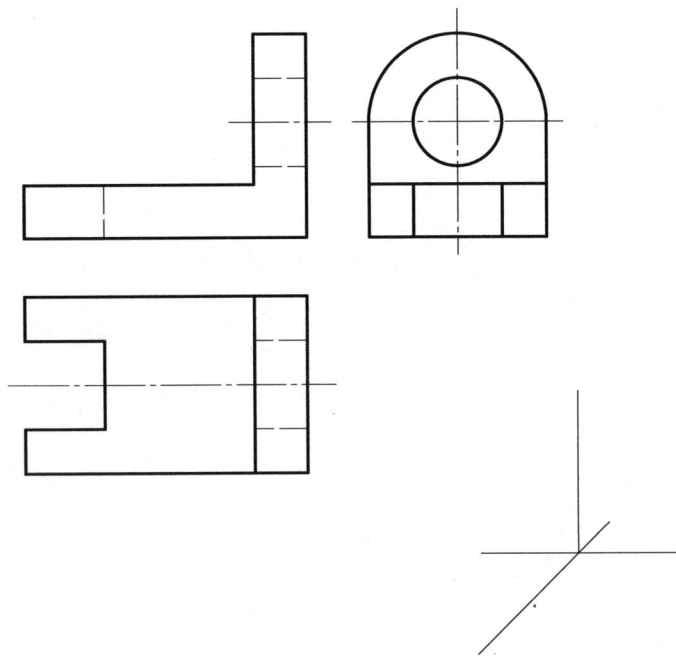

4-3-5

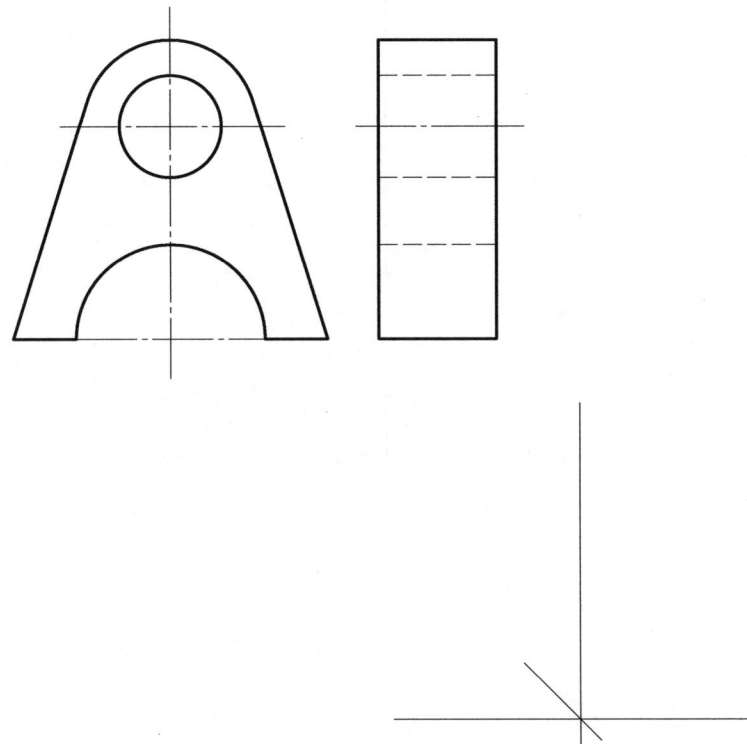

4-3-6

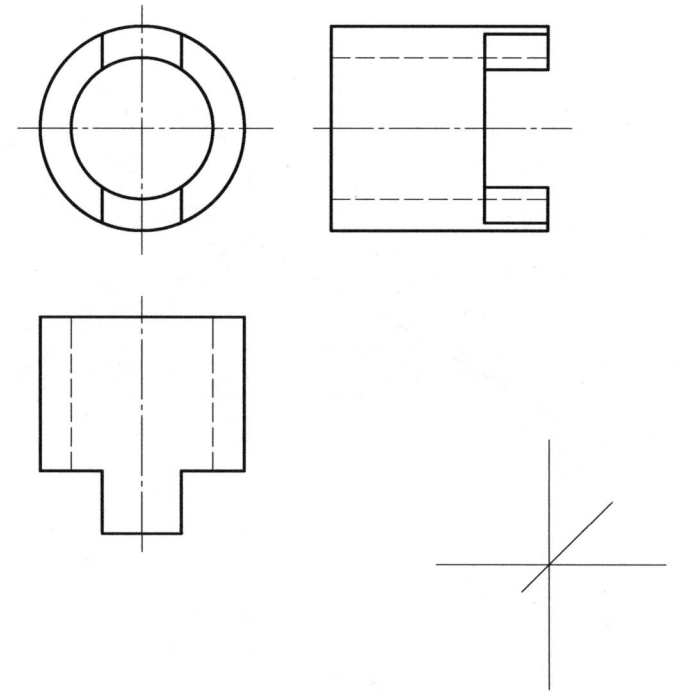

5-1　基本视图和向视图表达方法练习　　　　　　　　　　　　　　　　　　　　班级　　　　姓名　　　　学号

5-1-1　根据主、左、俯视图，补画右、仰、后视图。

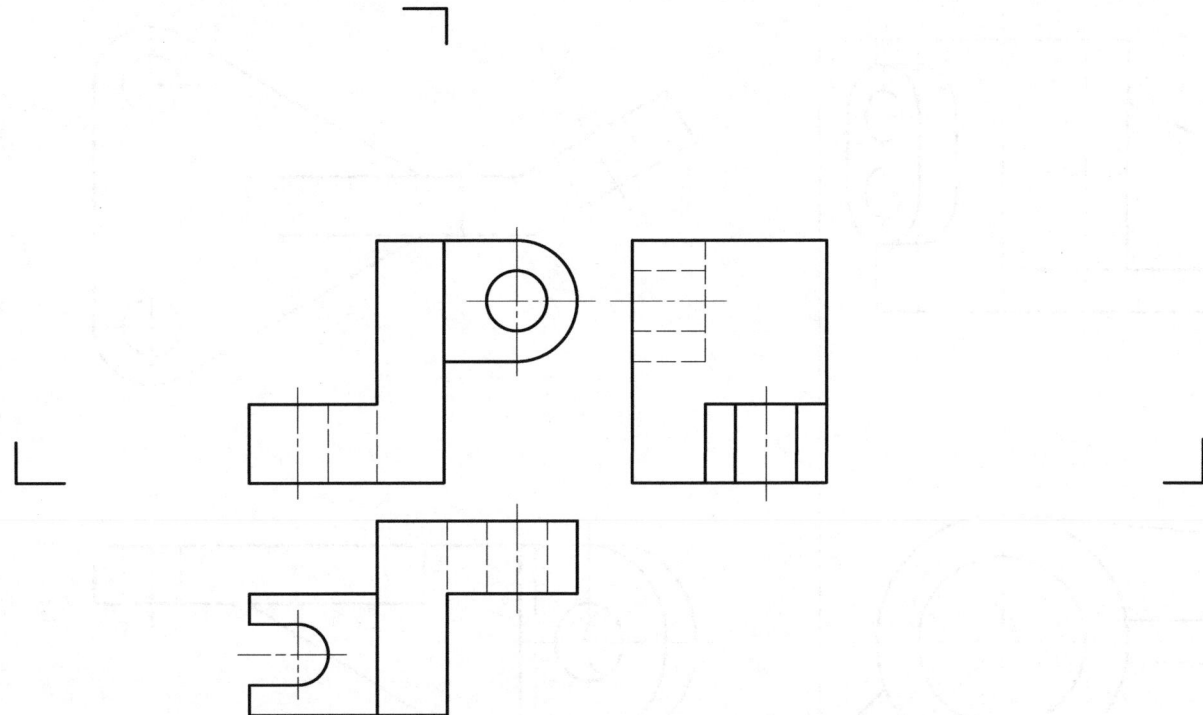

5-1-2　根据主、左、俯视图，补画右、仰、后视图，并按规定标注。

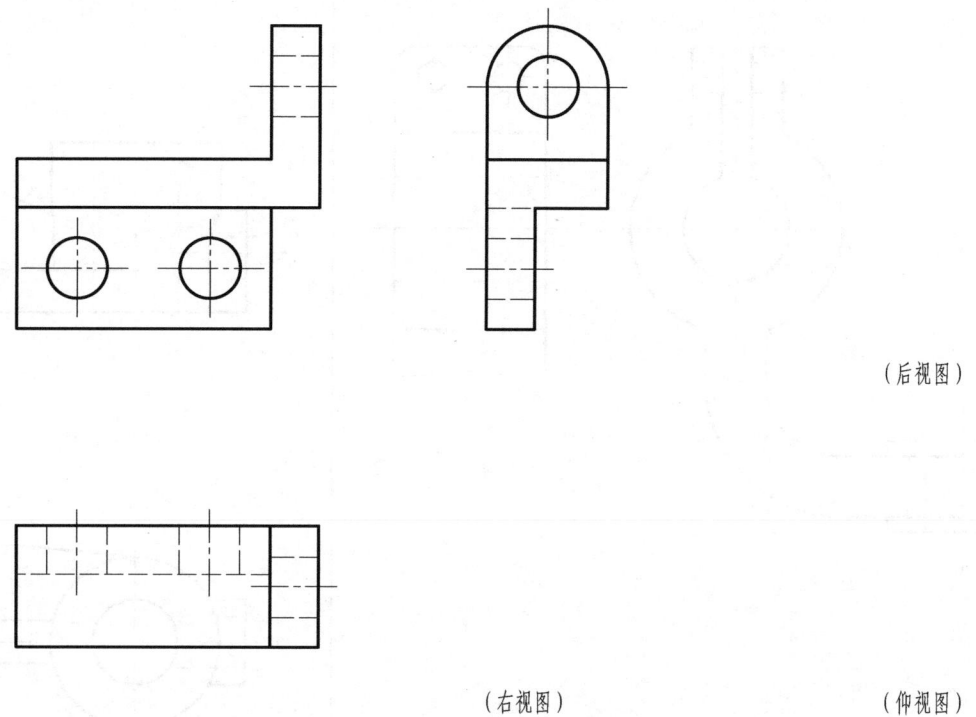

（后视图）

（右视图）　　　　　　（仰视图）

5-1-3　先确认各视图名称（在合适的选项上画"√"），再按规定标注。

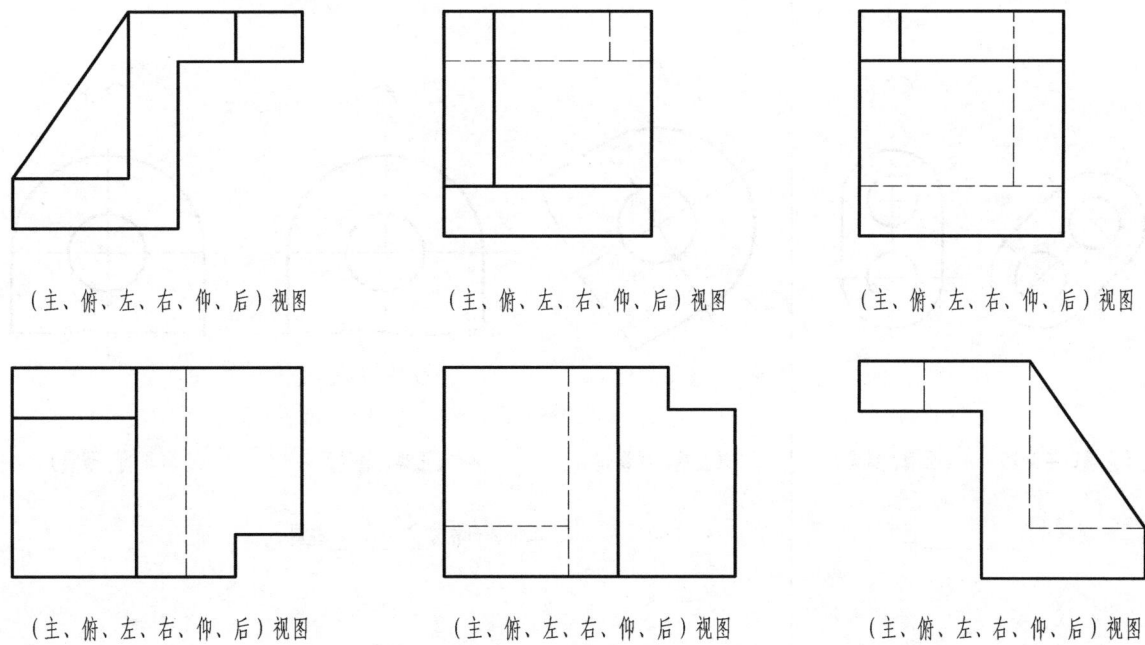

（主、俯、左、右、仰、后）视图　　　　（主、俯、左、右、仰、后）视图　　　　（主、俯、左、右、仰、后）视图

（主、俯、左、右、仰、后）视图　　　　（主、俯、左、右、仰、后）视图　　　　（主、俯、左、右、仰、后）视图

5-1-4　根据主、左、俯视图，补画右、仰、后视图，并按规定标注。

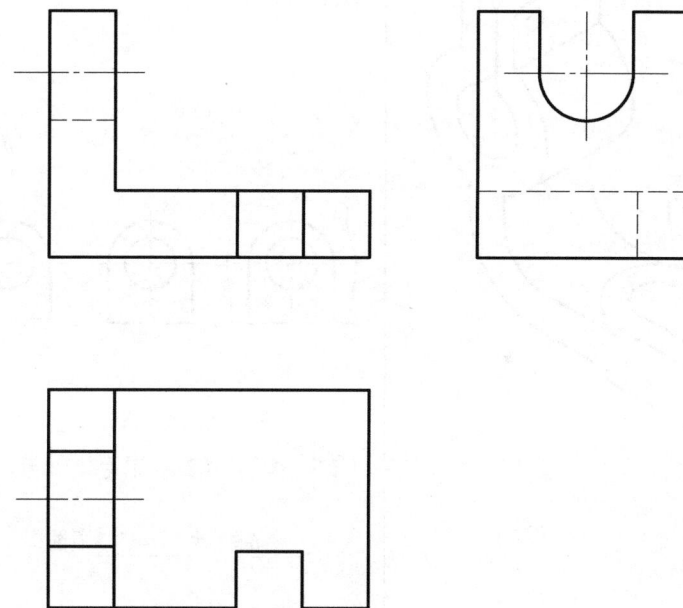

5-2-1　先画出 K 向局部视图，再回答问题。

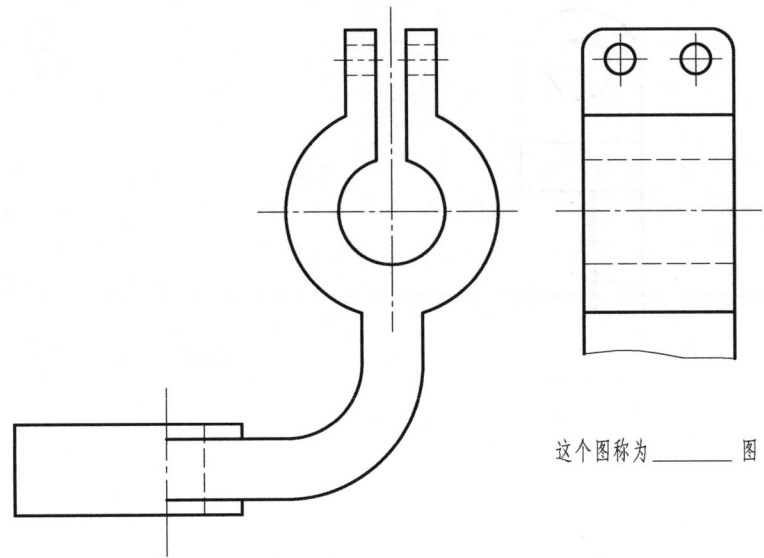

这个图称为_____图

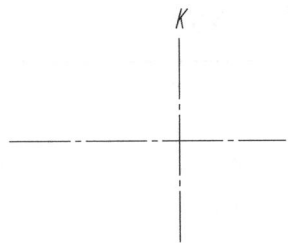

K

这个局部视图是否需要标注？

（需要标注、不需标注）

K↓

10
20

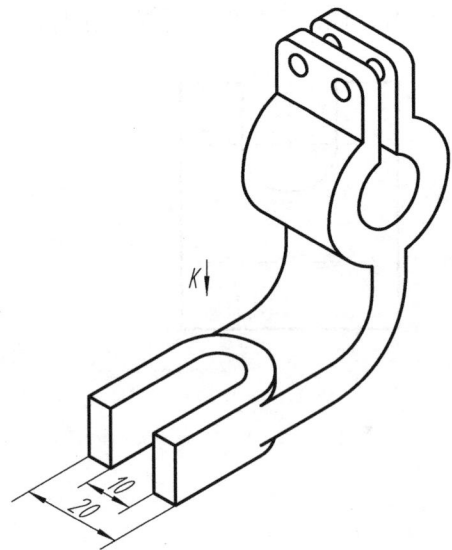

5-2-2　判断 A 向和 B 向视图是否正确，圈出错误图例的错误之处。

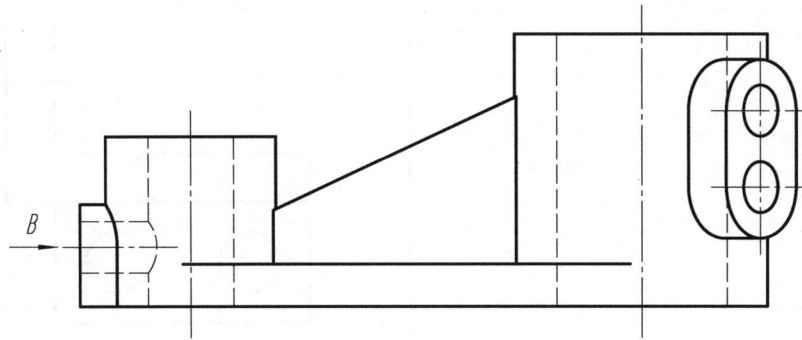

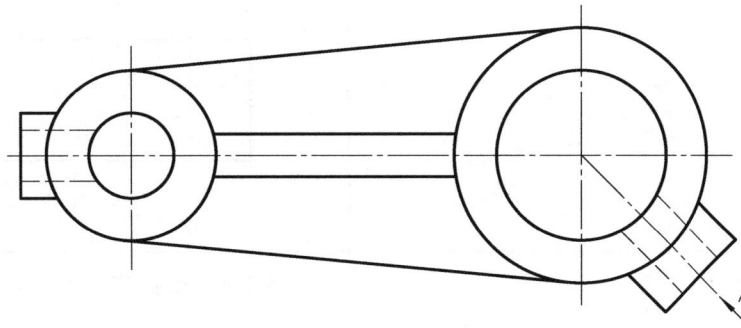

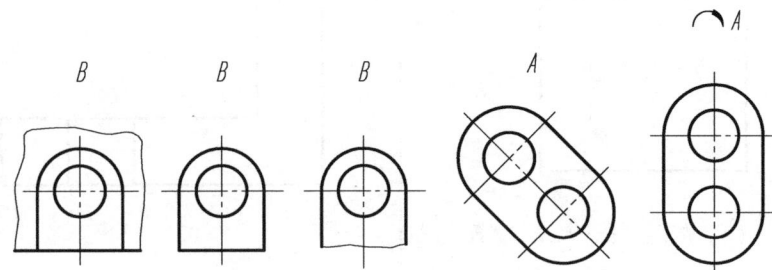

B

A

B　　　B　　　B　　　　A

（正确、错误）　（正确、错误）　（正确、错误）　　　（正确、错误）　　（正确、错误）

B 向称为_____视图　　　　A 向称为_____视图

5-2-3　判断 A 向视图是否正确，圈出错误图例的错误之处。

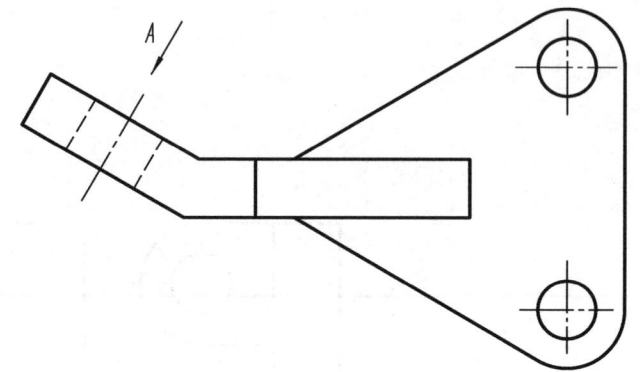

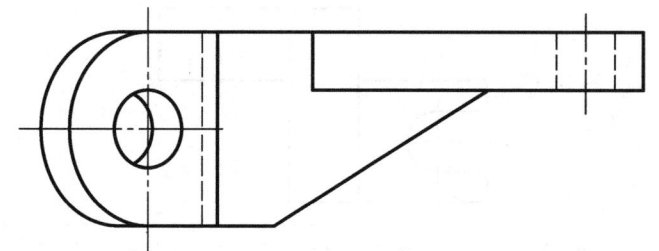

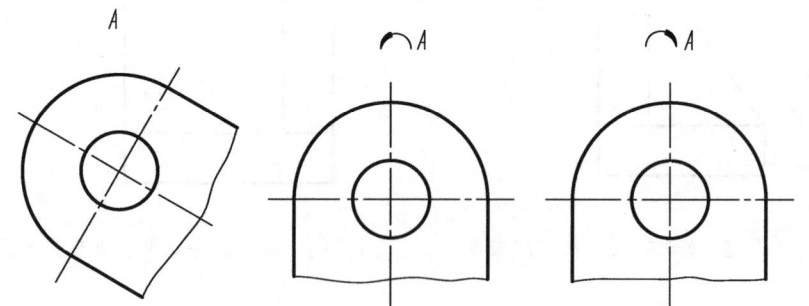

A

A

A　　　　　A　　　　　A

（正确、错误）　　　　（正确、错误）　　　　（正确、错误）

A 向称为_____视图

5-3-1　四个不同的主视图，判断其正确与否，用铅笔圈出错误图例的错误之处。

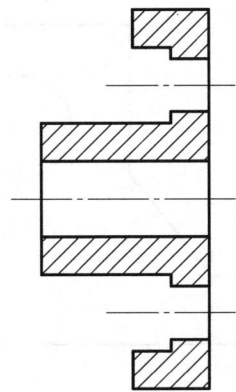 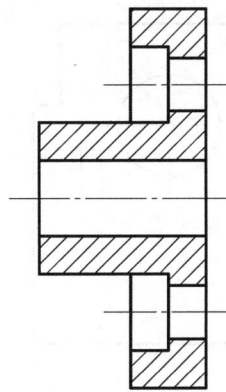 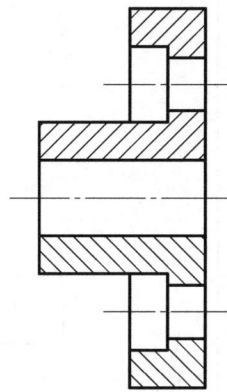 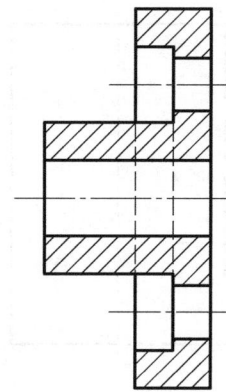 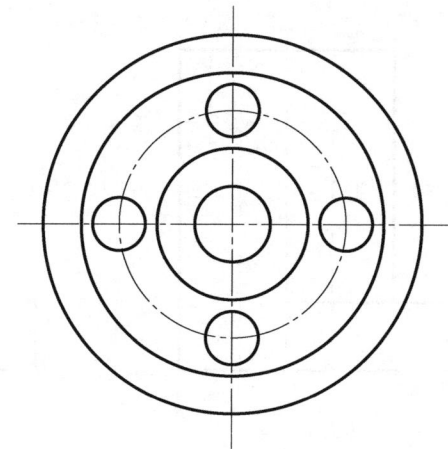

（正确、错误）　　　　　（正确、错误）　　　　　（正确、错误）　　　　　（正确、错误）

5-3-2　下面四组视图哪一组是正确的？用铅笔圈出错误图例的错误之处。

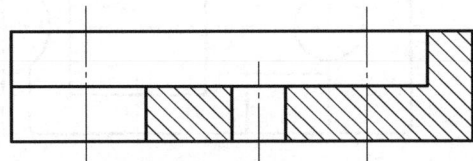 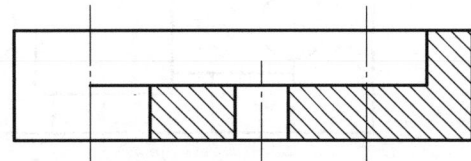 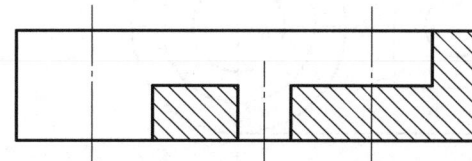 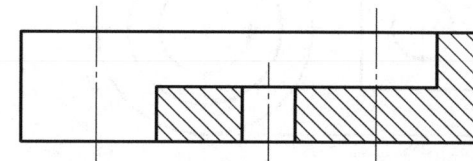

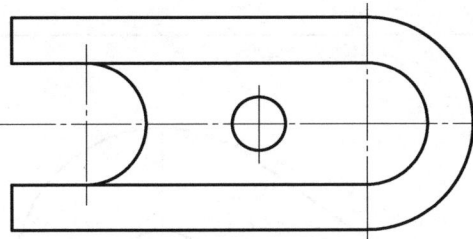 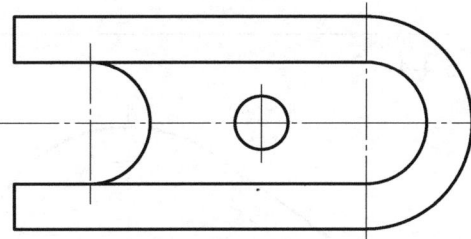 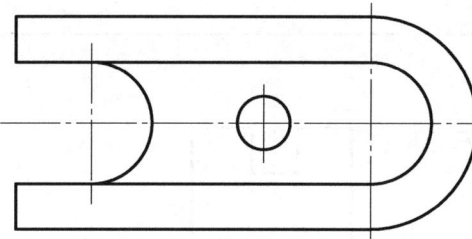 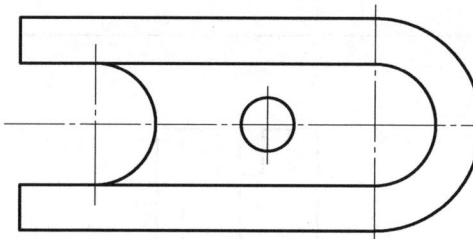

（正确、错误）　　　　　（正确、错误）　　　　　（正确、错误）　　　　　（正确、错误）

5-3-3	5-3-4	5-3-5	5-3-6	5-3-7	5-3-8

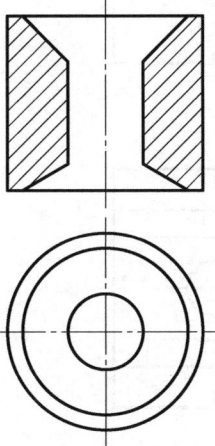 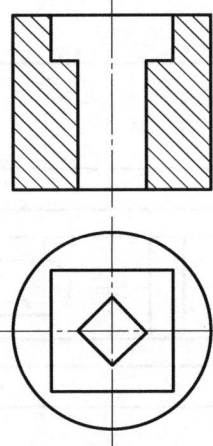 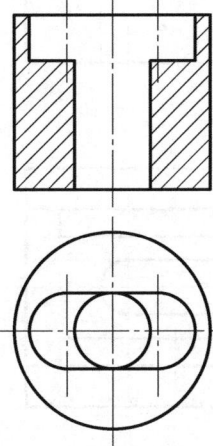 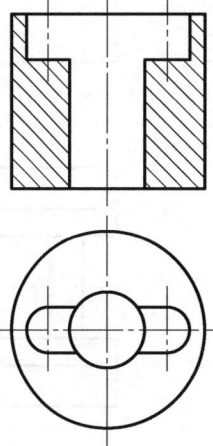 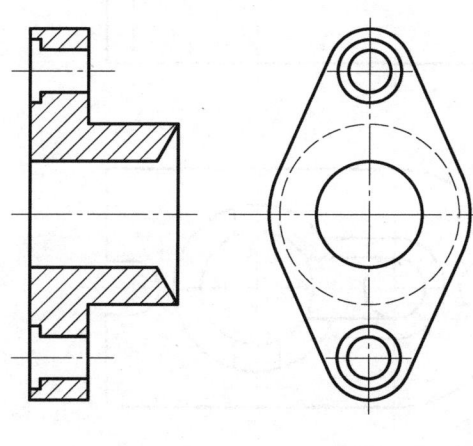 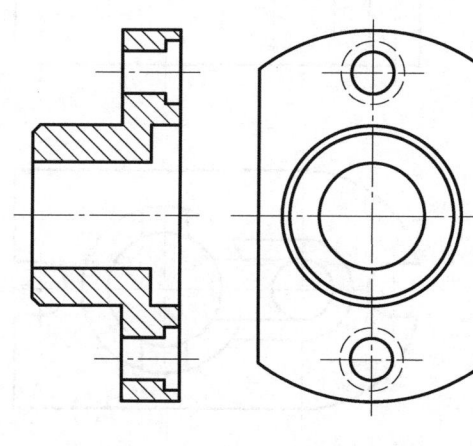

5-4-1

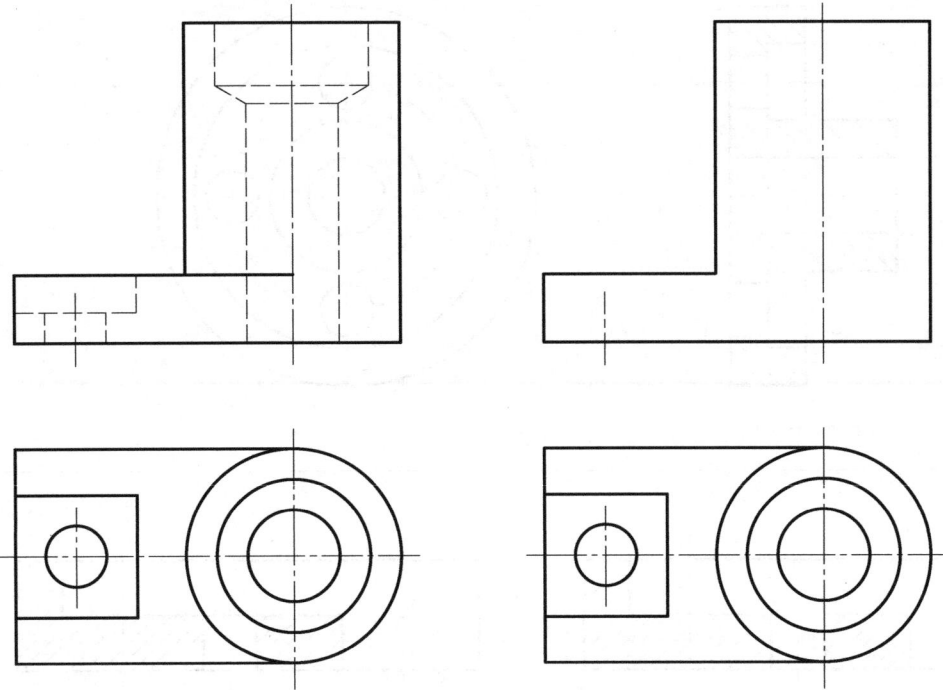

5-4-2

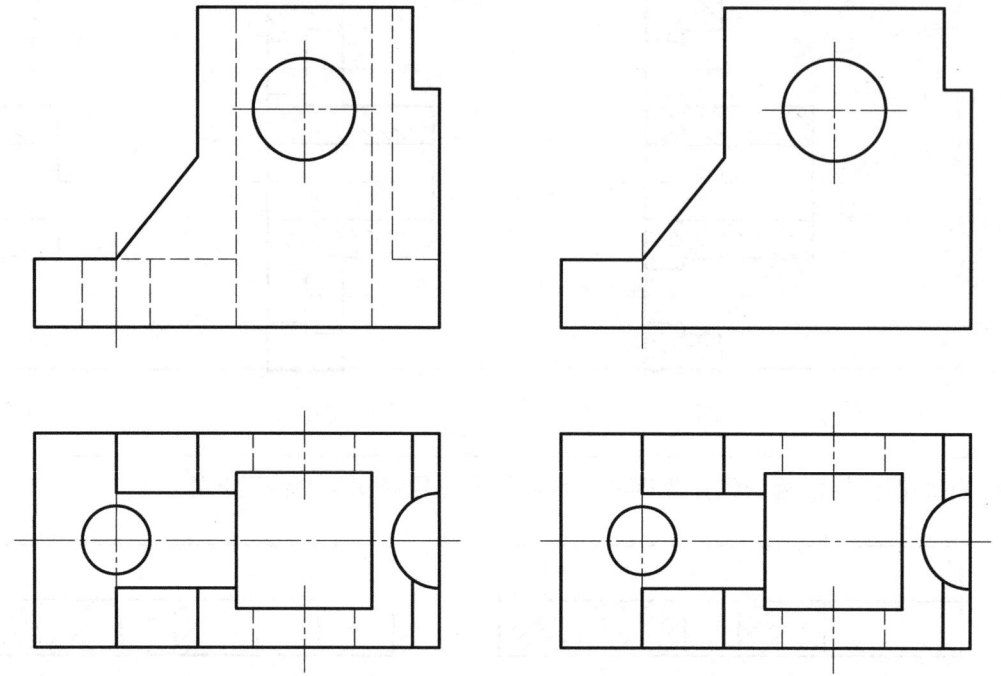

5-4-3

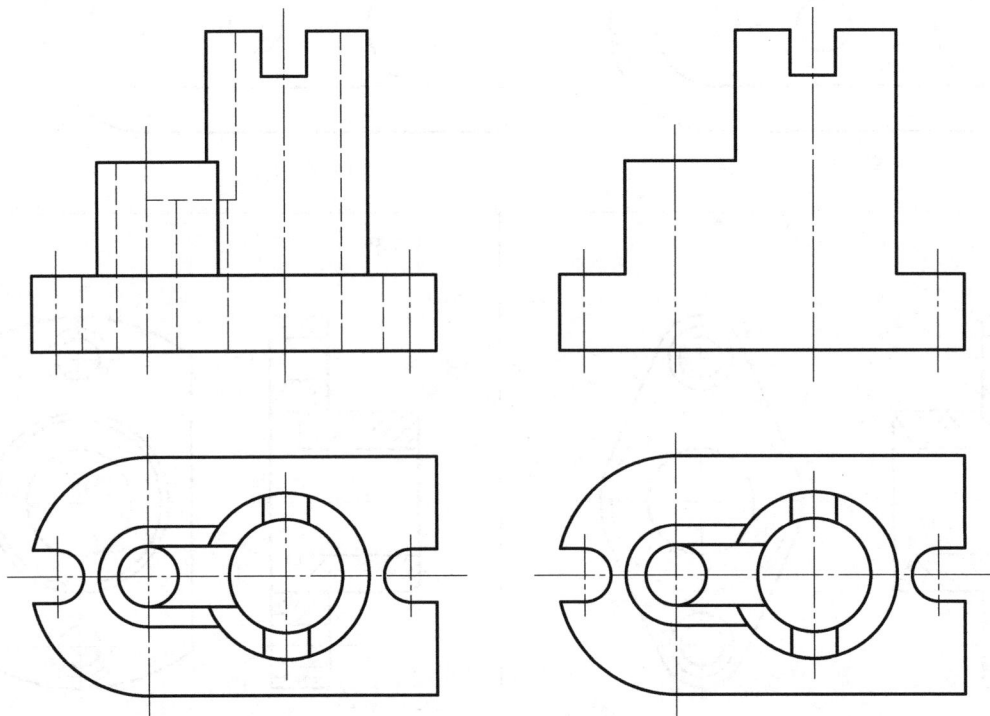

5-4-4

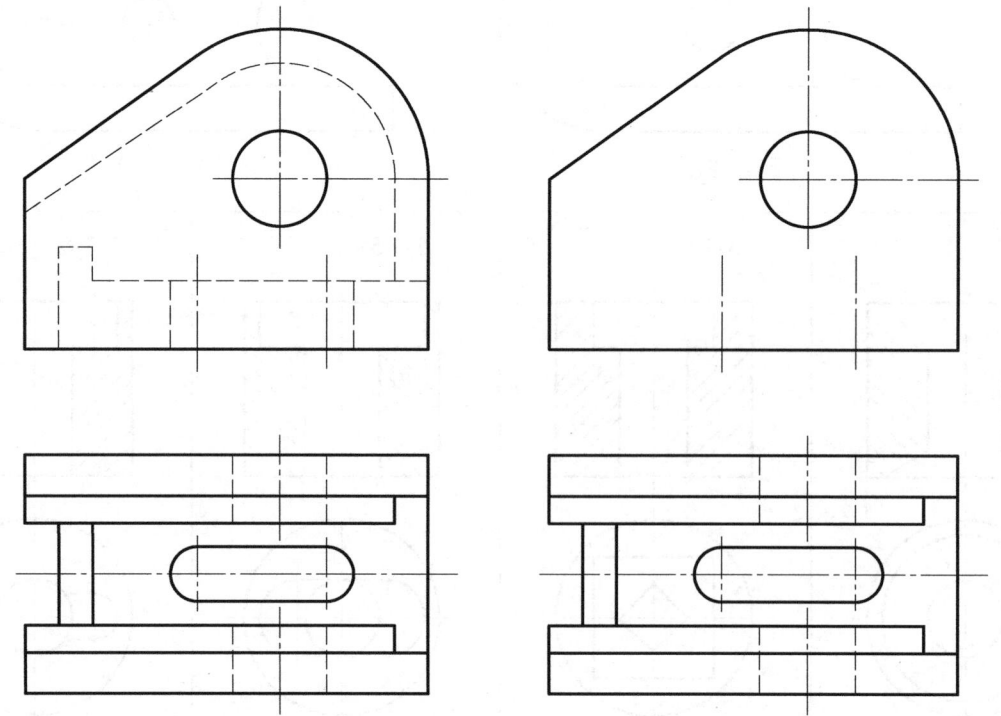

5-5-1

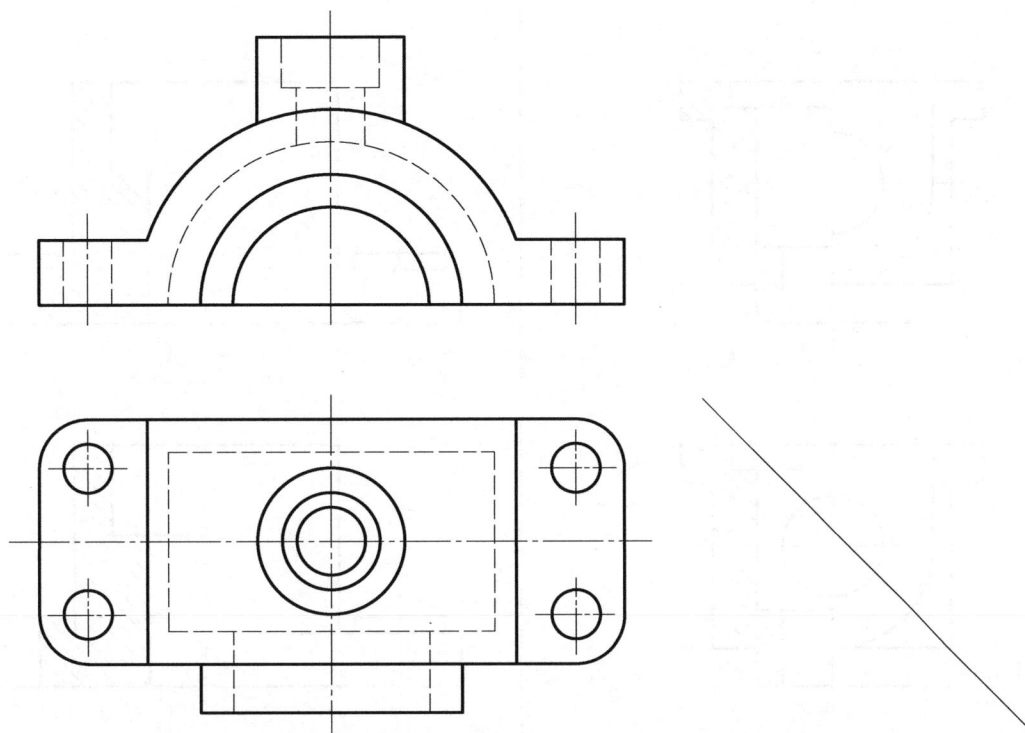

5-5-2

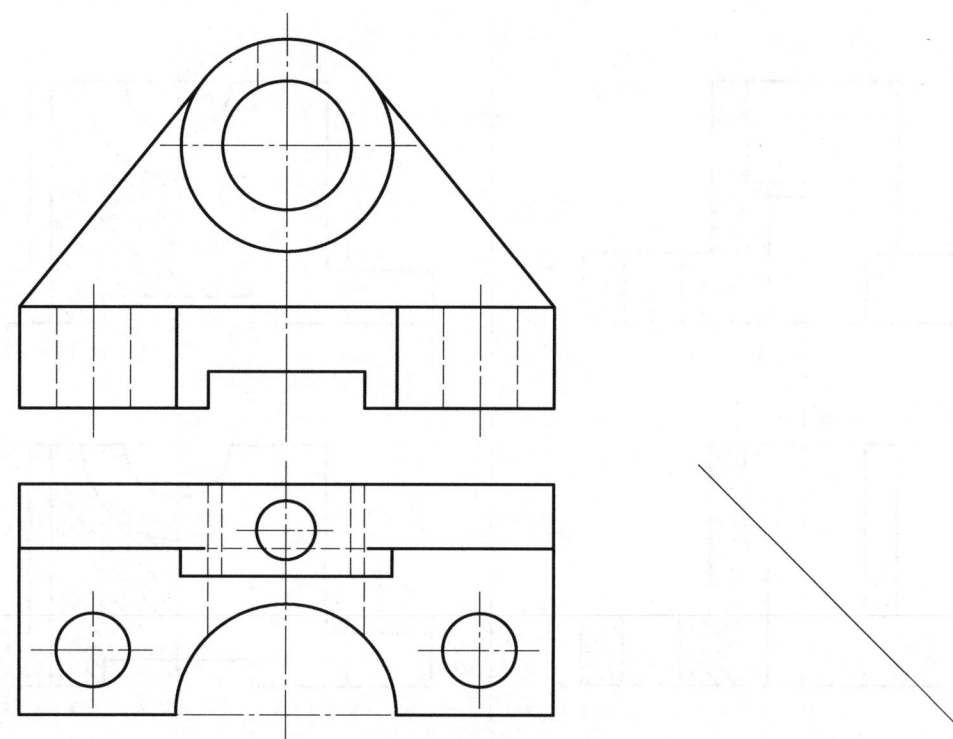

5-5-3

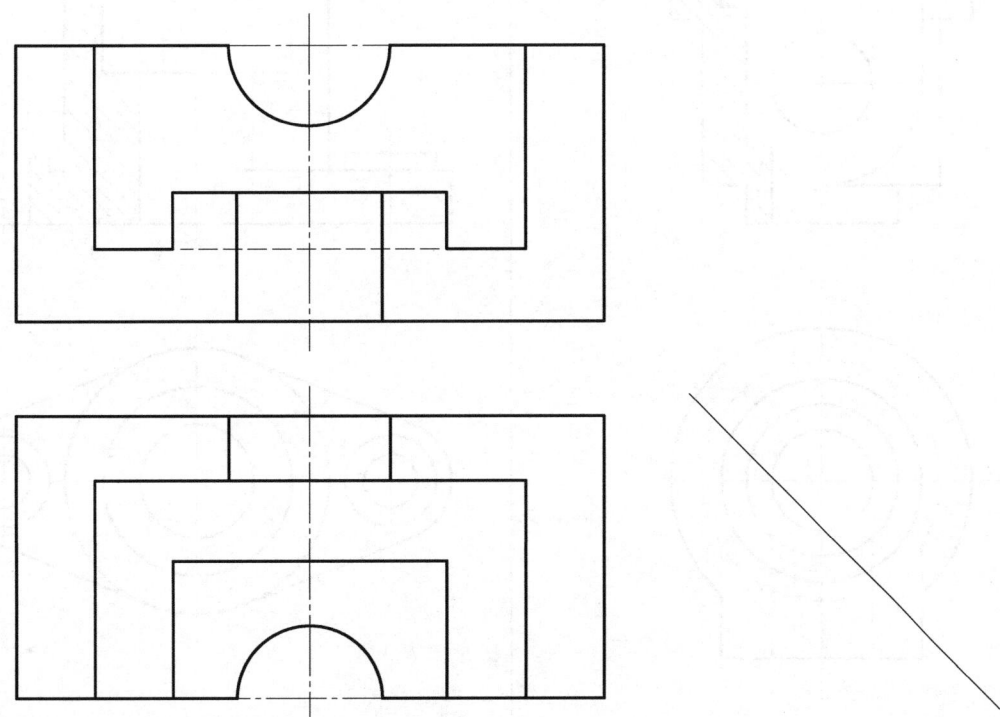

5-5-4

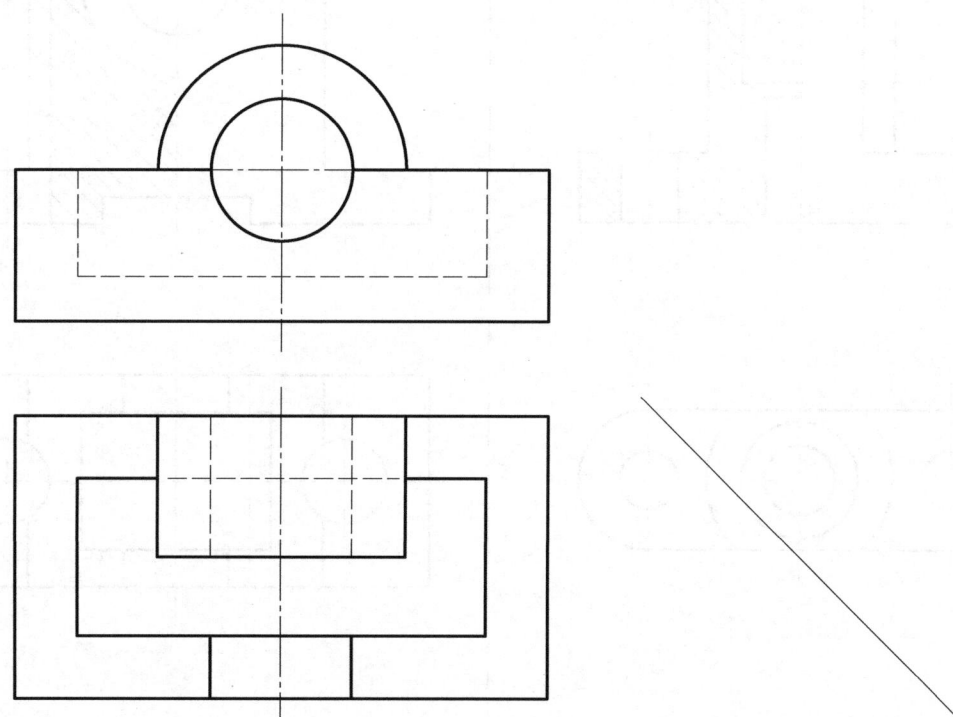

5-6-1

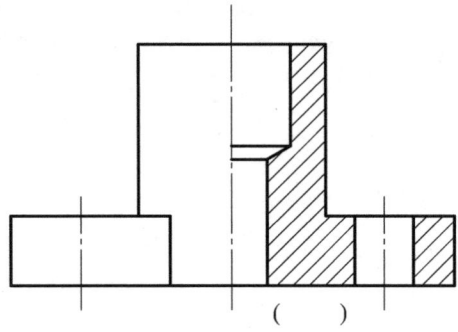

(　)

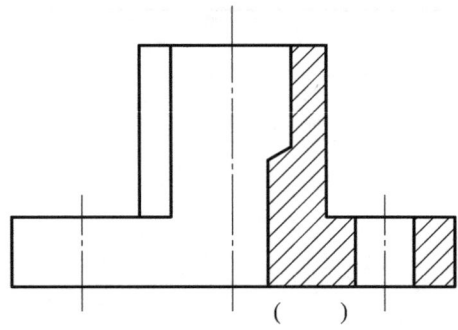

(　)

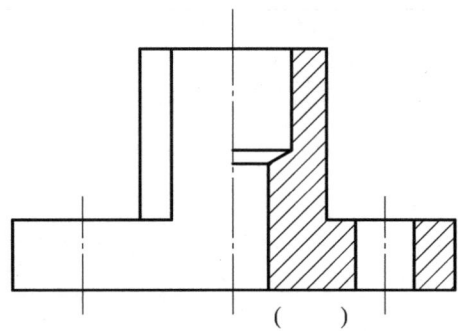

(　)

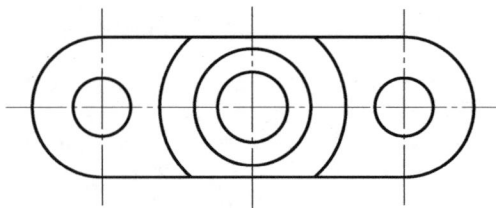

5-6-2

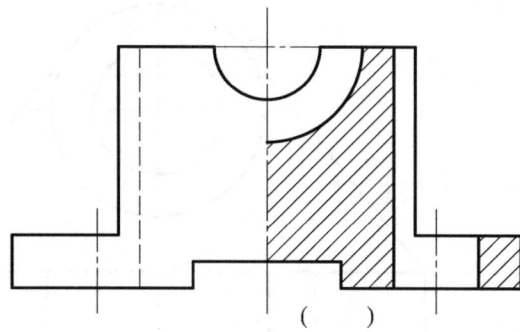

(　)

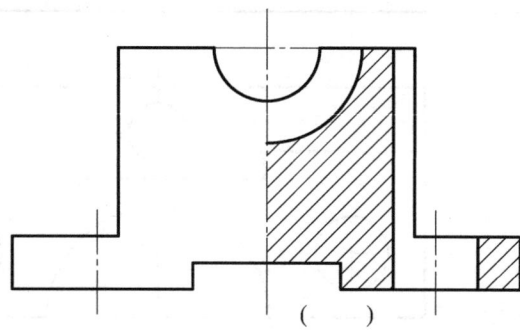

(　)

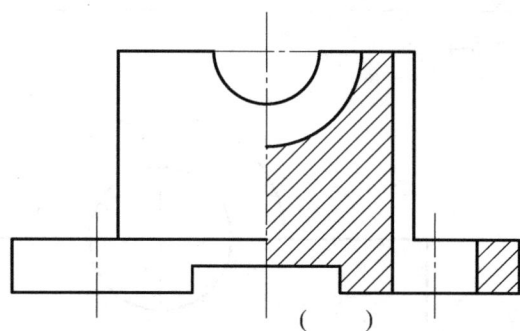

(　)

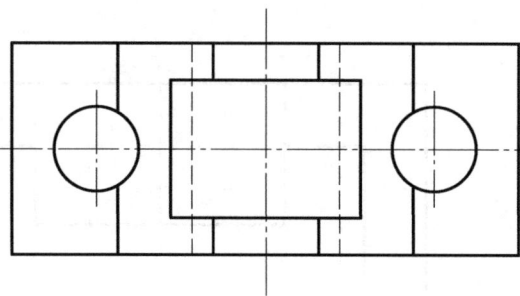

5-6-3

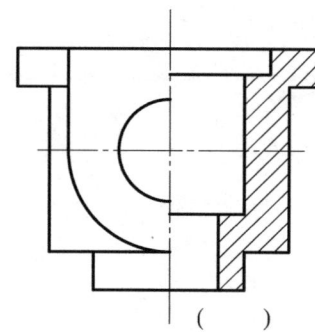

(　)

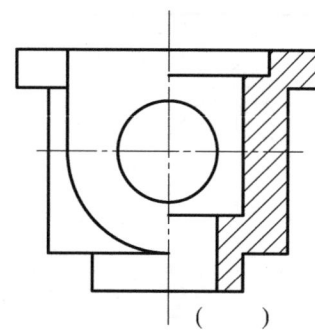

(　)

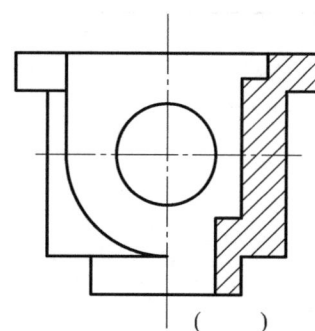

(　)

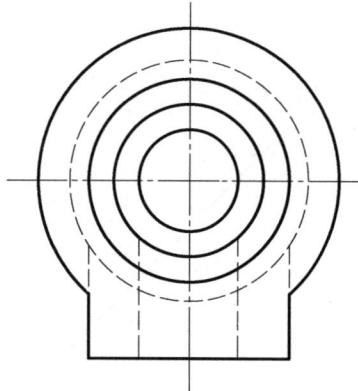

5-6-4

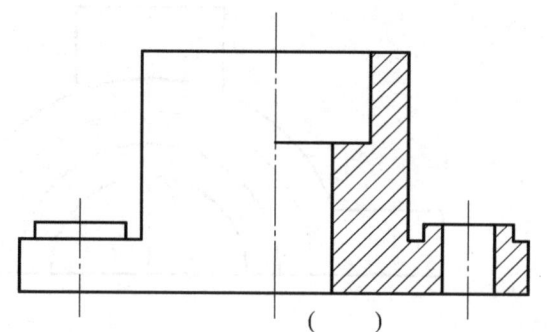

(　)

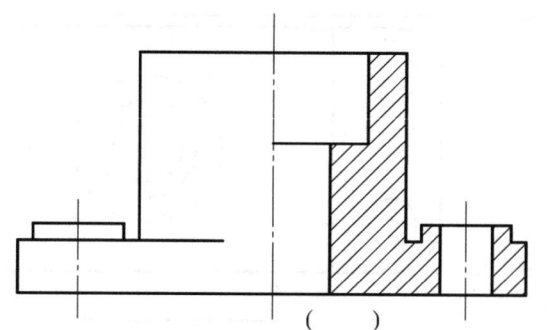

(　)

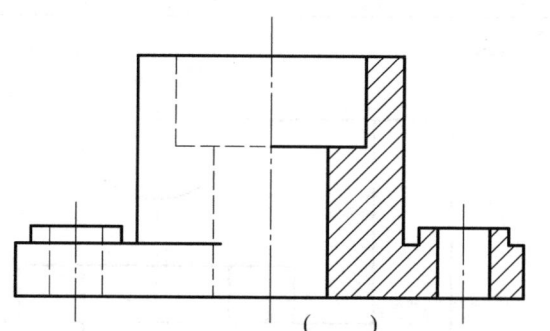

(　)

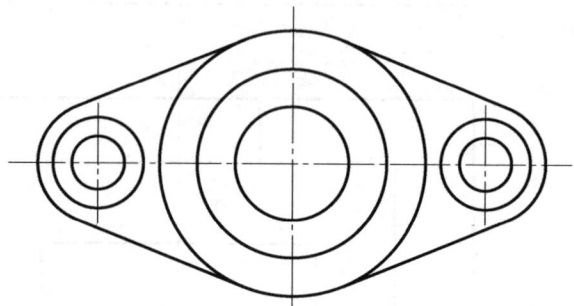

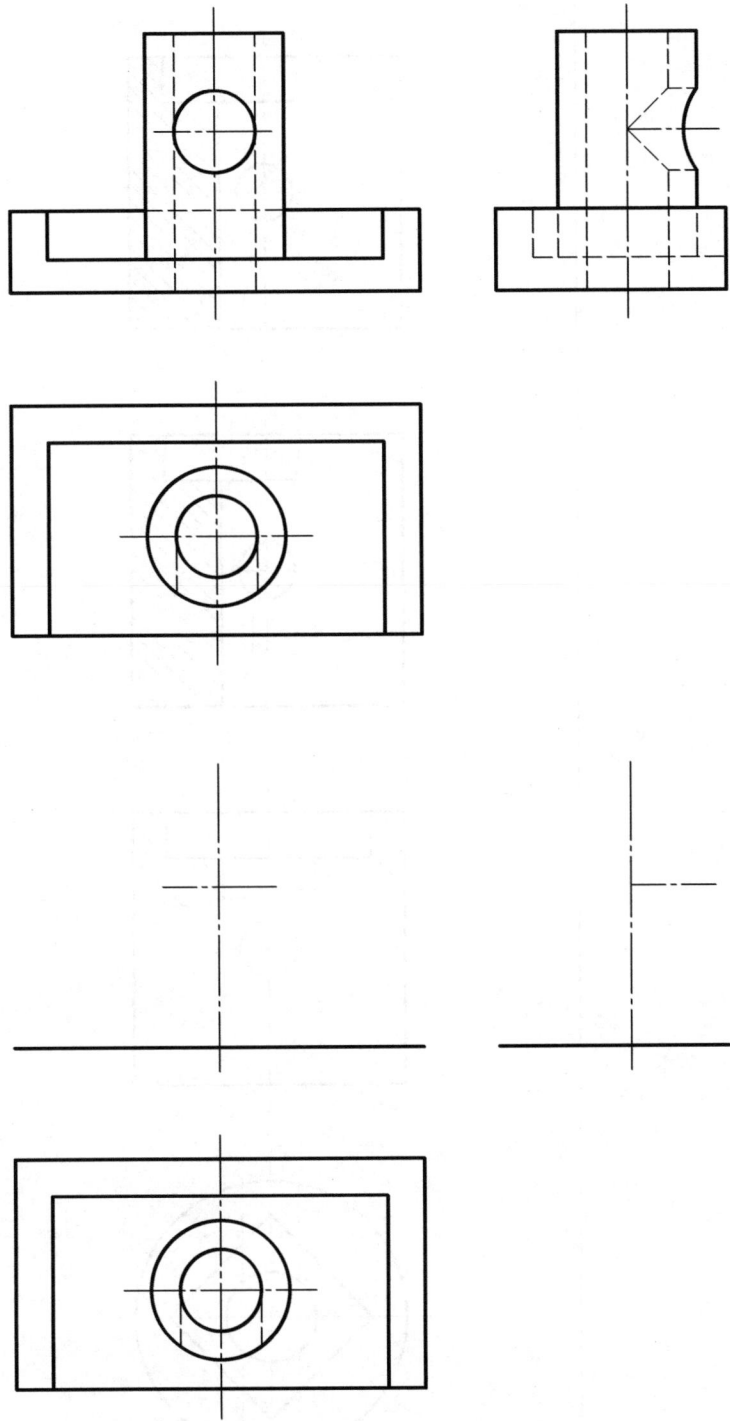

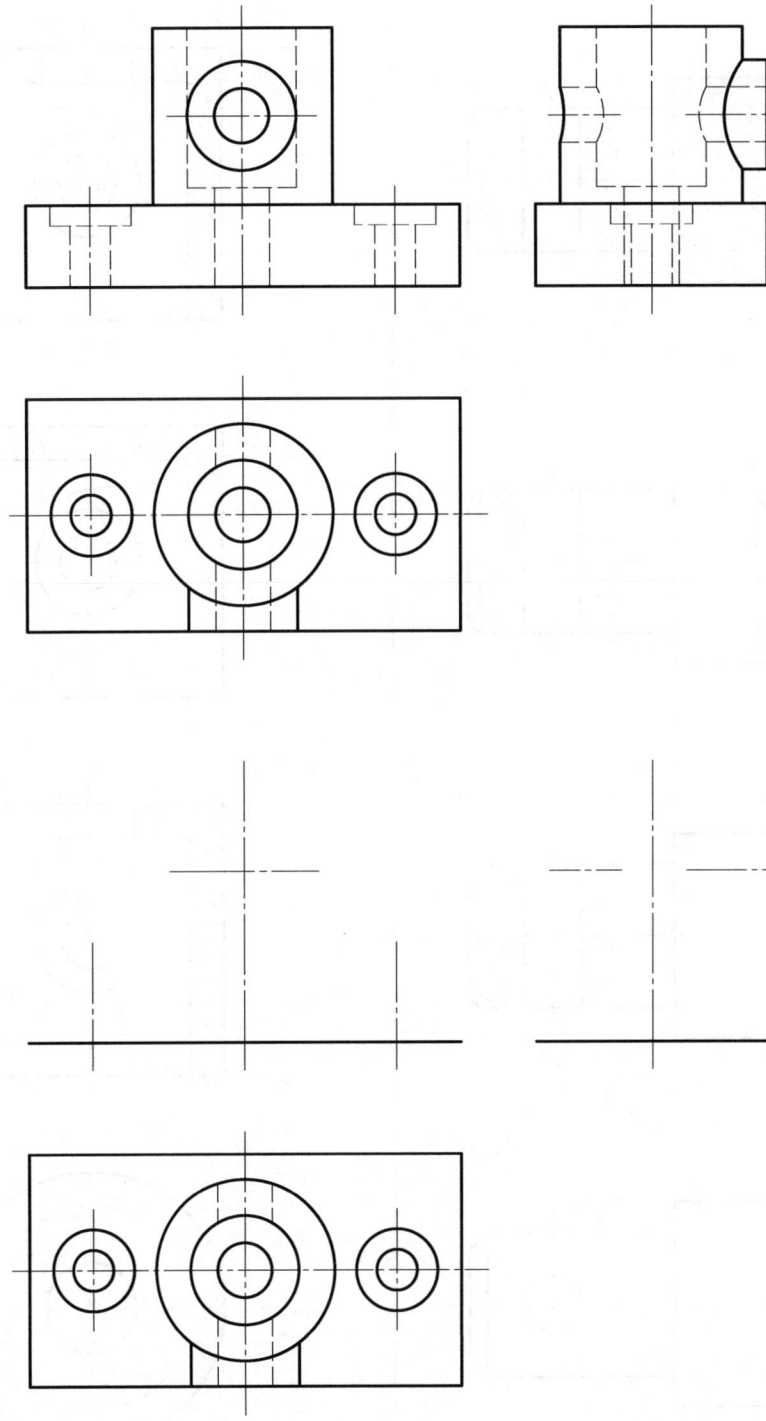

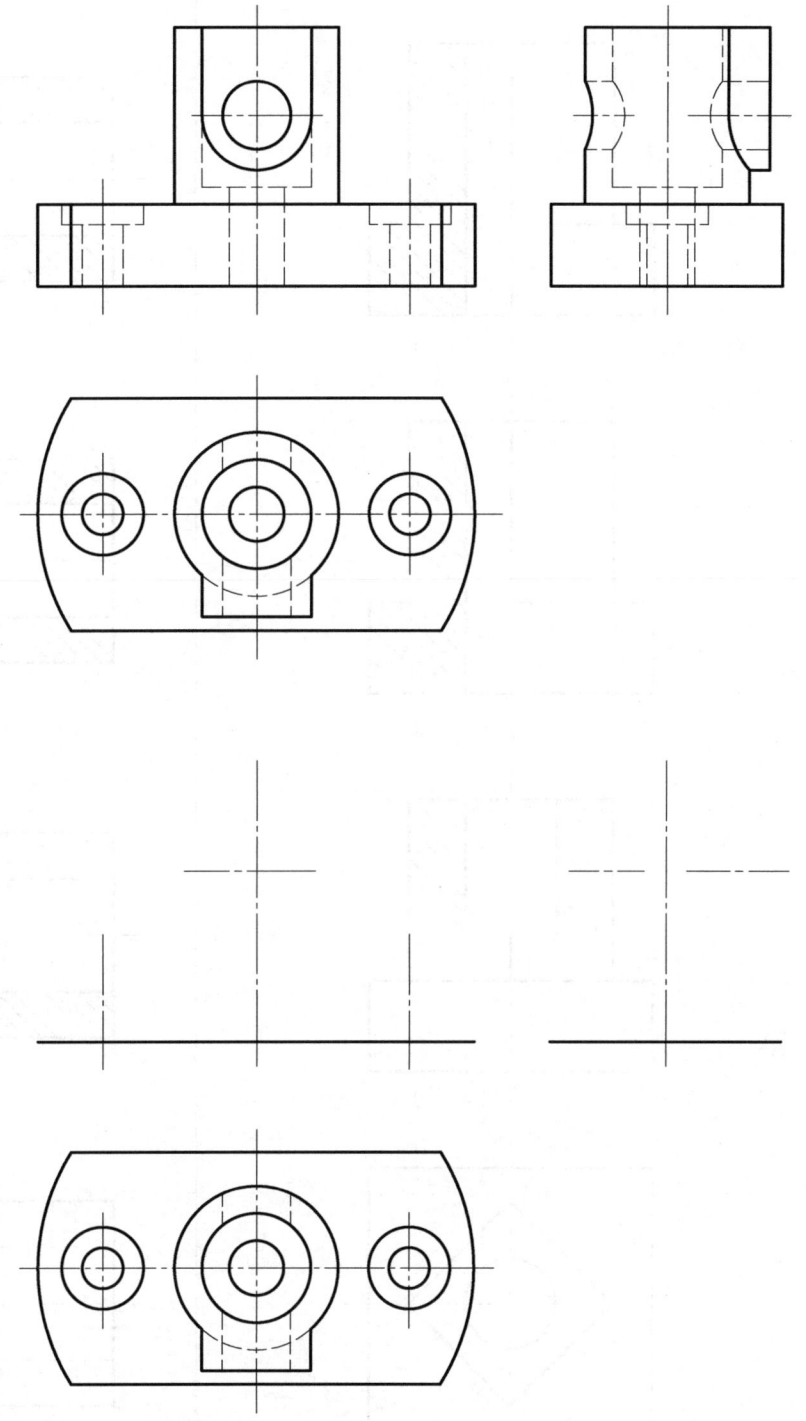

5-7-1

5-7-2

5-7-3

| 5-8-1 | 5-8-2 | 5-8-3 | 5-8-4 |

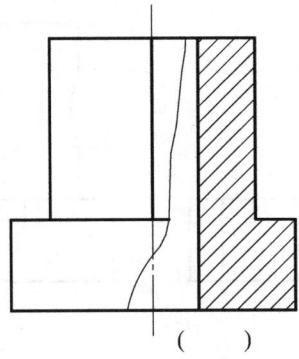
（　）

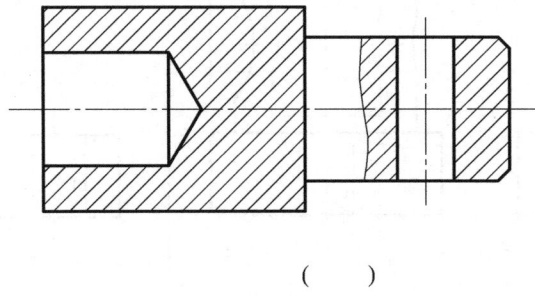
（　）

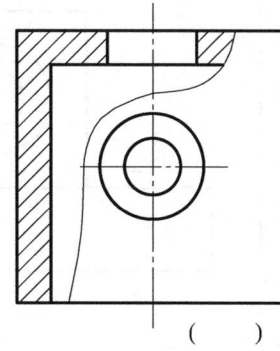
（　）

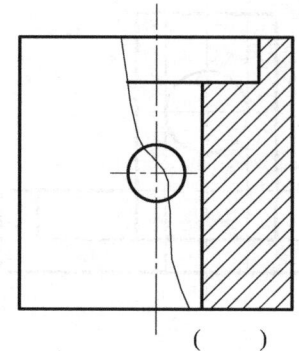
（　）

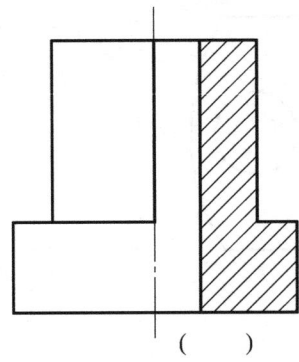
（　）

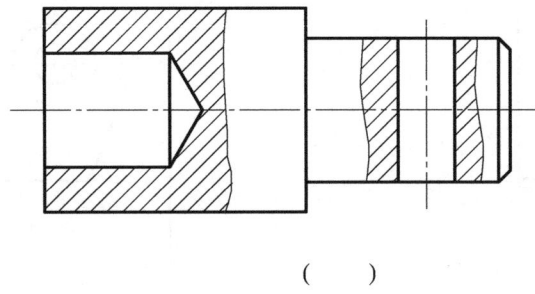
（　）

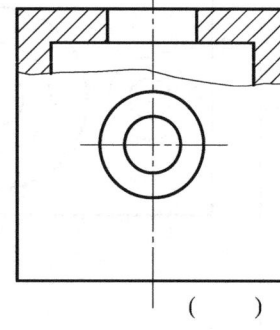
（　）

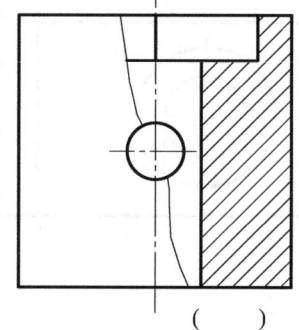
（　）

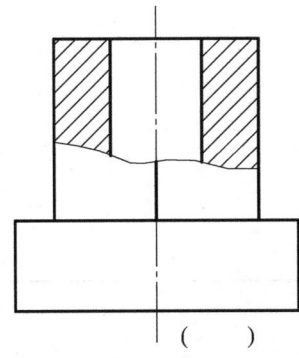
（　）

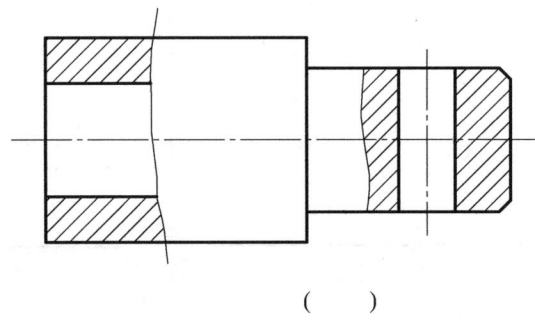
（　）

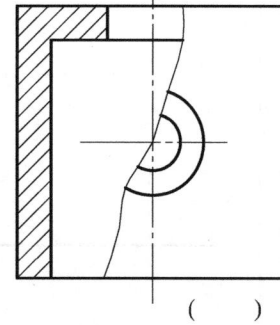
（　）

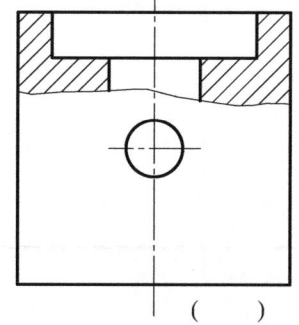
（　）

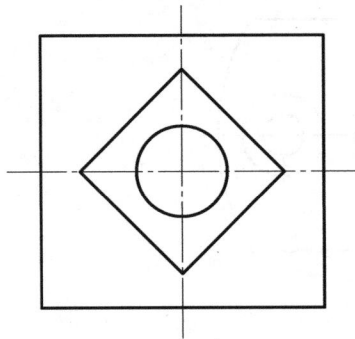

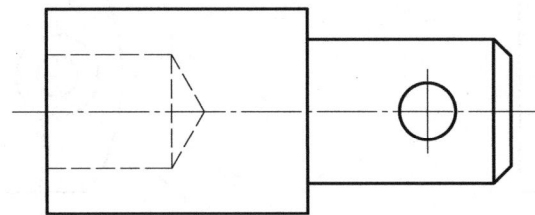

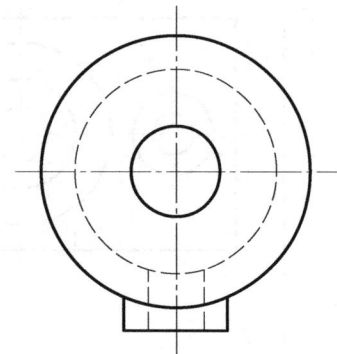

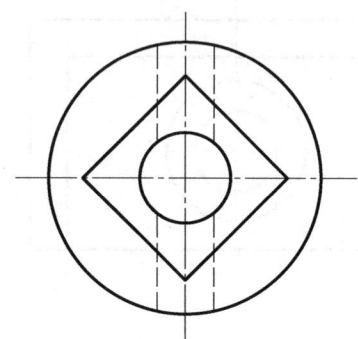

5-9-1

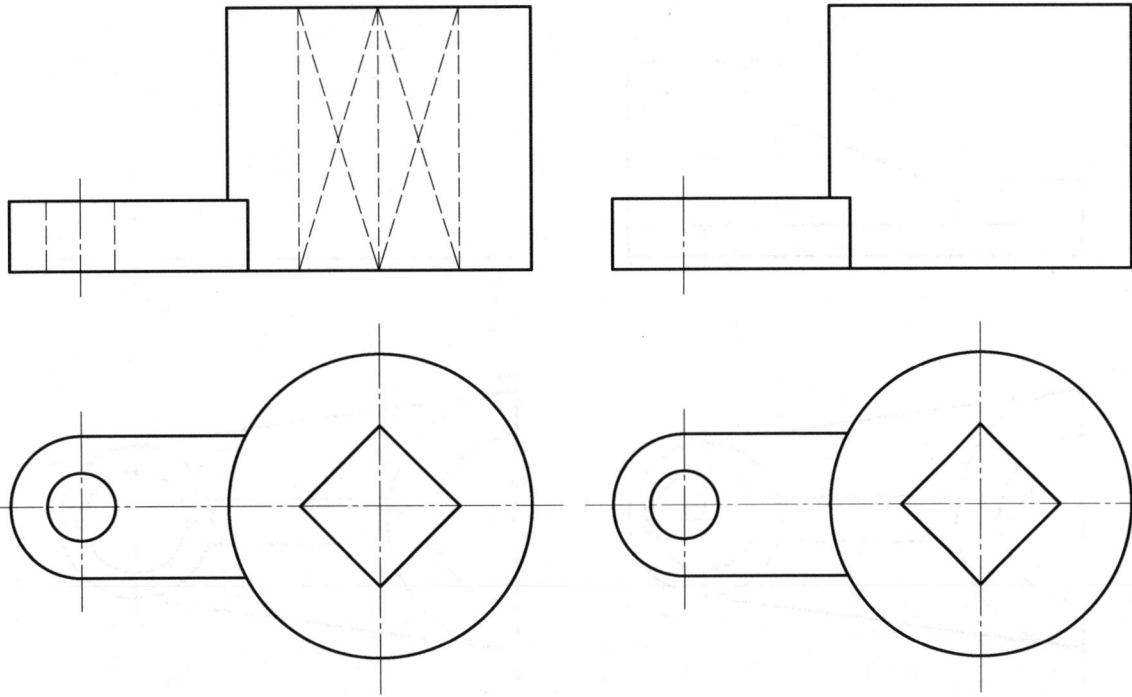

5-9-2

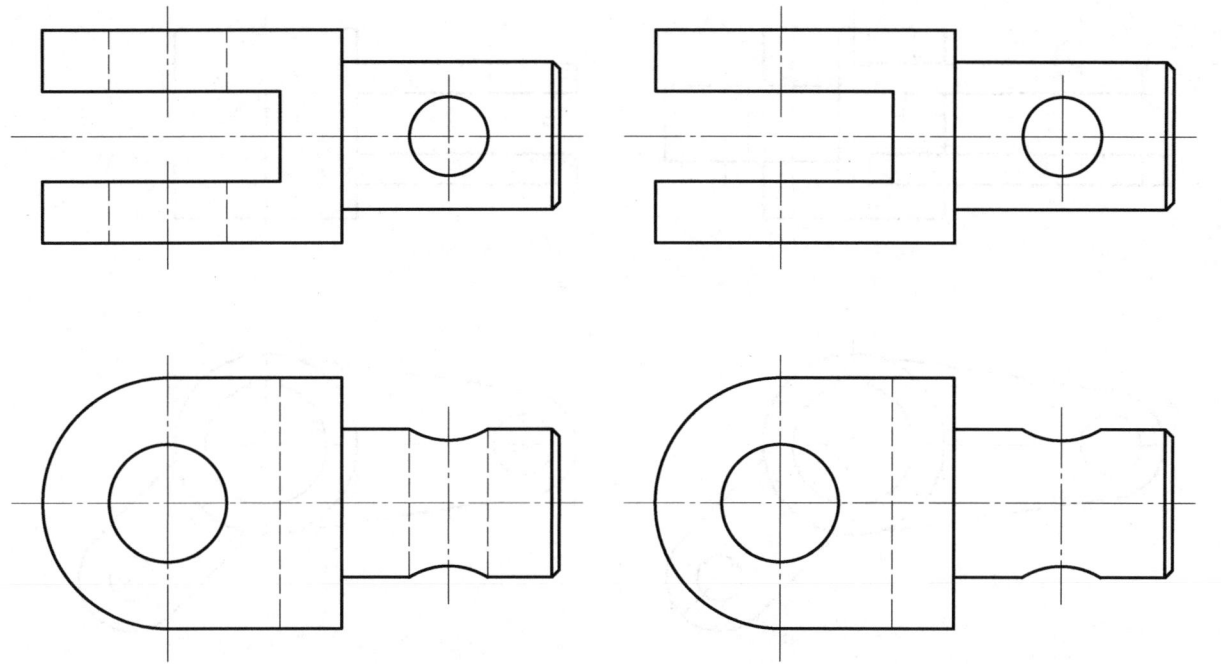

5-9-3

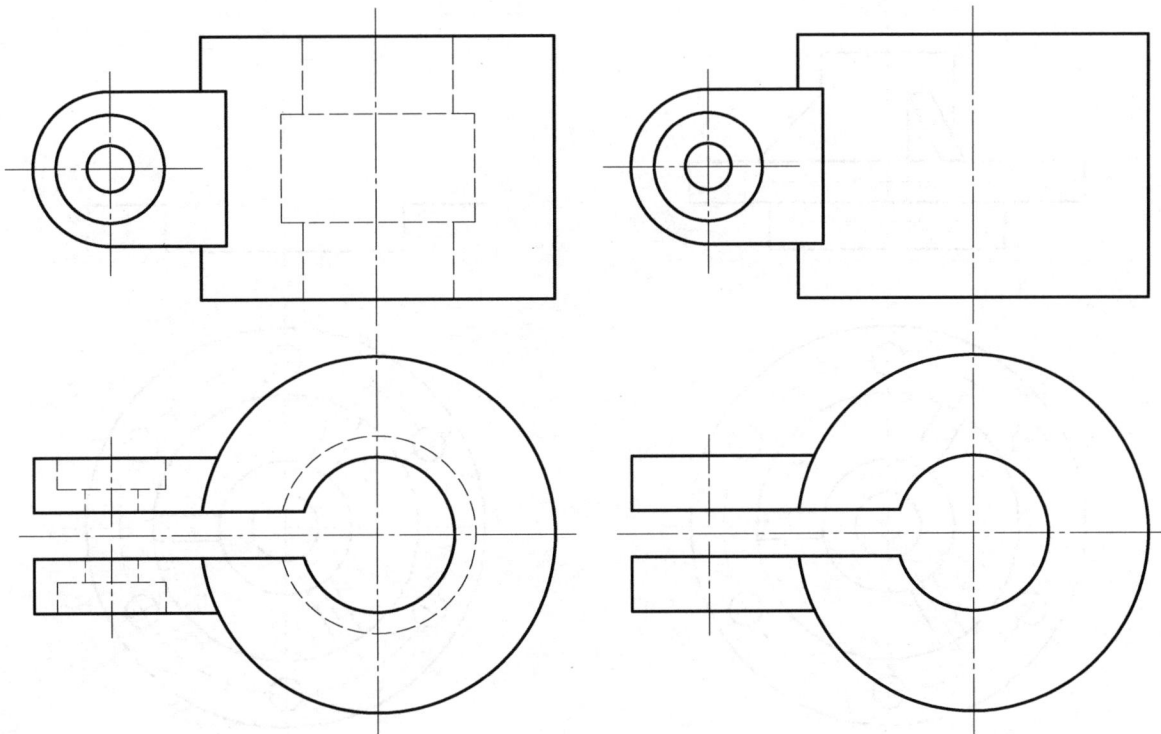

5-9-4

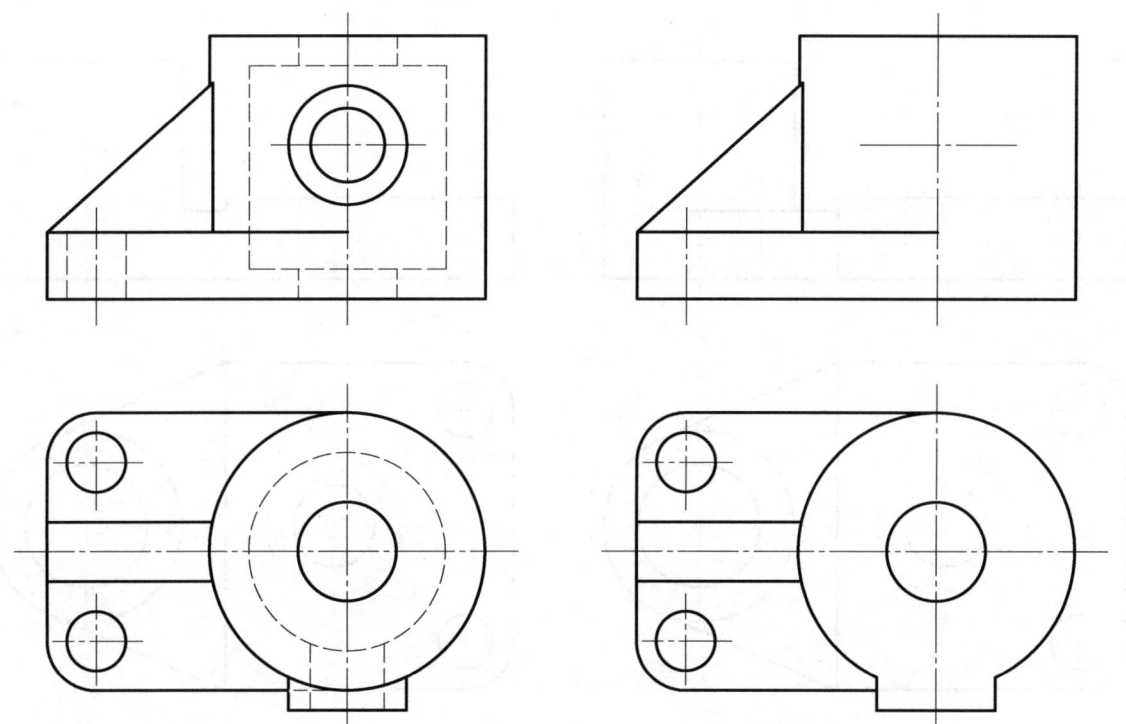

班级 姓名 学号

5-10-1 用相交的剖切平面，将主视图改画成全剖视图，并按规定标注。

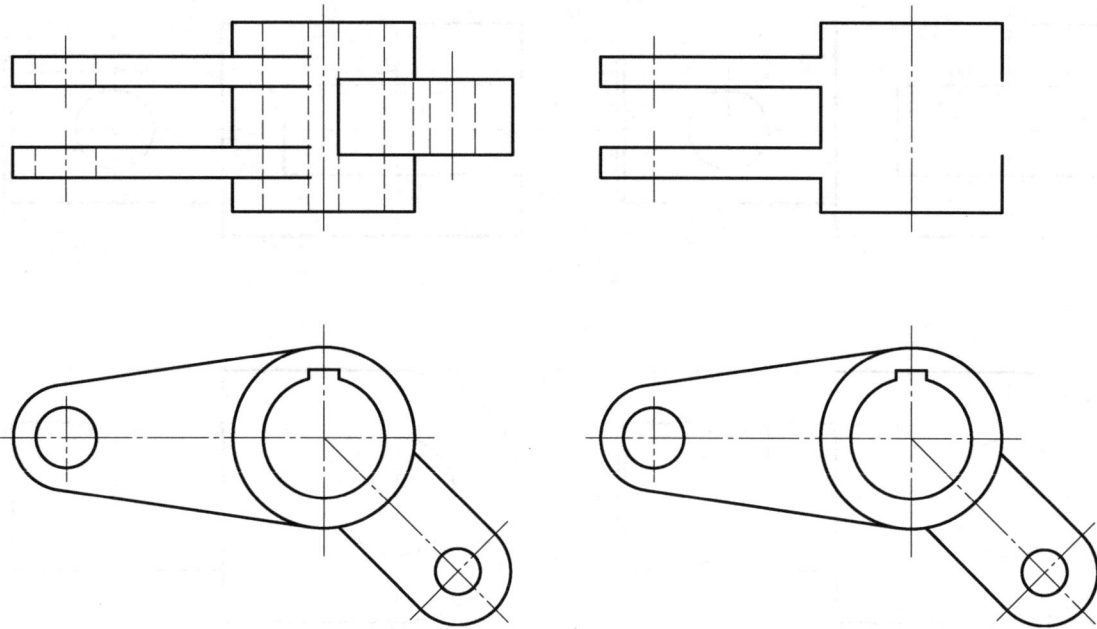

5-10-2 按规定画法，将主视图改画成全剖视图。

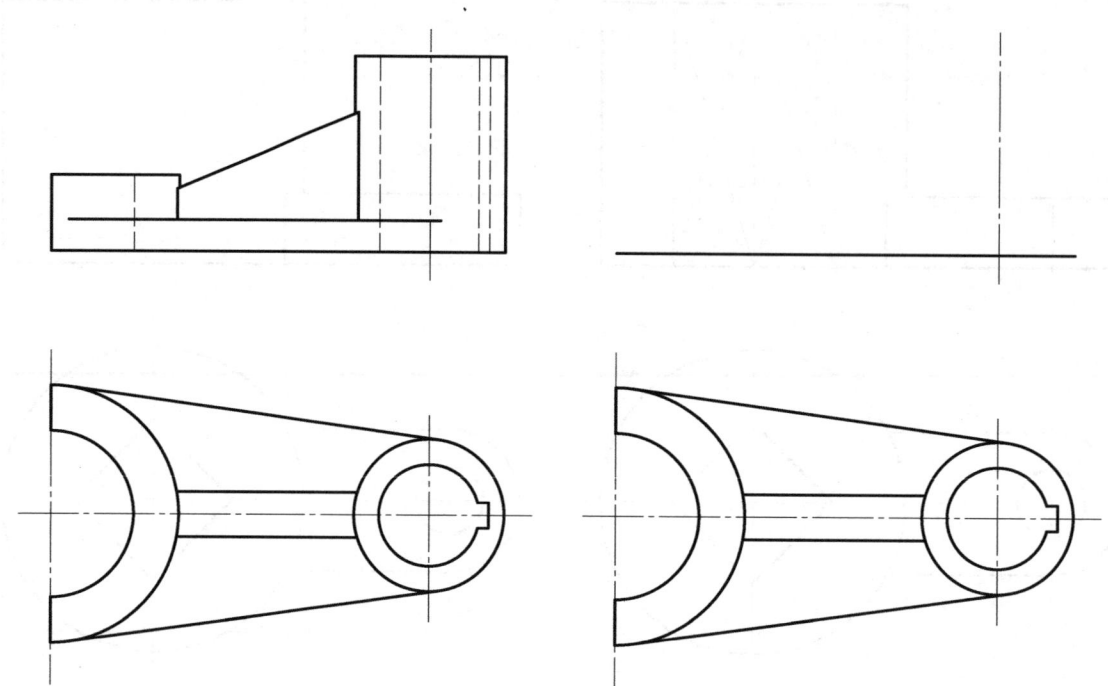

5-10-3 用平行的剖切平面，将主视图改画成全剖视图，并按规定标注。

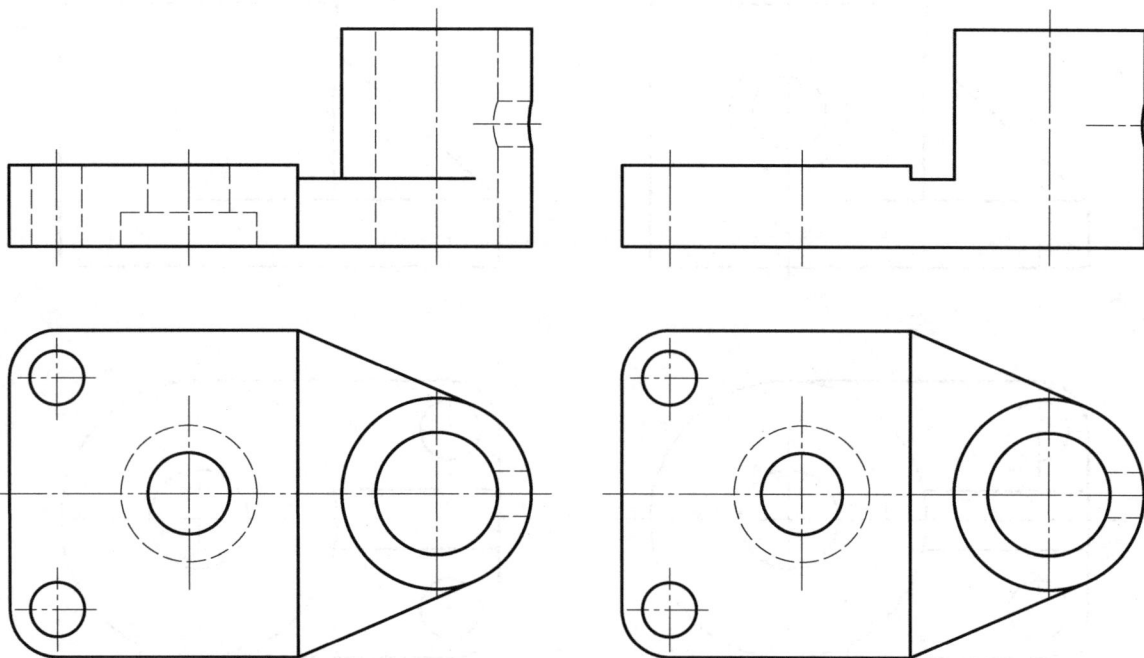

5-10-4 按规定画法，将主视图改画成全剖视图。

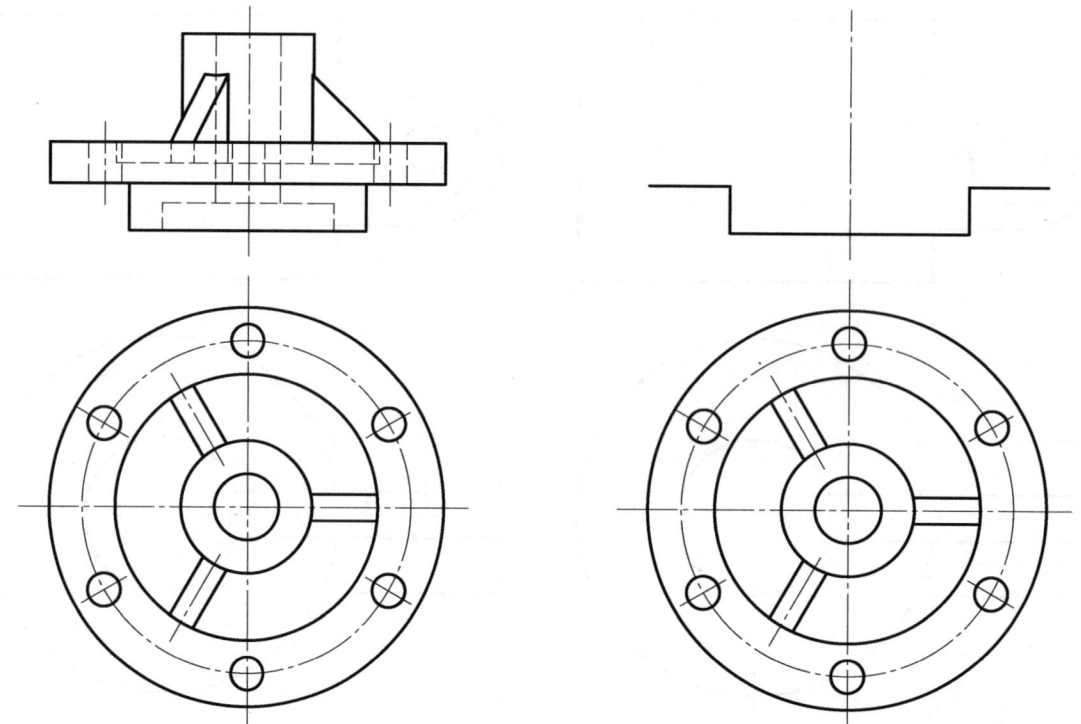

5-11-1 找出正确的移出断面图，并在相应的括号内画"√"。

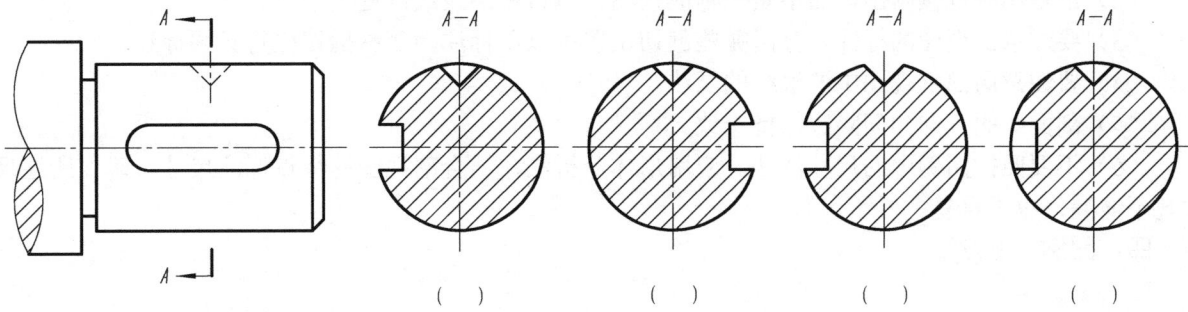

( ) ( ) ( ) ( )

5-11-2 找出正确的移出断面图，并在相应的括号内画"√"。

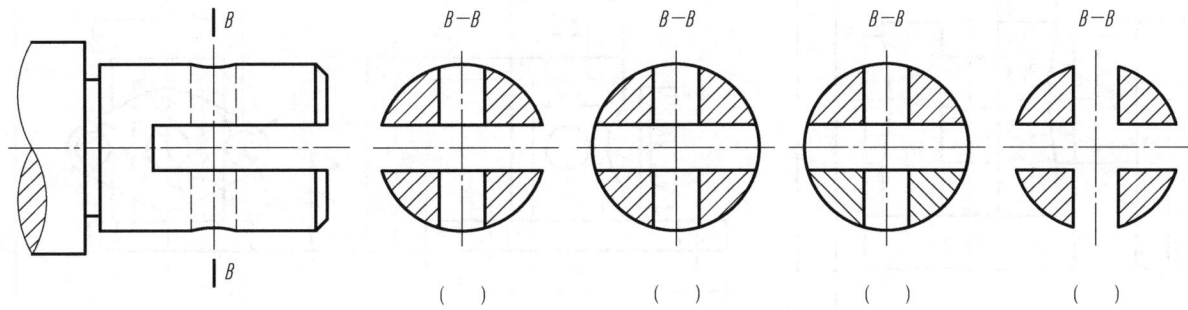

( ) ( ) ( ) ( )

5-11-3 找出正确的移出断面图，并在相应的括号内画"√"。

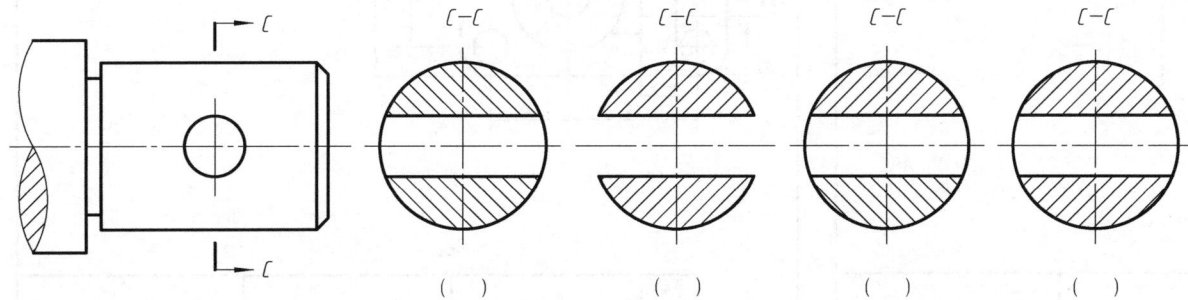

( ) ( ) ( ) ( )

5-11-4 在指定位置画出移出断面图，尺寸从视图中量取整数。

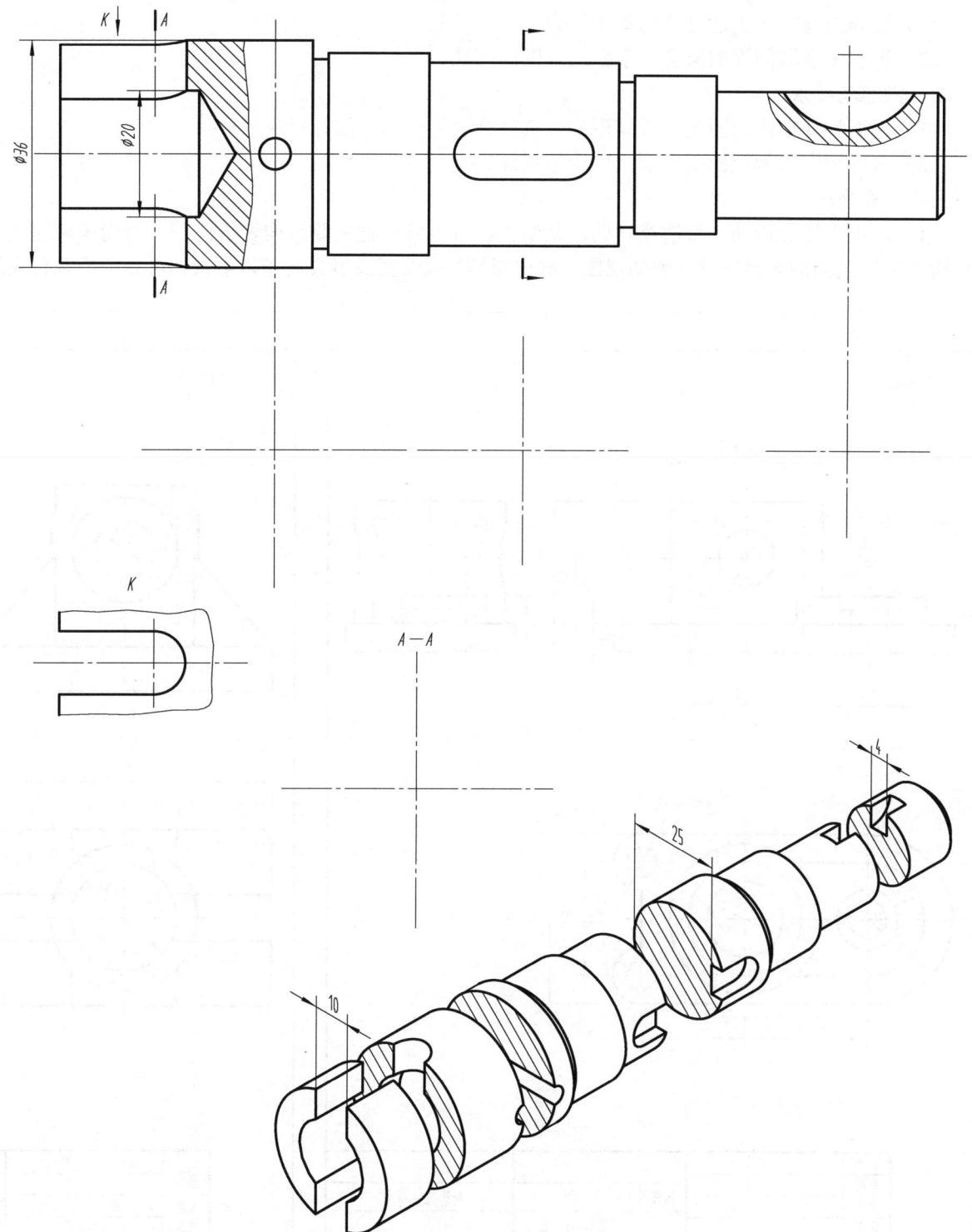

№4 作业指导书

一、作业目的

（1）培养选择物体表达方法的基本能力。

（2）进一步理解剖视的概念，掌握剖视图的画法。

二、内容与要求

（1）根据教师指定的图例（或模型），选择合适的表达方法并标注尺寸。

（2）自行确定比例及图纸幅面，用铅笔描深。

三、注意事项

（1）应用形体分析法，看清物体的形状结构。首先考虑把主要结构表达清楚，对尚未表达清楚的结构可采用适当的表达方法（辅助视图、剖视图等）或改变投射方向予以解决。可多考虑几种表达方案，并进行比较，从中确定最佳方案。

（2）剖视图应直接画出，而不是先画成视图，再将视图改成剖视图。

（3）要注意剖视图的标注，分清哪些剖切位置可以不标注，哪些剖切位置必须标注。

（4）要注意局部剖视图中波浪线的画法。

（5）剖面线的方向和间隔应保持一致。

（6）不要照抄图例中的尺寸注法。应用形体分析法，结合剖视图的特点标注尺寸，确保所注尺寸既不遗漏，也不重复。

四、图例（下方）

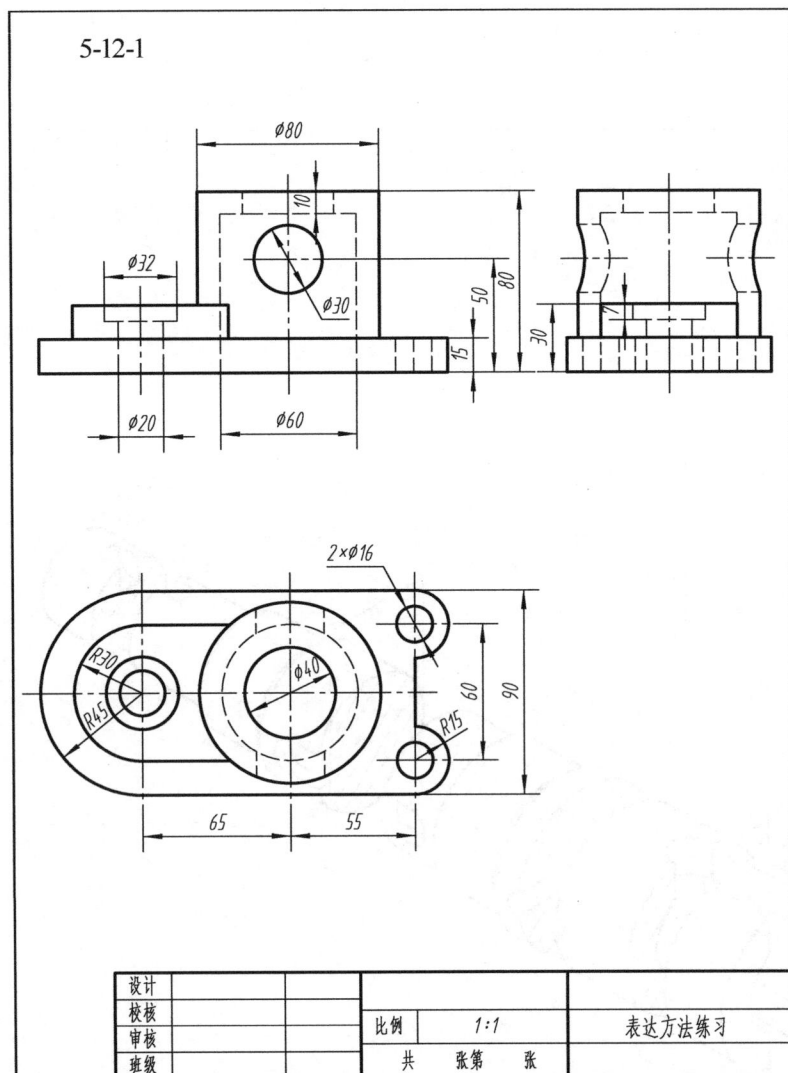

5-12-1

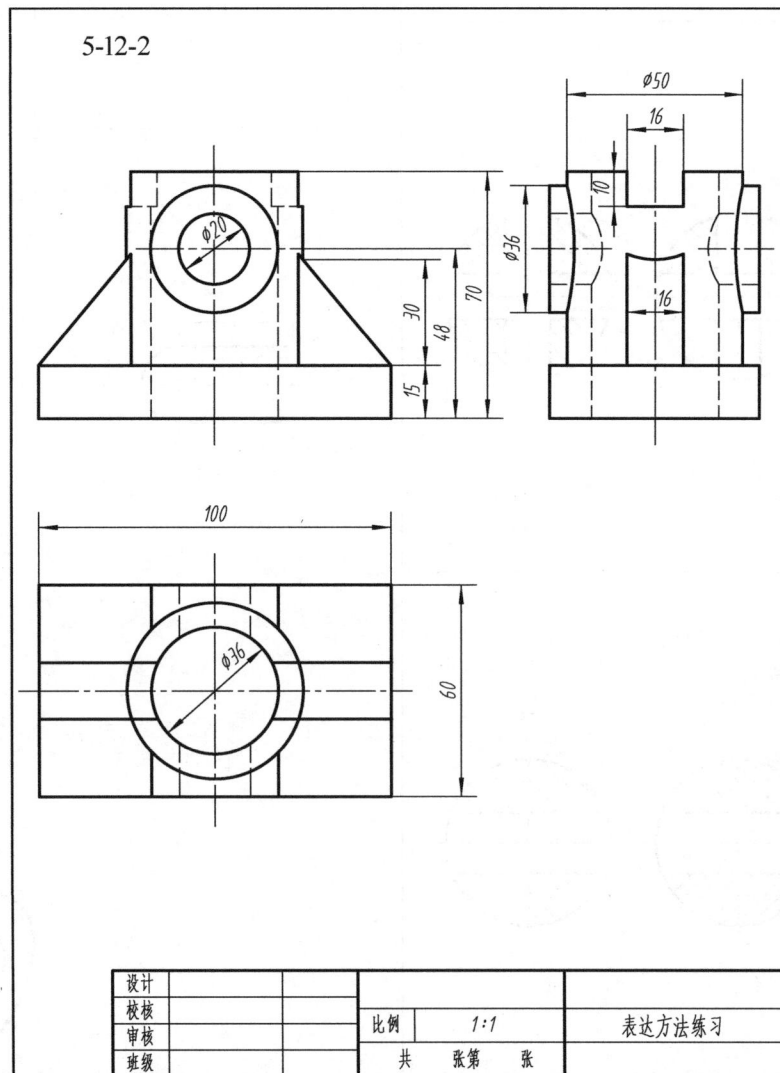

5-12-2

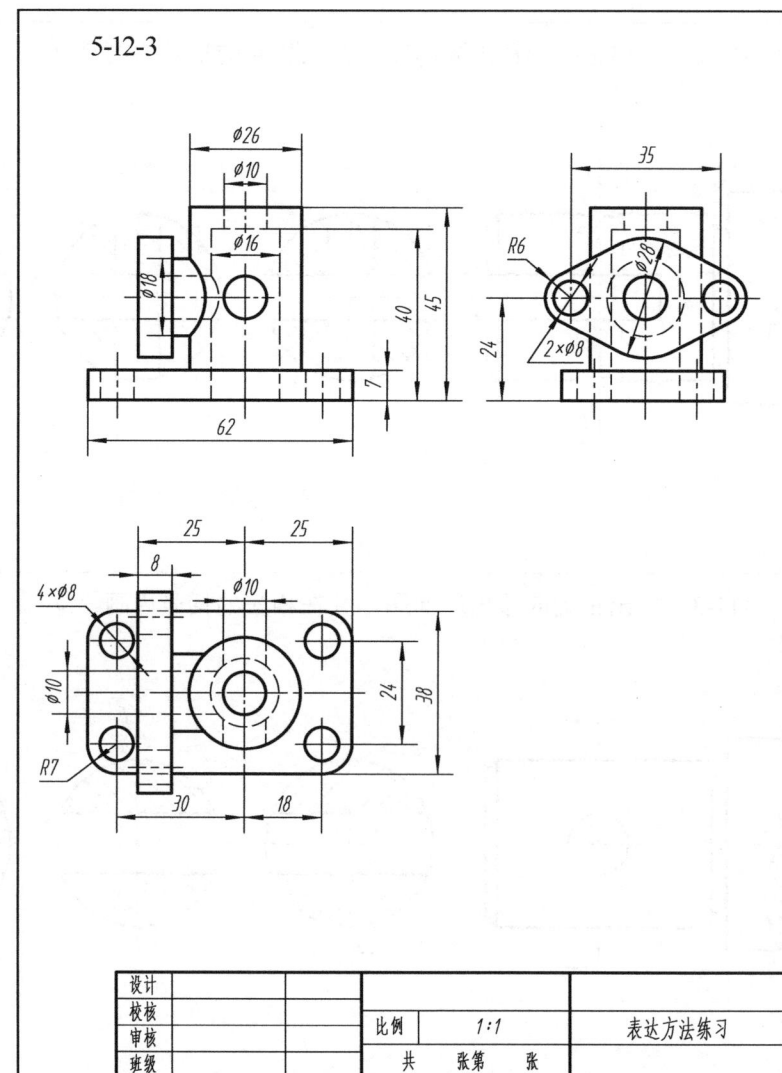

5-12-3

设计				
校核				
审核	比例	1:1	表达方法练习	
班级		共　张第　张		

5-13-1 根据轴测图及尺寸，用第三角画法画出物体的六面视图（按第三角画法配置）。

5-13-2 补画第三角画法中所缺的右视图。

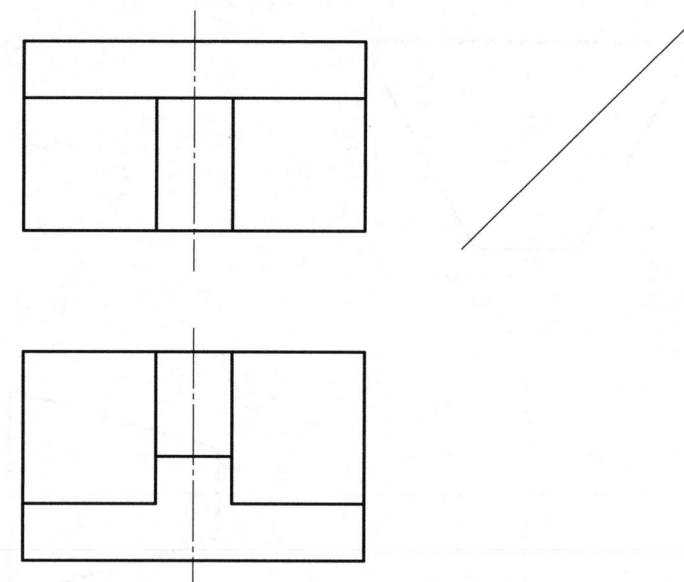

5-13-3 补画第三角画法中所缺的俯视图。

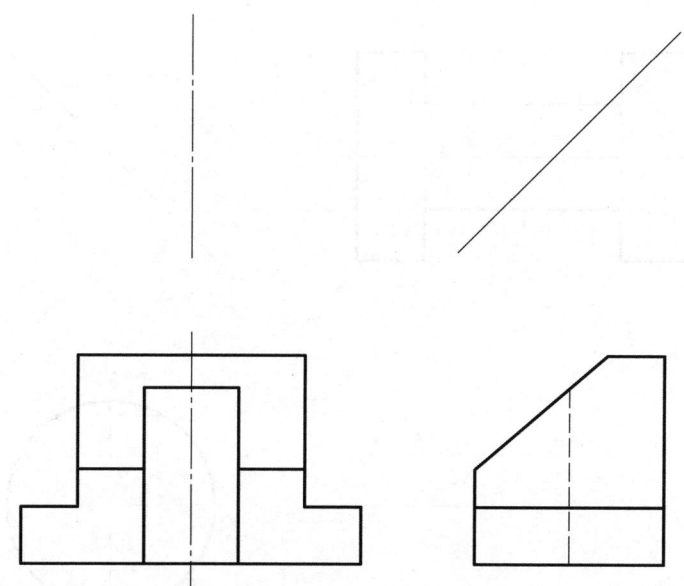

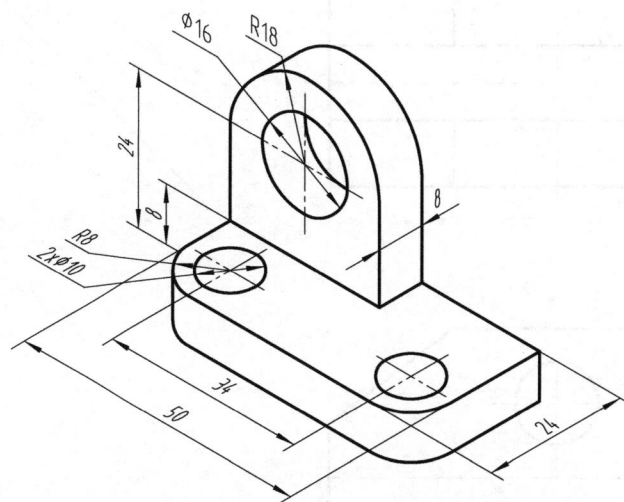

Ø16　R18

24

8

R8

2×Ø10

8

74

50

24

5-14-1　补画第三角画法中所缺的主视图。

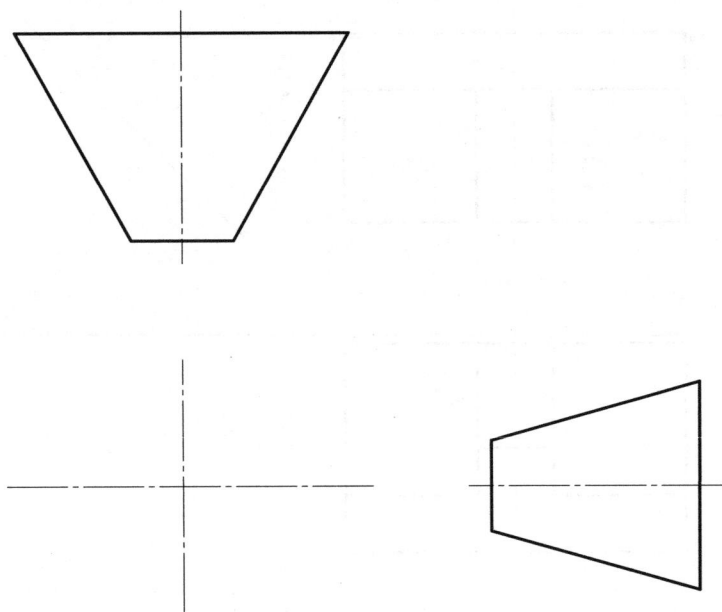

5-14-2　补画第三角画法中所缺的右视图。

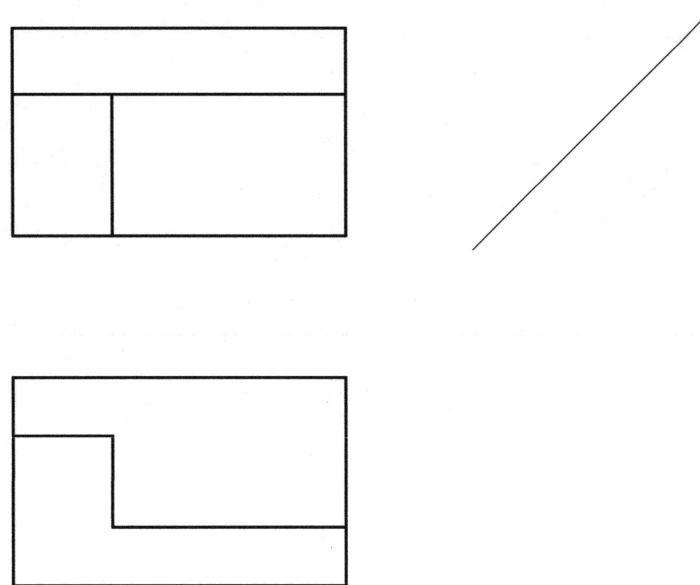

5-14-3　补画第三角画法中所缺的俯视图。

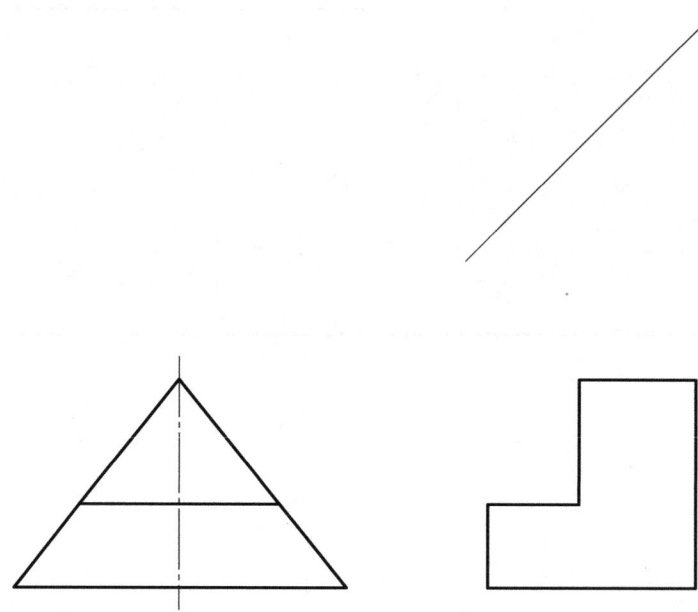

5-14-4　补画第三角画法中所缺的主视图。

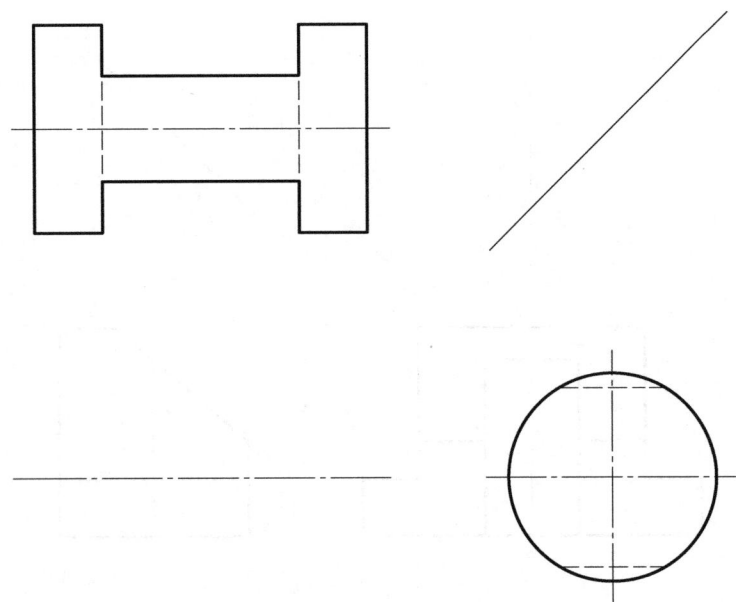

5-14-5　补画第三角画法中所缺的右视图。

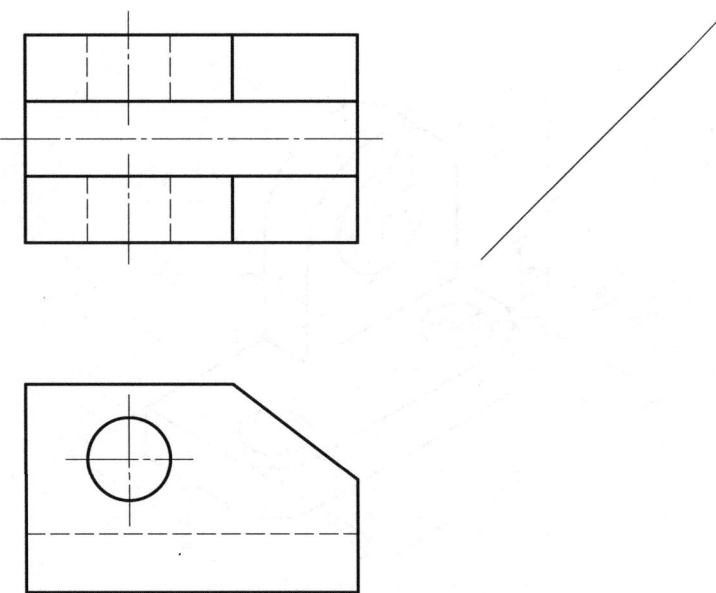

5-14-6　补画第三角画法中所缺的俯视图。

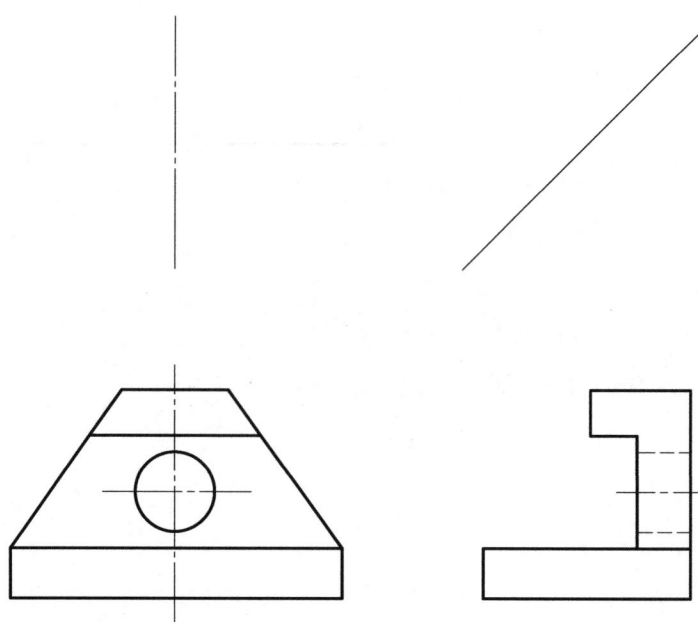

第六章　图样中的特殊表示法

6-1　找出下列螺纹画法中的错误，用铅笔圈出

班级　　　姓名　　　学号

6-1-1

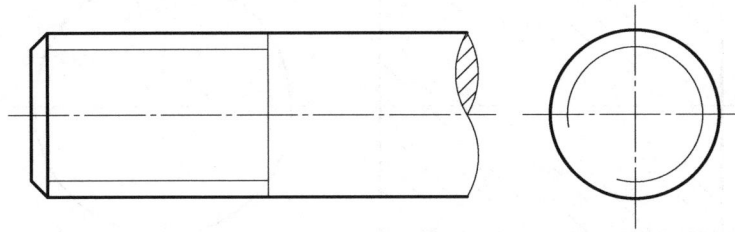

6-1-5

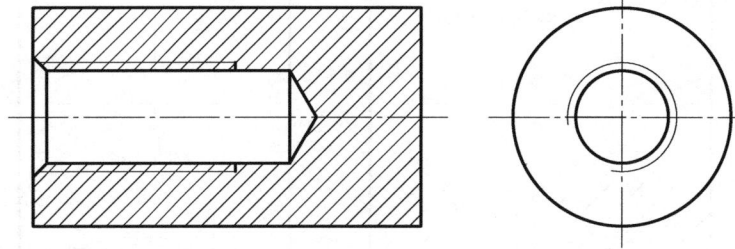

6-1-9

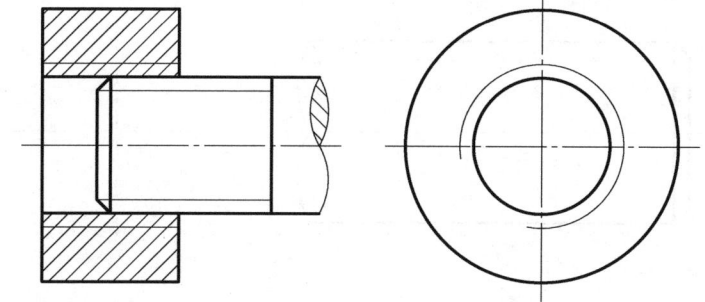

6-1-2

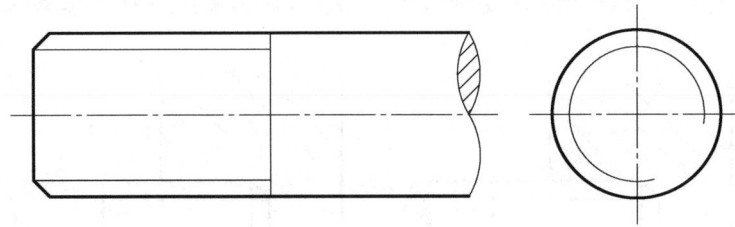

6-1-6

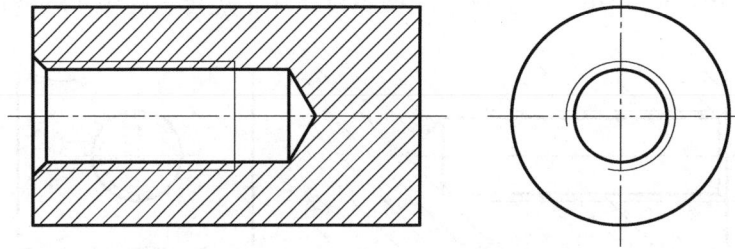

6-1-10

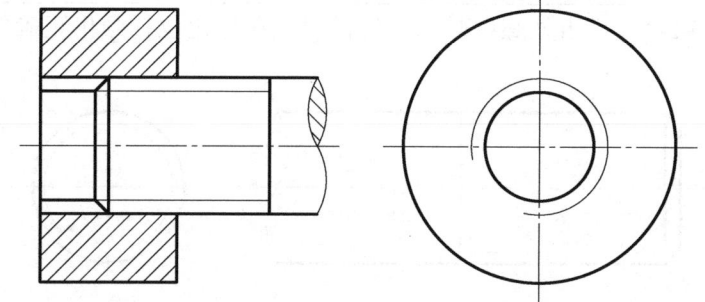

6-1-3

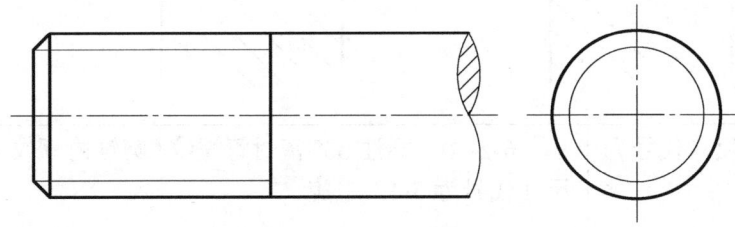

6-1-7

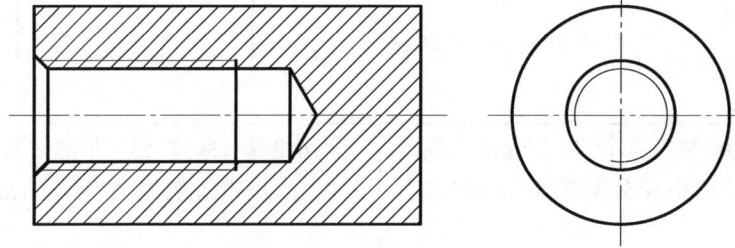

6-1-11

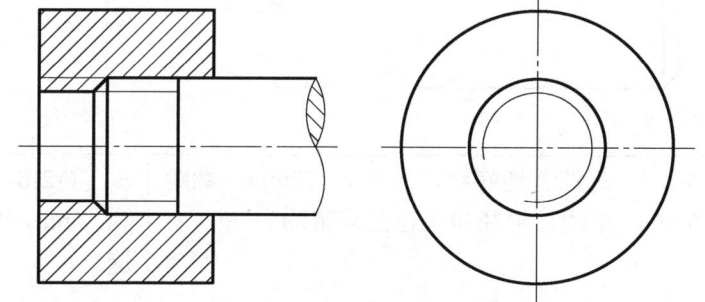

6-1-4

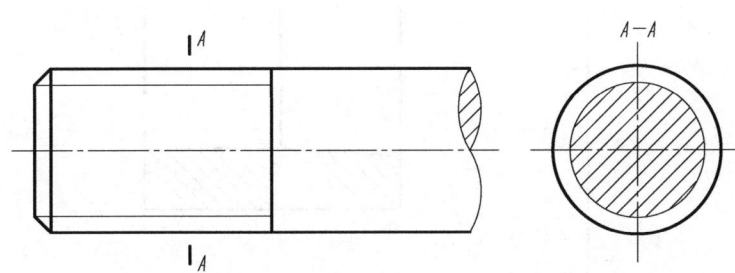

6-1-8

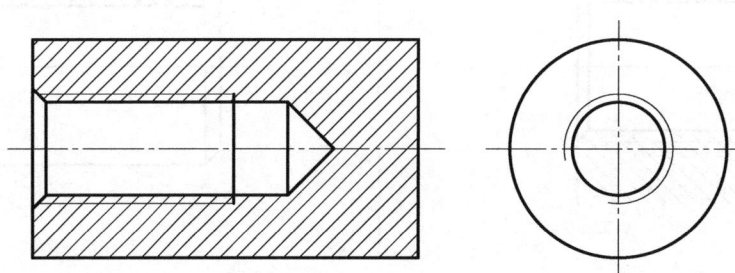

6-1-12

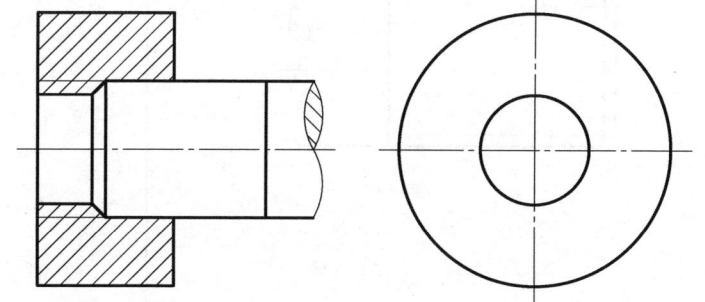

6-2-1　绘制外螺纹（d=24mm），螺纹长度为35 mm。

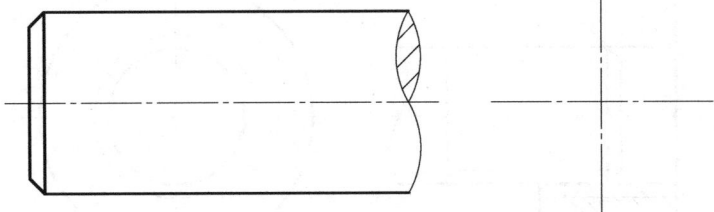

6-2-2　绘制螺纹通孔（D=20mm），两端孔口倒角为C1.5。

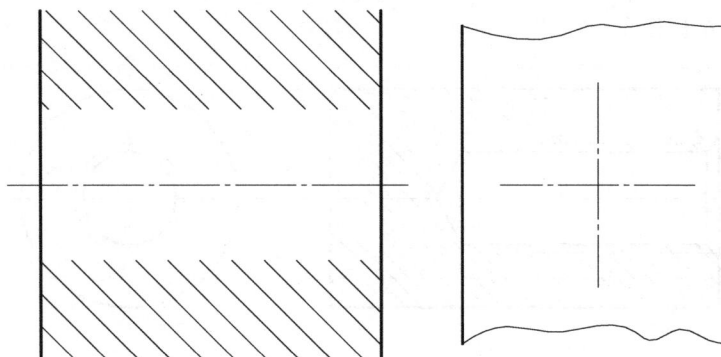

6-2-3　绘制螺纹不通孔（D=16mm），钻孔深度为30mm，螺纹深度为22mm，孔口倒角为C1.5。

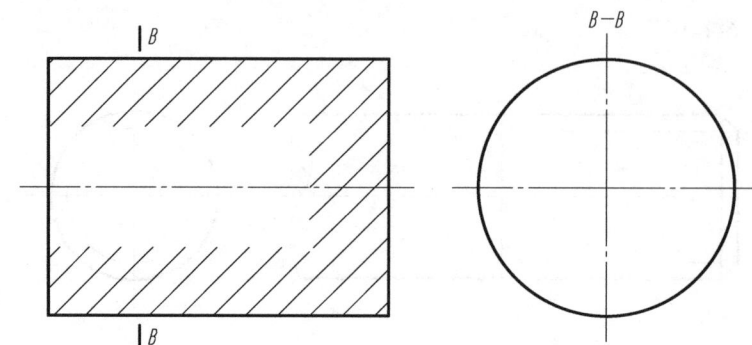

6-2-4　找出外螺纹画法中的错误，在指定位置画出正确的图形。

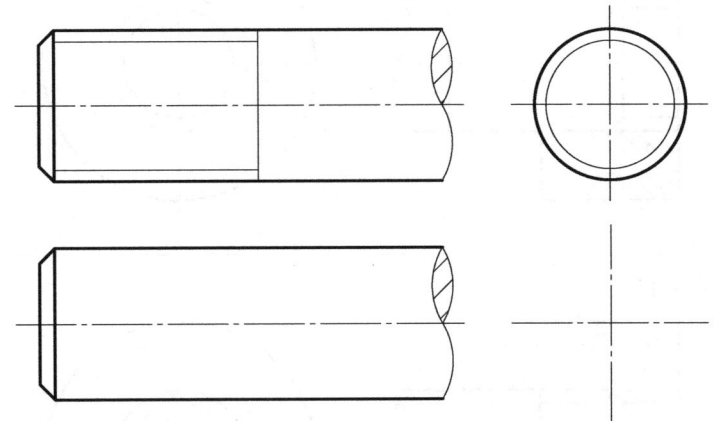

6-2-5　找出内螺纹画法中的错误，在指定位置画出正确的图形。

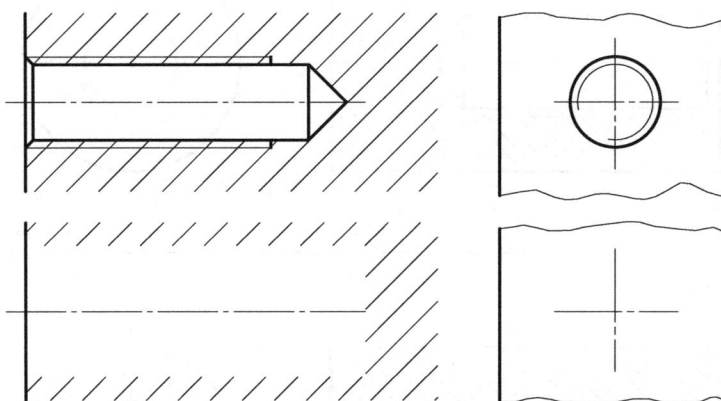

6-2-6　找出螺纹联接画法中的错误，在指定位置画出正确的图形。

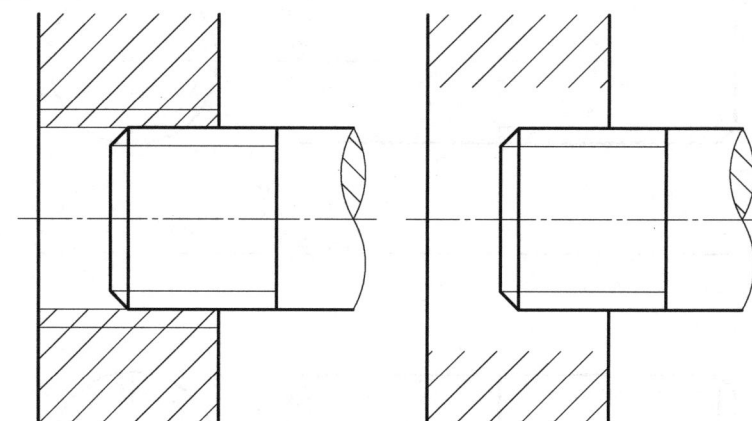

6-2-7　标注普通螺纹，大径为20mm，螺距为2.5mm，单线，中径和大径公差带均为6g，右旋。

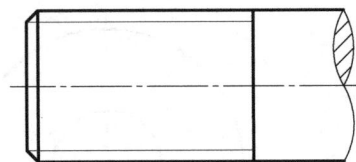

6-2-8　标注普通螺纹，大径为20mm，螺距为2mm，单线，中径和小径公差带均为6H，右旋。

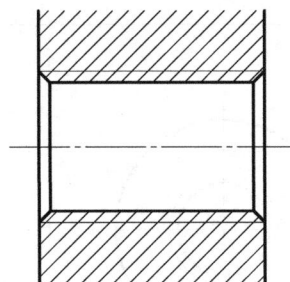

6-2-9　标注55º非密封管螺纹，尺寸代号为3/4，公差带等级为A级，右旋。

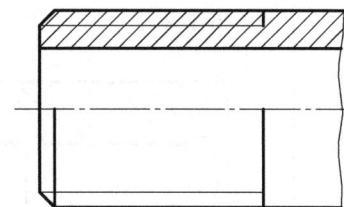

6-2-10　标注55º密封管螺纹（圆锥内螺纹），尺寸代号为3/4，右旋。

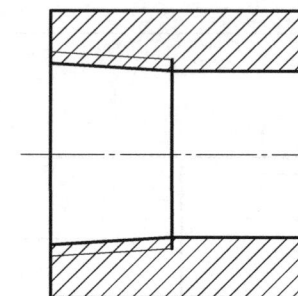

6-3-1　根据螺纹标记，查教材附录表 A-1、表 A-2，填写下列内容。

普通螺纹标记	螺纹名称	公称直径/mm	螺距/mm	中径公差带	顶径公差带	旋合长度	旋向
M20（注：外螺纹）							
M10×1-6h							
M16-6G-LH							
M20×2-5H-S							
M24（注：内螺纹）							
M30-7g6g-L							
M20×1.5-6e-LH							
M12-6G							

管螺纹标记	螺纹名称	尺寸代号	大径/mm	中径/mm	小径/mm	螺距/mm	每 25.4 mm 内的牙数	旋向
Rc2½LH								
Rp3								
R1¾LH								
G1¼A								
G1¼A-LH								

6-3-2　粗牙普通外螺纹。

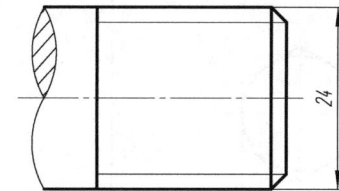

6-3-3　粗牙普通外螺纹。

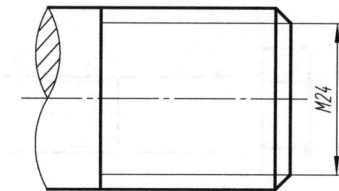

6-3-4　粗牙普通外螺纹。

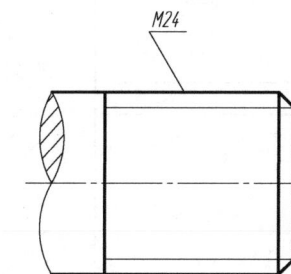

6-3-5　粗牙普通内螺纹。

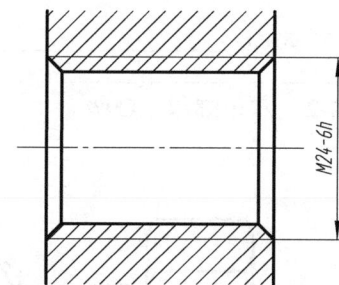

6-3-6　55° 非密封管螺纹。

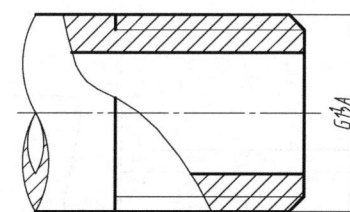

6-3-7　55° 非密封管螺纹。

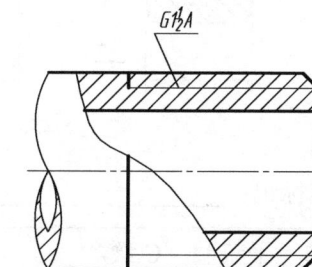

6-3-8　55° 密封圆柱管螺纹。

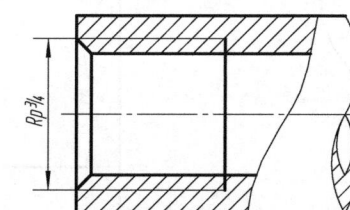

6-3-9　55° 密封圆柱管螺纹。

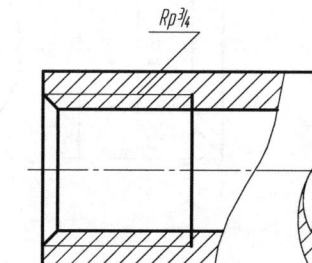

6-4-1　六角头螺栓　C 级。

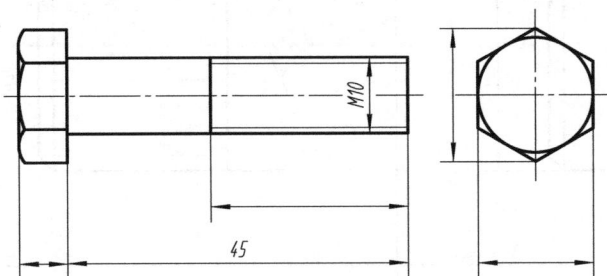

M10

45

规定标记：＿＿＿＿＿＿＿＿＿＿＿＿＿

6-4-2　六角螺母　C 级。

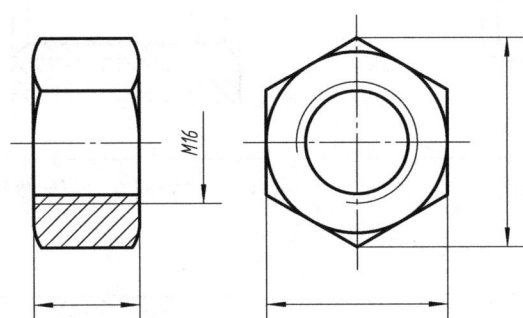

M16

规定标记：＿＿＿＿＿＿＿＿＿＿＿＿＿

6-4-3　平垫圈　C 级。

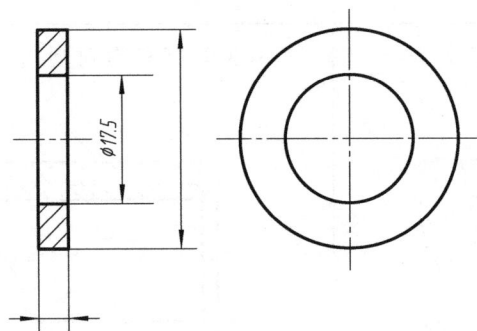

φ17.5

规定标记：＿＿＿＿＿＿＿＿＿＿＿＿＿

6-4-4　用铅笔圈出螺栓联接三视图中的错误。

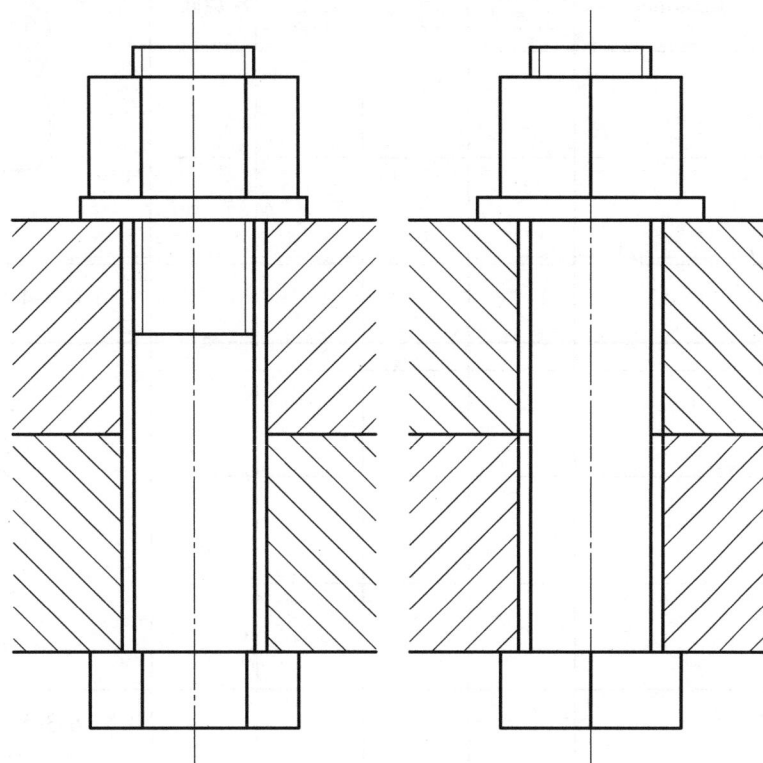

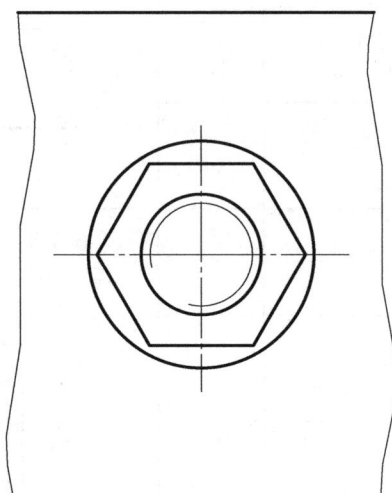

6-4-5　按简化画法完成螺栓及螺栓联接的全剖视图 （螺栓规格按 1∶1 的比例由图中量取）。

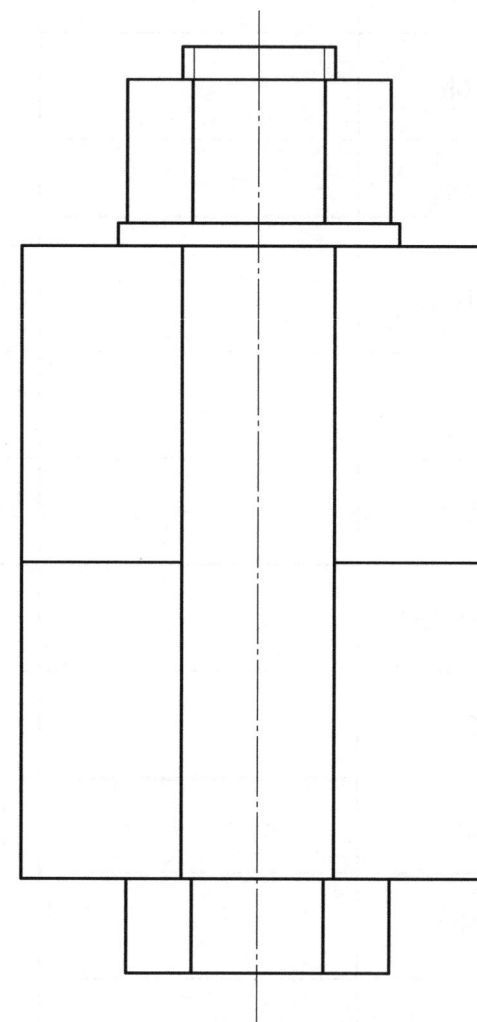

6-5-1　补全单个直齿轮的剖视图并标注尺寸（尺寸由图中按 1∶1 的比例量取整数；轮齿部分根据计算确定；轮齿端部倒角为 C1.5）。

6-5-2　已知大齿轮 m=2mm，z=40，两齿轮中心距 a=60mm，轮齿端部倒角为 C1，试计算大、小齿轮的基本尺寸，按 1∶1 的比例完成啮合图。

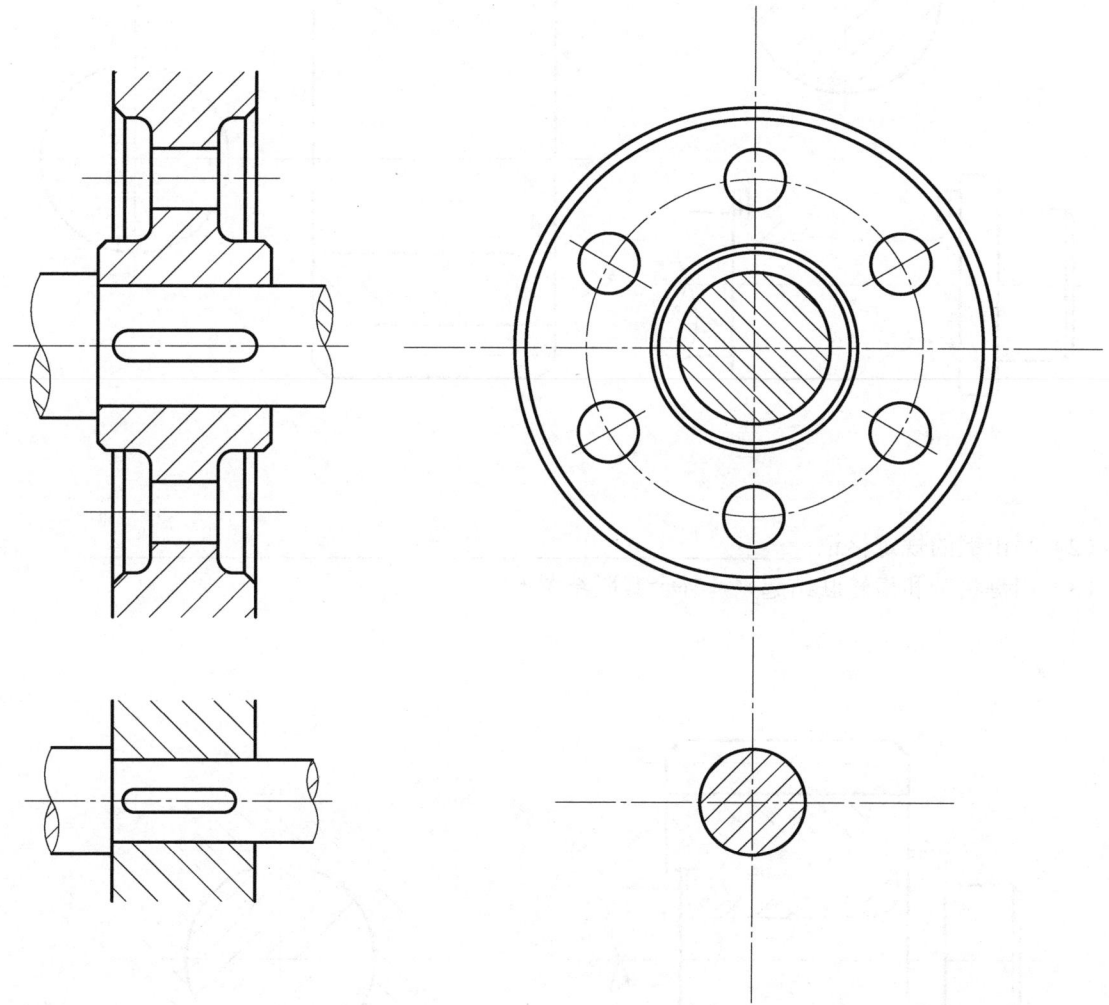

模　数	m	3
齿　数	z	34
啮合角	α	20°

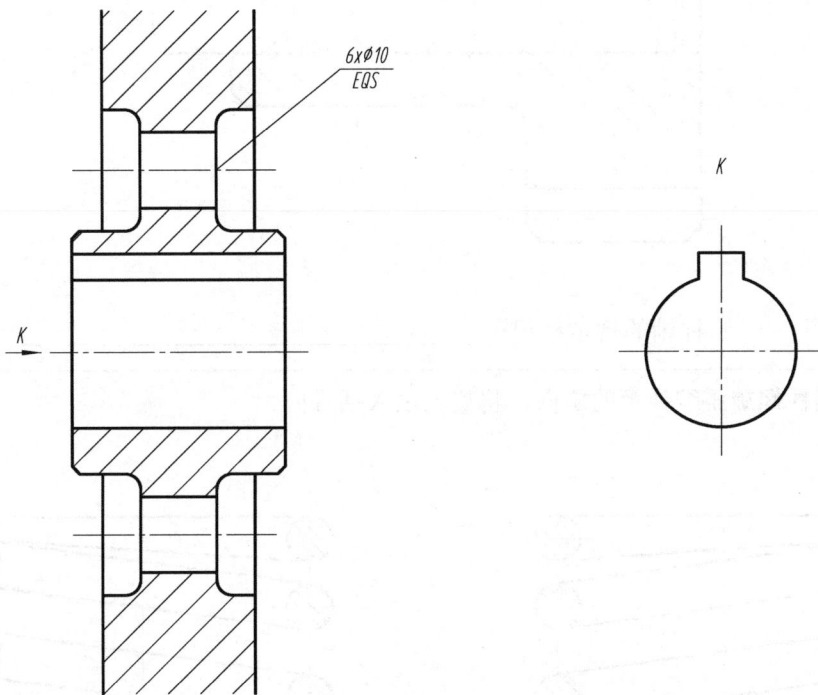

6×ϕ10
EQS

K

K

未注圆角 R2

6-6-1　已知：轴、孔直径为25mm，键的尺寸为8mm×7mm。用A型普通平键联结轴和齿轮。
（1）查表B-4确定键和键槽的尺寸，按1：1的比例分别画出轴和齿轮的图形，并标注键槽尺寸。

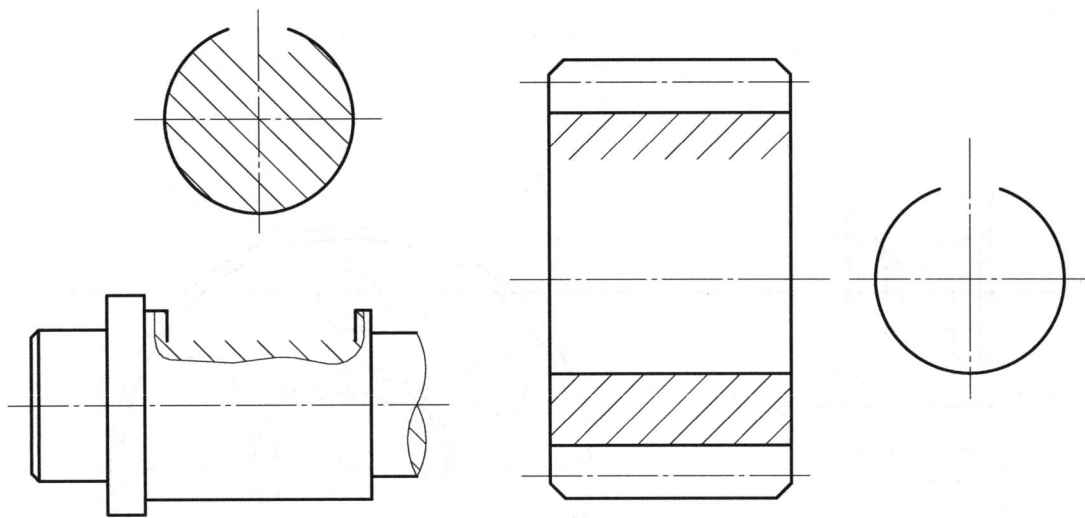

（2）写出键的规定标记：_____
（3）用键将轴和齿轮联结起来，补全其联结图形。

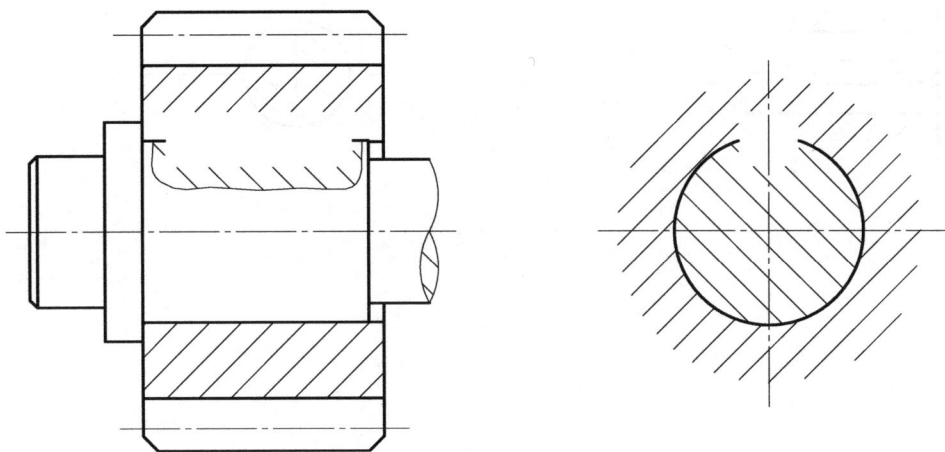

6-6-2　齿轮与轴用公称直径为10mm、公差为m6、公称长度为32mm的A型圆柱销联接，补全销联接的剖视图，并写出圆柱销的规定标记。

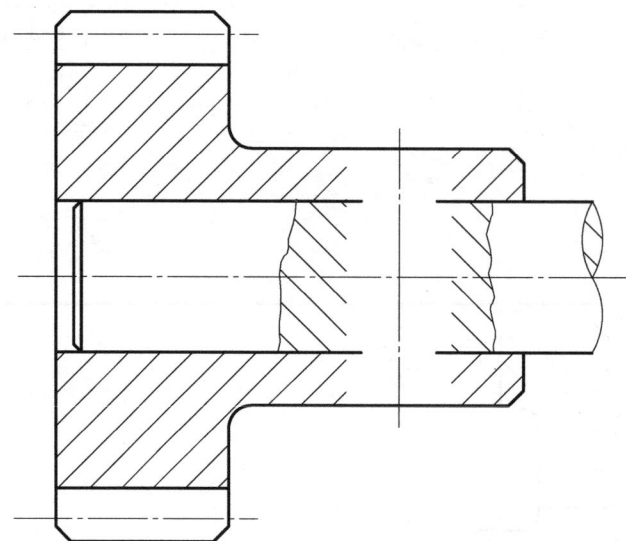

圆柱销的规定标记：_____

6-6-3　判断圆柱螺旋压缩弹簧的旋向，将旋向填入括号内。

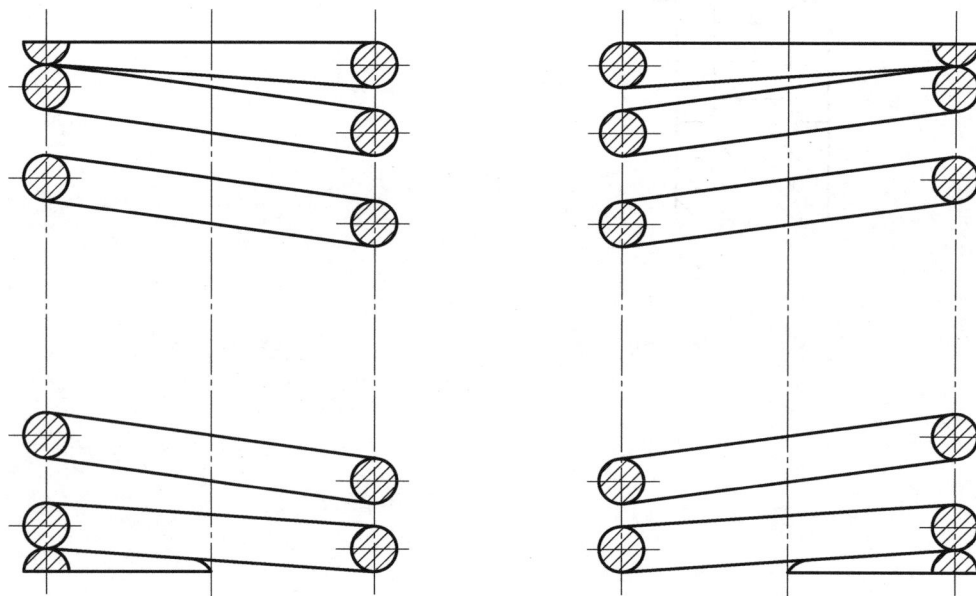

（　　　　）　　　　（　　　　）

班级　　　姓名　　　学号

6-7-1　用通用画法绘制（参见教材图 6-24）。

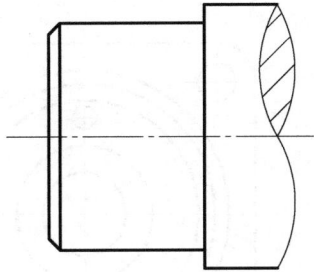

滚动轴承　6306　GB/T 276—2013

6-7-2　用特征画法绘制（参见教材图 6-24）。

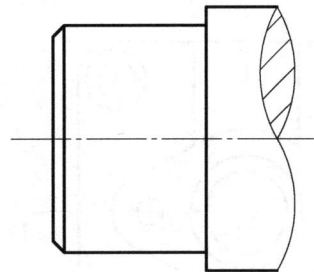

滚动轴承　6306　GB/T 276—2013

6-7-3　用规定画法绘制（参见教材图 6-24）。

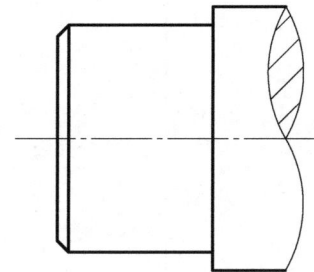

滚动轴承　6306　GB/T 276—2013

6-7-4　用通用画法绘制（参见教材图 6-24）。

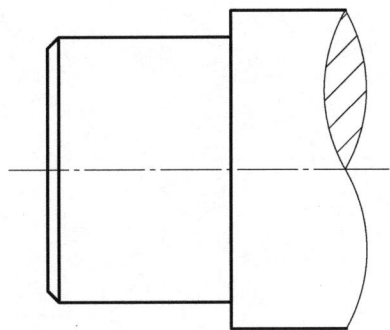

滚动轴承　30307　GB/T 297—2015

6-7-5　用特征画法绘制（参见教材图 6-24）。

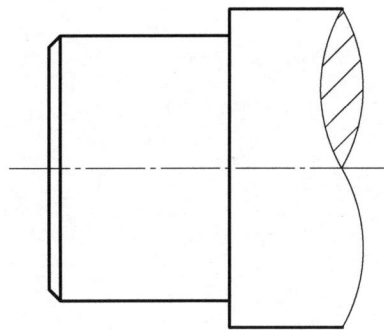

滚动轴承　30307　GB/T 297—2015

6-7-6　用规定画法绘制（参见教材图 6-24）。

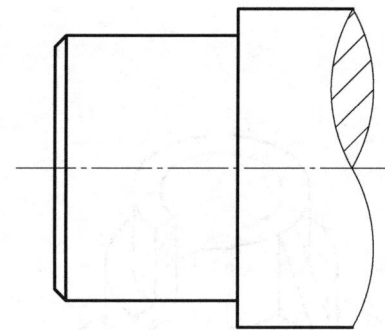

滚动轴承　30307　GB/T 297—2015

6-7-7　解释滚动轴承代号的含义。

6213：

内　　径　＿＿＿＿＿＿＿

尺寸系列　＿＿＿＿＿＿＿

轴承类型　＿＿＿＿＿＿＿

30212：

内　　径　＿＿＿＿＿＿＿

尺寸系列　＿＿＿＿＿＿＿

轴承类型　＿＿＿＿＿＿＿

51309：

内　　径　＿＿＿＿＿＿＿

尺寸系列　＿＿＿＿＿＿＿

轴承类型　＿＿＿＿＿＿＿

6302：

内　　径　＿＿＿＿＿＿＿

尺寸系列　＿＿＿＿＿＿＿

轴承类型　＿＿＿＿＿＿＿

7-1 零件的表达方法

7-1-1　正确选择零件的表达方案，徒手画出零件图（不注尺寸）。

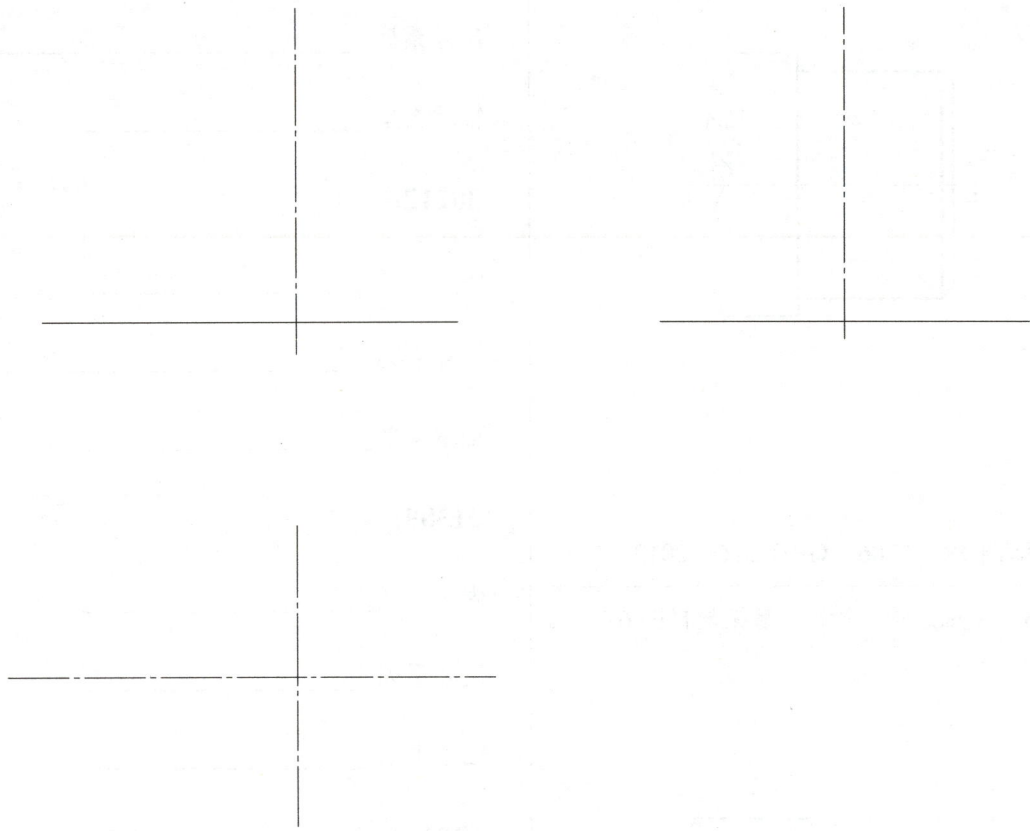

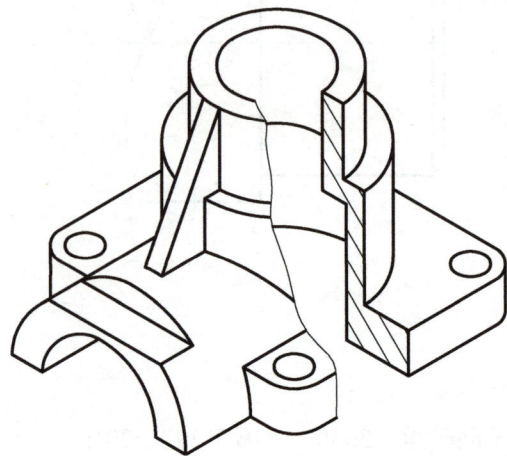

7-1-2　分析视图，想出零件的形状，画出 K 向外形视图（尺寸数值由图中量取）。

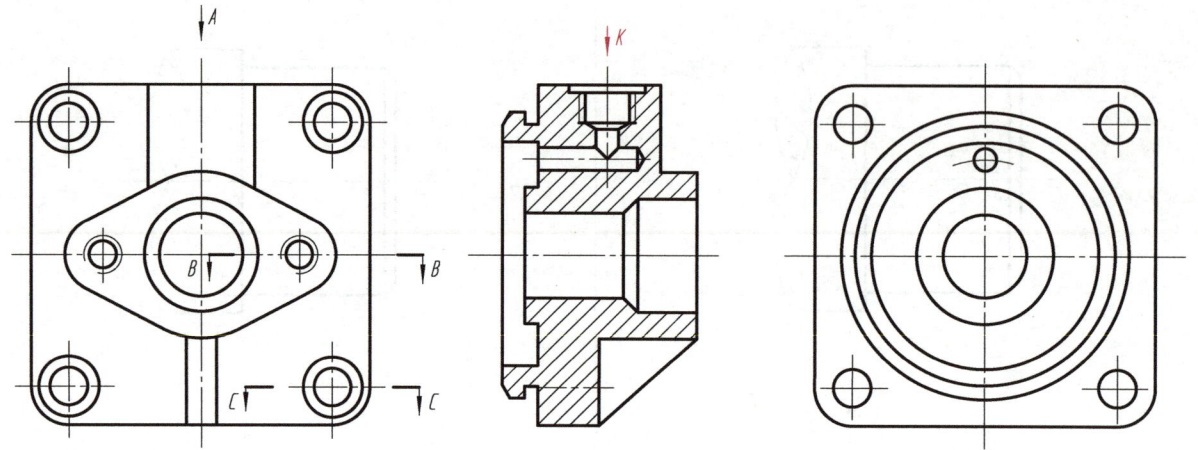

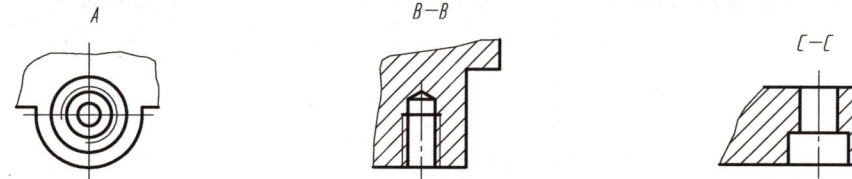

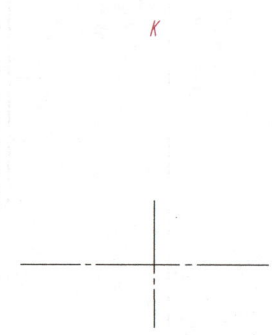

7-2-1

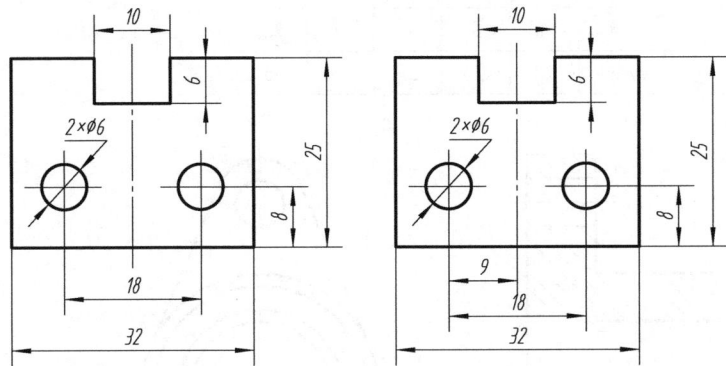

（正确、错误）　　　　（正确、错误）

7-2-2

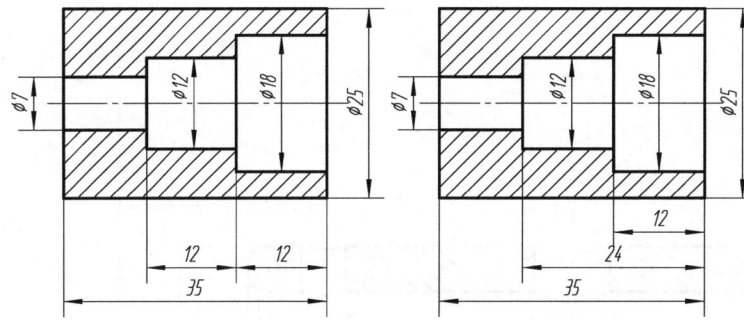

（正确、错误）　　　　（正确、错误）

7-2-3

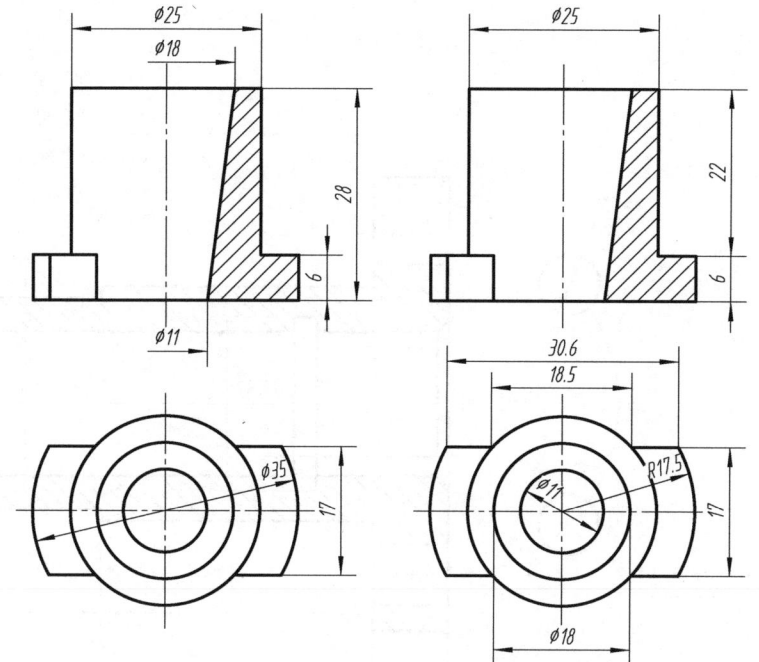

（正确、错误）　　　　（正确、错误）

7-2-4

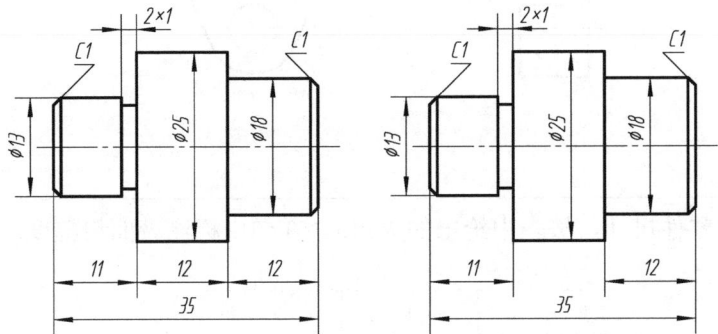

（正确、错误）　　　　（正确、错误）

7-2-5

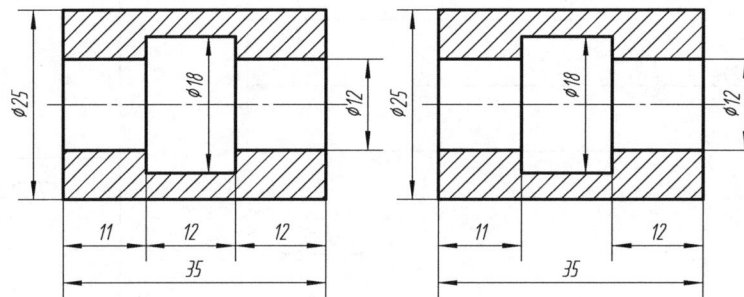

（正确、错误）　　　　（正确、错误）

7-2-6

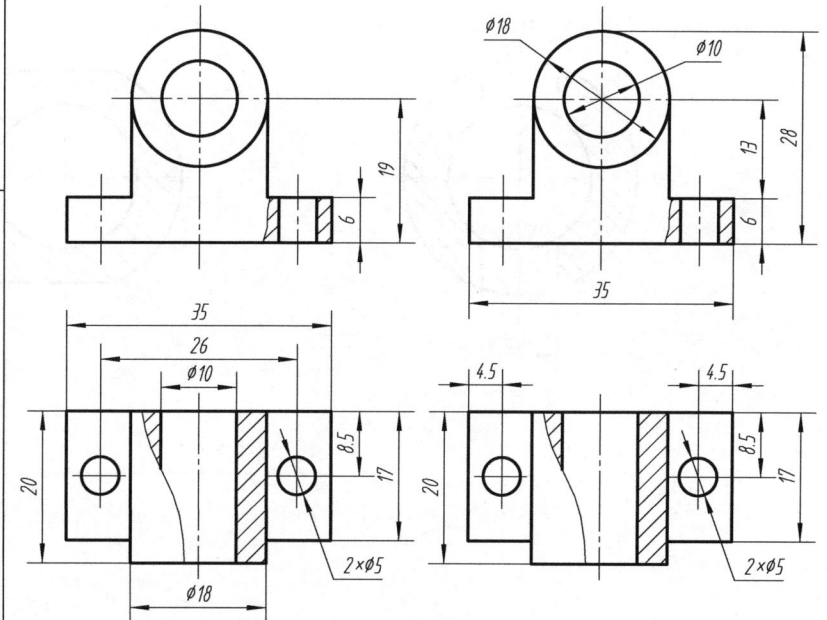

（正确、错误）　　　　（正确、错误）

7-2-7

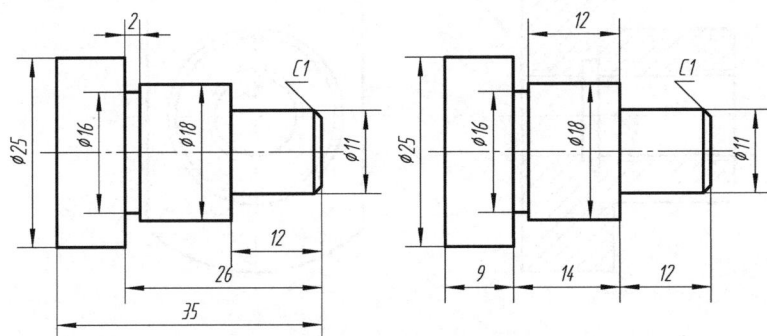

（正确、错误）　　　　（正确、错误）

7-2-8

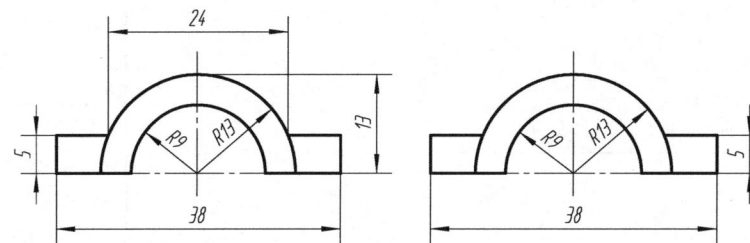

（正确、错误）　　　　（正确、错误）

7-3-1　选择尺寸基准并填空。

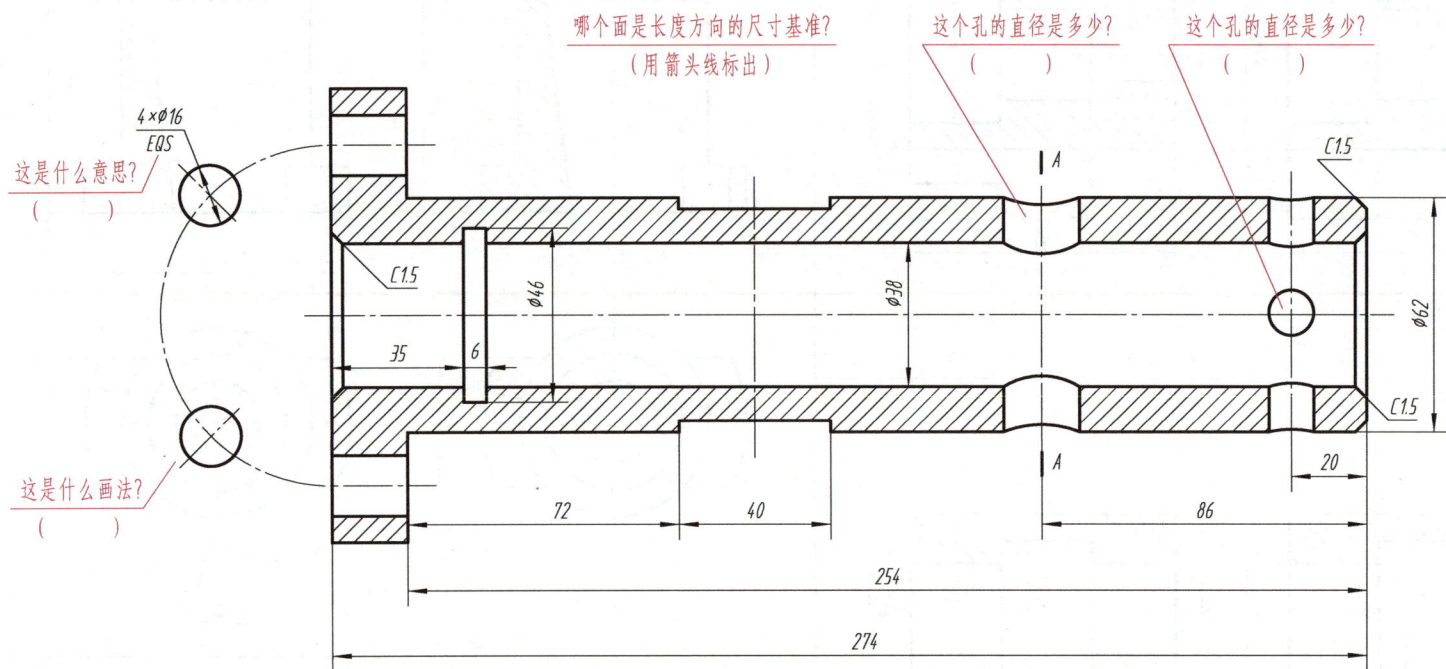

哪个面是长度方向的尺寸基准？
（用箭头线标出）

这个孔的直径是多少？
（　　）

这个孔的直径是多少？
（　　）

4×Ø16
EQS

这是什么意思？
（　　）

这是什么画法？
（　　）

C1.5

Ø46

35　6

Ø38

A

A

C1.5

C1.5

Ø62

20

72　40

86

254

274

A—A

Ø20

Ø12

56

Ø12

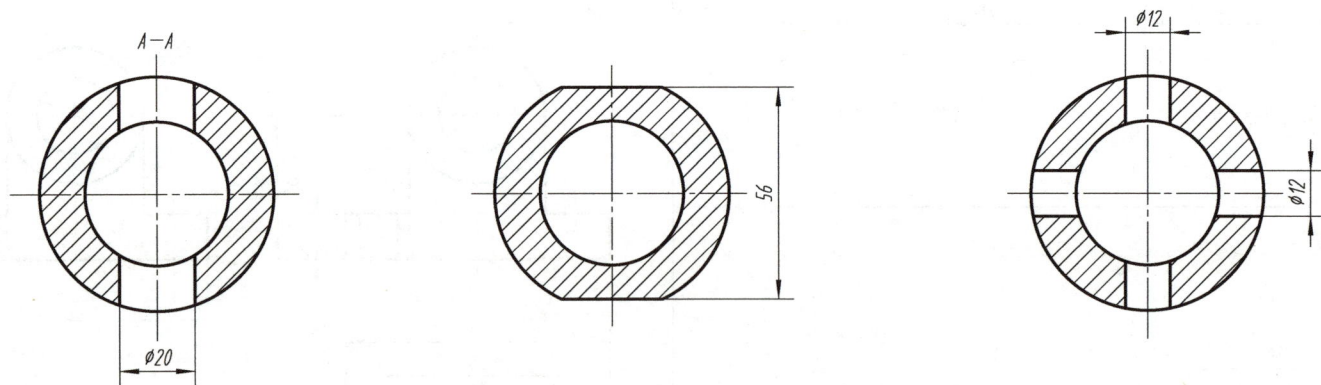

这三个图是什么图？（　　　　）右边两个图为什么没有标注？（　　　　　　　　　）

7-3-2　标注零件尺寸，按表中给出的 Ra 值，在图中标注表面粗糙度。

表面	A	B	C	D	其余
Ra / μm	6.3	12.5	3.2	6.3	25

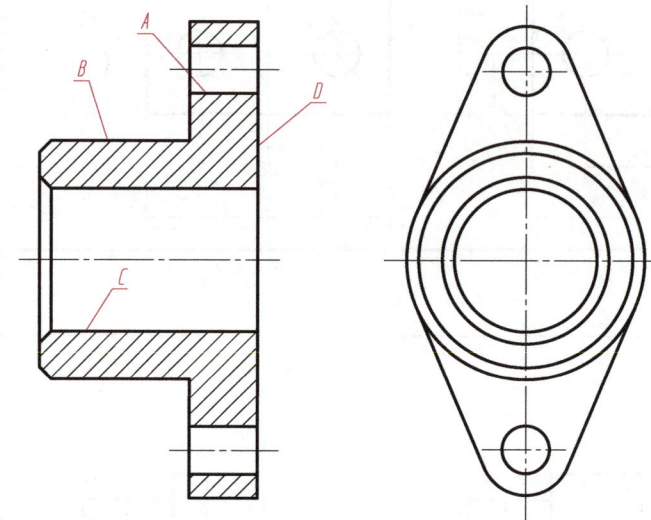

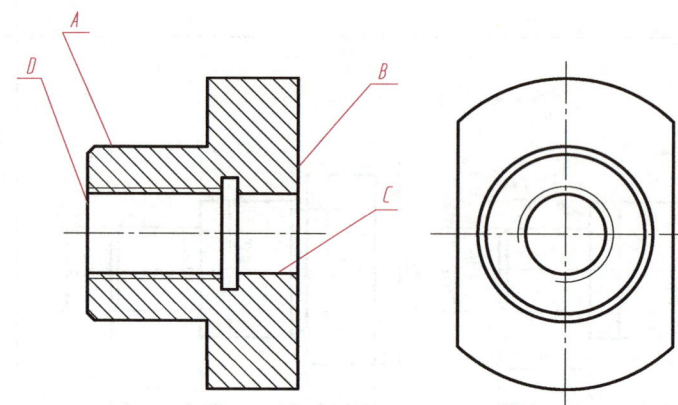

A

B

D

C

7-3-3　标注零件尺寸，按表中给出的 Ra 值，在图中标注表面粗糙度。

表面	A	B	C	D	其余
Ra / μm	6.3	12.5	3.2	6.3	25

D

A

B

C

7-4-1 根据图中所标注的尺寸，填写右表。

（单位：mm）

名称	轴	孔
公称尺寸		
上极限尺寸		
下极限尺寸		
上极限偏差		
下极限偏差		
公 差		

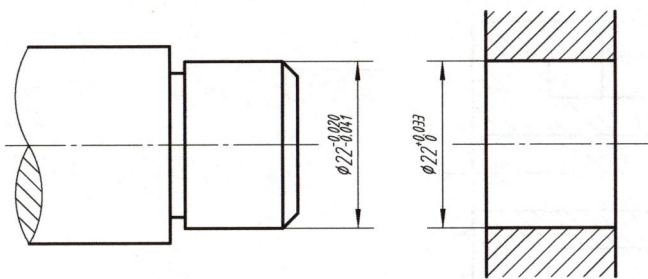

7-4-2 将正确注法写在括号内。

（1）$\phi 70_{-0.046}$ （　　　）

（2）$\phi 20_{-0.041}^{-0.02}$ （　　　）

（3）$\phi 90 \pm 0.011$ （　　　）

（4）$\phi 25_{0}^{+0.021}$ （　　　）

7-4-3 查教材附录，将极限偏差数值填入括号内。

（1）$\phi 50H8$ （　　　）

（2）$\phi 20JS7$ （　　　）

（3）$\phi 40f8$ （　　　）

（4）$\phi 50h7$ （　　　）

7-4-4 查教材附录，将公差带代号写在公称尺寸之后。

孔
$\begin{cases} \phi 30 & (\quad)_{\,0}^{+0.033} \\ \phi 40 & (\quad)_{-0.033}^{-0.008} \end{cases}$

轴
$\begin{cases} \phi 35 & (\quad)_{-0.039}^{\,0} \\ \phi 60 & (\quad)_{+0.011}^{+0.030} \end{cases}$

7-4-5 解释配合代号的含义，并查出极限偏差数值，标注在图上。

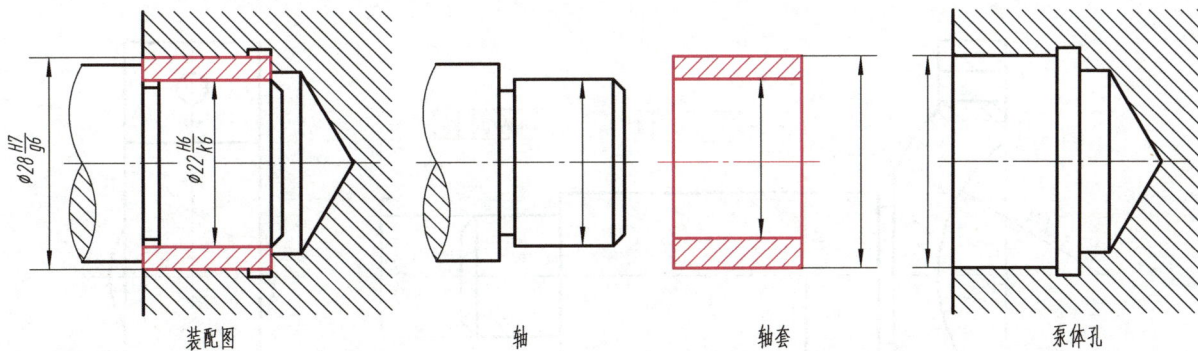

装配图　　　轴　　　轴套　　　泵体孔

（1）轴套对泵体孔（$\phi 28H7/g6$）：公称尺寸为_____mm，基_____制，公差等级为_____、_____，_____配合。

（2）轴套外径的上极限偏差为_____mm，下极限偏差为_____mm；泵体孔的上极限偏差为_____mm，下极限偏差为____mm。

（3）轴套对轴径（$\phi 22H6/k6$）：公称尺寸为_____mm，基_____制，公差等级为_____、_____，_____配合。

（4）轴套内孔的上极限偏差为_____mm，下极限偏差为_____mm；轴径的上极限偏差为_____mm，下极限偏差为_____mm。

7-4-6 根据孔和轴的极限偏差值，查表确定其配合代号后分别注出，并解释配合代号的含义。

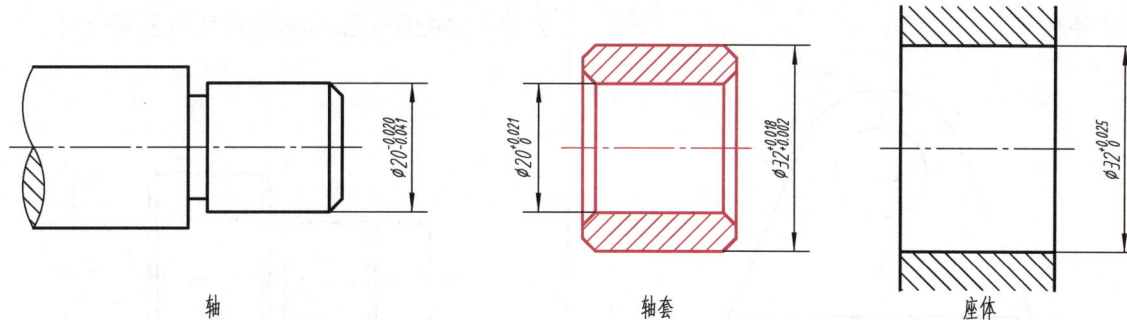

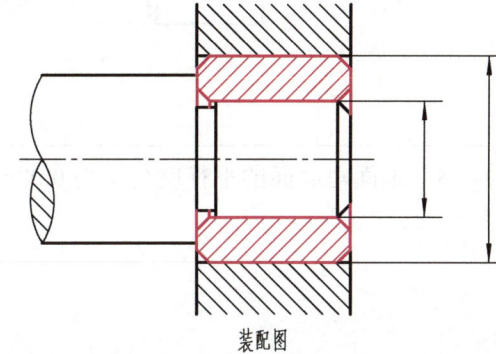

轴　　　轴套　　　座体

装配图

（1）轴与轴套，属于基_____制_____配合。

（2）轴套与座体，属于基_____制_____配合。

7-4-7 分析左图中尺寸公差与配合的标注错误，并在右图中正确标注。提示：孔和轴的极限偏差数值，应查阅教材附录进行核对后，取规定的标准值分别注出。

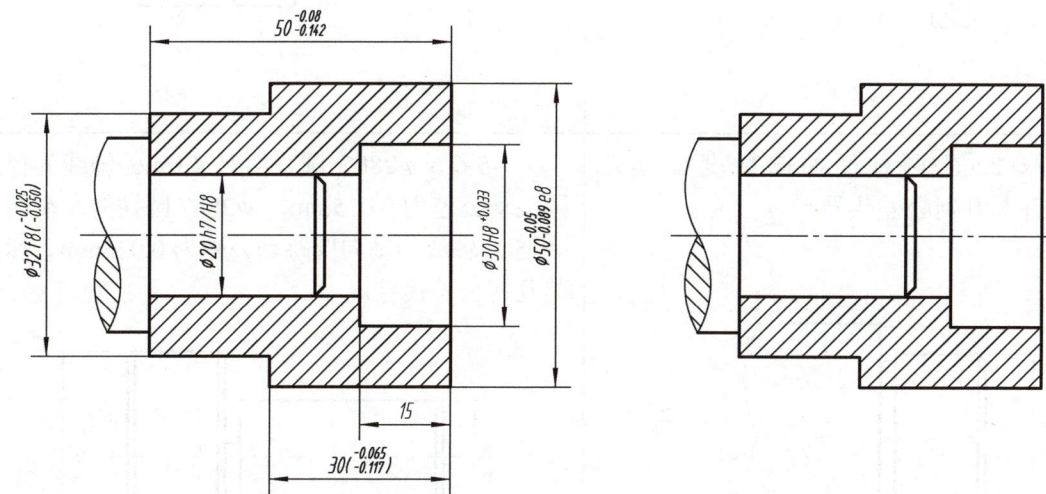

7-5-1　底面的平面度公差为 0.02mm,标注其几何公差代号。

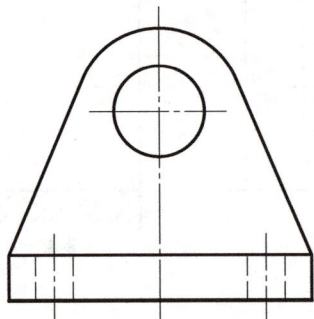

7-5-4　ϕ28h7 轴线对 ϕ15h6 轴线的同轴度公差为 ϕ0.015mm,标注其几何公差代号。

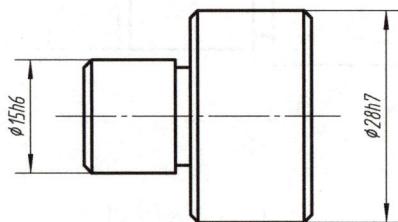

7-5-7　解释图中几何公差代号的含义。

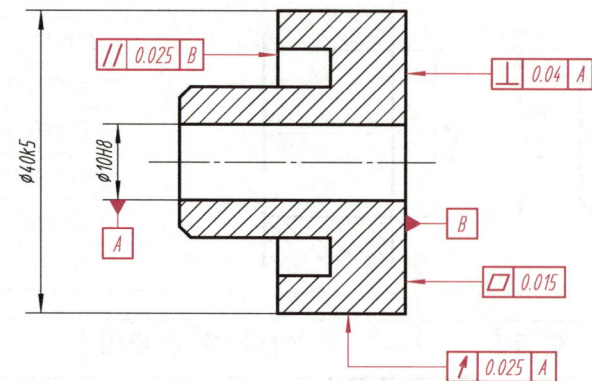

（1）┌─┐ 0.015 _____

（2）// 0.025 B _____

（3）⊥ 0.04 A _____

（4）↗ 0.025 A _____

7-5-2　ϕ20H8 轴线对左端面的垂直度公差为 ϕ0.02mm,标注其几何公差代号。

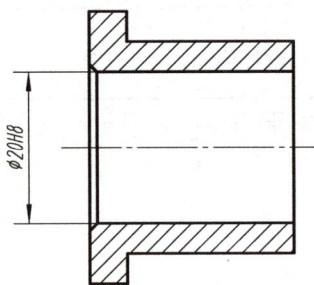

7-5-5　顶面对底面的平行度公差为 0.02mm,标注其几何公差代号。

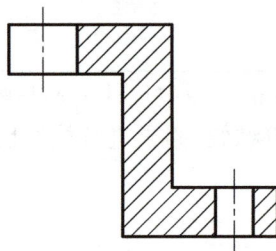

7-5-8　解释图中几何公差代号的含义。

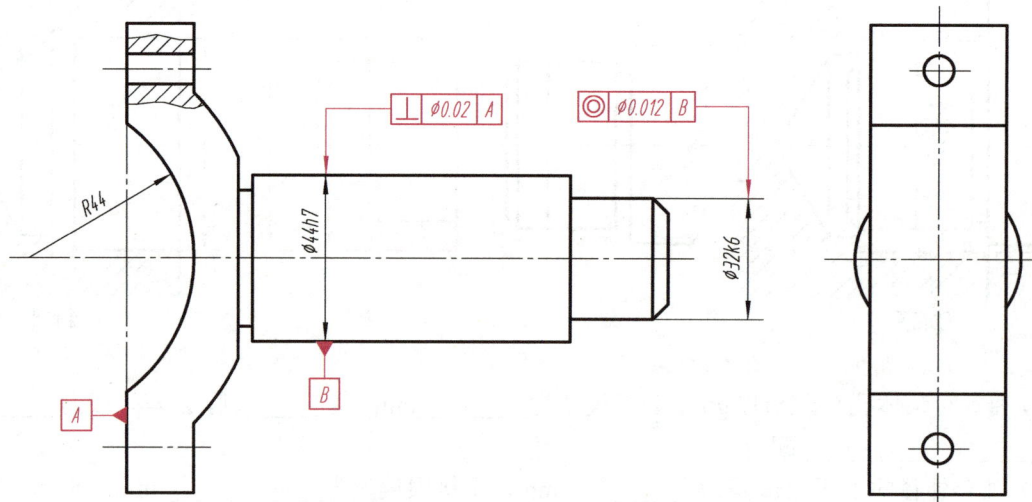

7-5-3　ϕ22g6 圆柱面的圆柱度公差为 0.04mm,标注其几何公差代号。

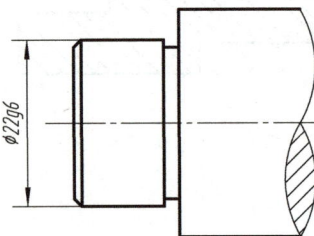

7-5-6　ϕ28h7 圆柱面对 ϕ15h6 轴线的径向圆跳动公差为 0.015mm,ϕ28h7 圆柱的左端面对 ϕ15h6 轴线的轴向圆跳动公差为 0.025mm,标注其几何公差代号。

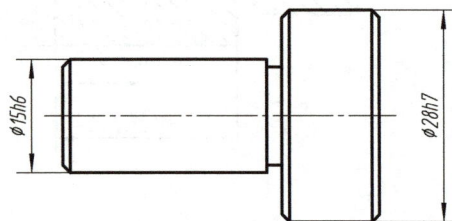

（1）⊥ ϕ0.02 A _____

（2）◎ ϕ0.012 B _____

7-6-1 轴零件图。

5:1

B—B

C—C

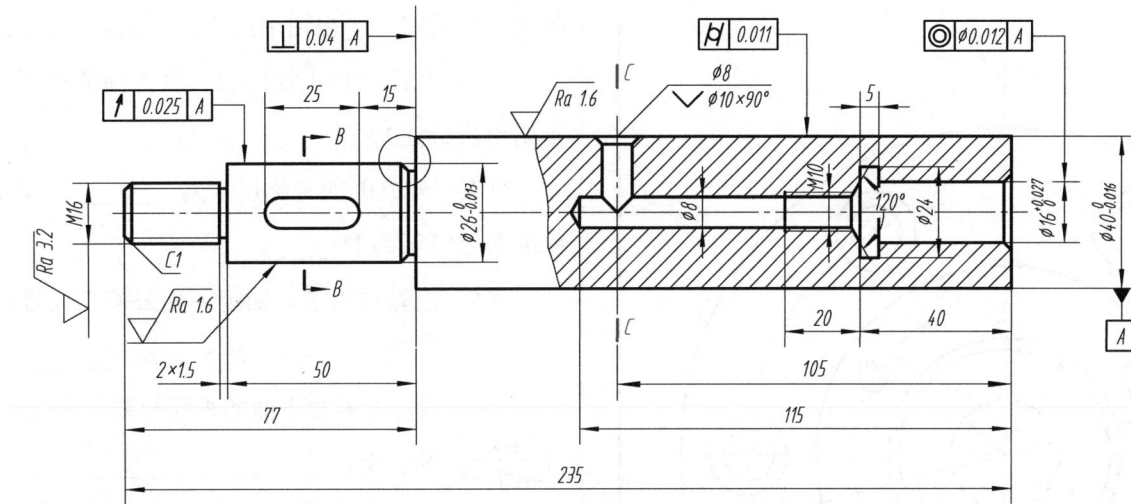

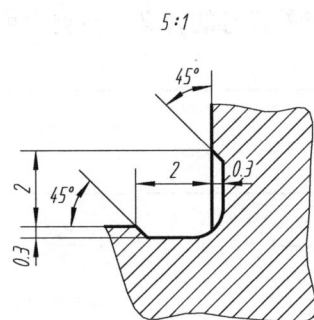

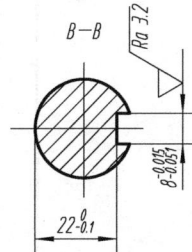

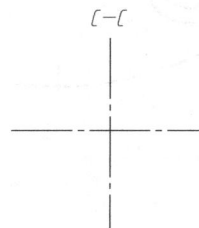

技术要求
未注倒角C1.5。

设计
校核
审核
班级

45

比例　1:2　　轴

共　张第　张

7-6-2 回答下列问题。

（1）该零件属于_____类零件，材料为____，绘图比例为_____。

（2）该零件图采用___个基本视图表达零件的结构和形状。主视图采用_____剖视，表达轴的内部结构；此外采用_____表达退刀槽结构；采用_____，表达键槽处断面形状。

（3）用指引线和文字在图中注明径向尺寸基准和轴向主要尺寸基准。

（4）键槽长度为_____，宽度为____，长度方向定位尺寸为_____，注出 $22_{-0.1}^{0}$ 是便于_____。

（5）$\phi 26_{-0.013}^{0}$ 的上极限尺寸是_____，下极限尺寸是_____，公差为_____，查教材附录，其公差带代号为____。$\phi 40_{-0.016}^{0}$ 的上极限偏差是___，下极限偏差是_____，公差为_____。

（6）该轴的表面粗糙度要求最高的 Ra 值为_____。

（7）在图中指定位置画出 C—C 断面图。

（8）说明几何公差代号的含义（按自左而右顺序）。

①_____

_____

②_____

③_____

④_____

7-7-1 端盖零件图。

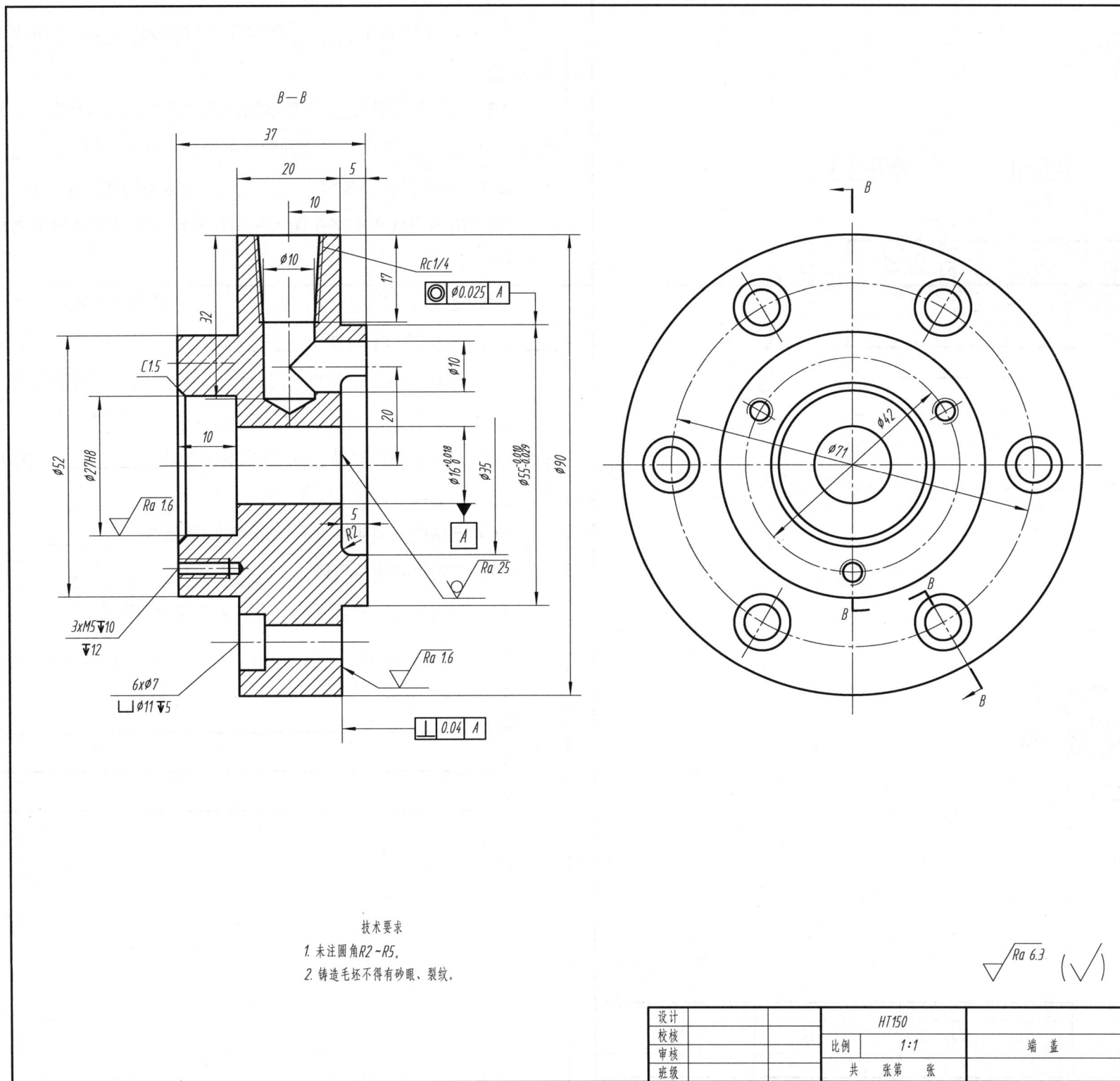

技术要求
1. 未注圆角R2~R5。
2. 铸造毛坯不得有砂眼、裂纹。

设计			HT150	
校核				
审核		比例	1:1	端 盖
班级		共　张第　张		

7-7-2 回答下列问题。

（1）该零件属于_____类零件，材料为_____，绘图比例为_____。

（2）该零件图采用____个基本视图。主视图采用____剖视，它的剖切位置在____视图中注明，剖切面的种类是_____。

（3）在图中指出径向和长度方向的主要尺寸基准（用箭头线指明引出标注）。

（4）$\phi27H8$的公称尺寸为_____，基本偏差代号为____，标准公差等级为IT____。

（5）查教材附录，确定下列公差带代号：
$\phi16^{+0.018}_{0}$ _____；　$\phi55^{-0.010}_{-0.029}$ _____。

（6）端盖大多数表面的表面粗糙度为_____。解释图中尺寸$\frac{6\times\phi7}{\llcorner\phi11\triangledown5}$的含义：_____

_____。

（7）画出端盖的右视外形图（另用图纸）。

（8）说明几何公差代号的含义（按自上而下顺序）。

① _____

_____

② _____

_____

7-8-1　十字接头零件图。

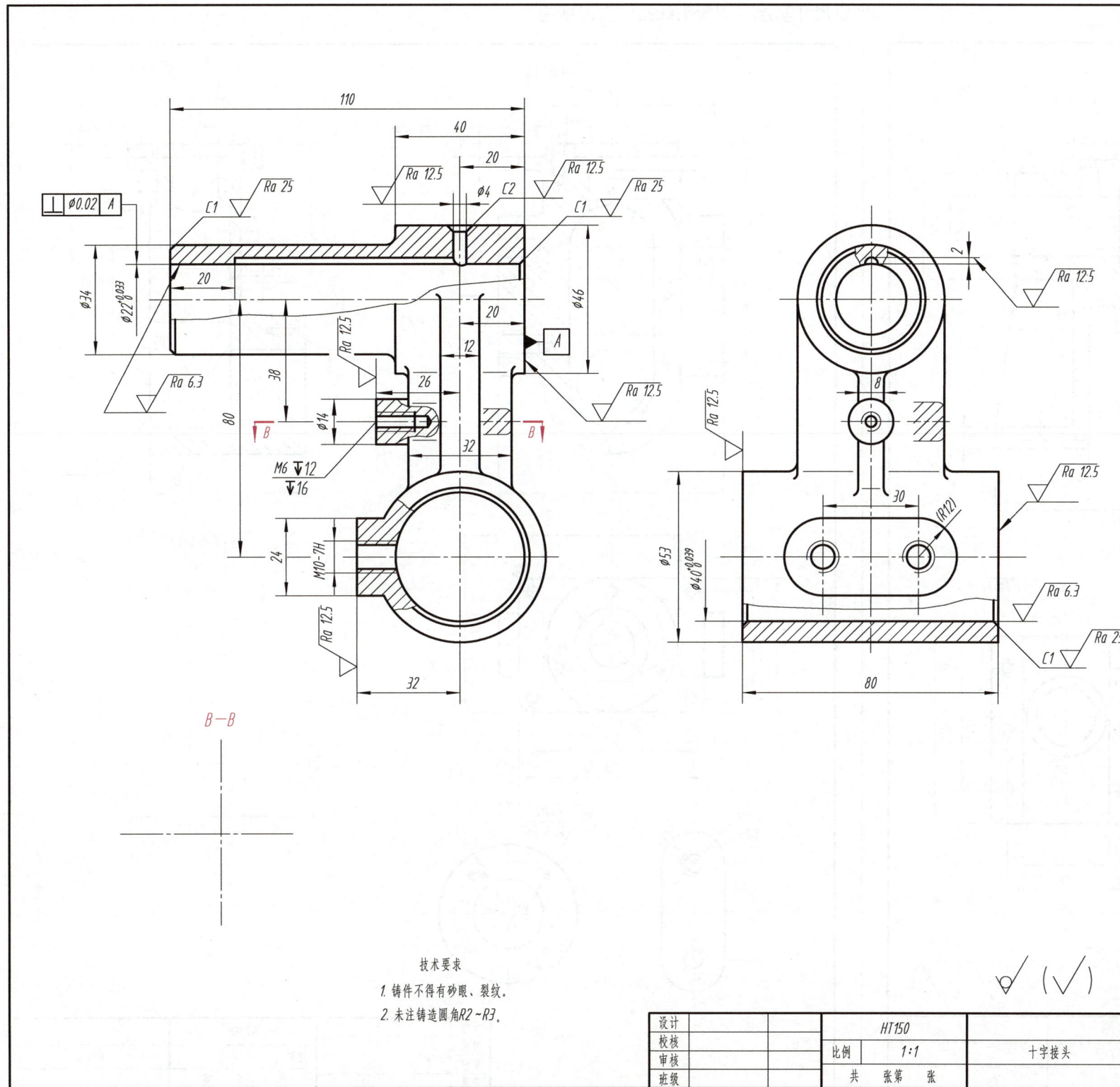

技术要求
1. 铸件不得有砂眼、裂纹。
2. 未注铸造圆角R2~R3。

设计			HT150	
校核				
审核		比例	1:1	十字接头
班级		共　张第　张		

7-8-2　回答下列问题。

（1）根据零件名称和结构形状，此零件属于_____类零件。

（2）十字接头的结构由_____部分_____部分和_____部分组成。

（3）在图中指出长度、宽度、高度方向的主要尺寸基准（用箭头线指明引出标注）。

（4）在主视图中，下列尺寸属于哪种类型（定形、定位）尺寸。80 是_____尺寸；38 是_____尺寸；40 是_____尺寸；24 是_____尺寸；$\phi 22^{+0.033}_{0}$ 是_____尺寸。

（5）$\phi 40^{+0.039}_{0}$ 的上极限尺寸为_____，下极限尺寸为_____，公差为_____。

（6）解释图中几何公差的含义：

基准要素是_____；

被测要素是_____；

公差项目是_____；

公差值是_____。

（7）零件上共有_____个螺孔，它们的尺寸分别是_____。

（8）在图中指定位置画出 B—B 断面图。

65

7-9-1　读支座零件图，画出 C—C 半剖视图（按图形大小量取尺寸）；标出三个方向的主要尺寸基准（用箭头线指明引出标注）。

7-9-2　读底座零件图，画出左视图外形（按图形大小量取尺寸，不画虚线）；标出三个方向的主要尺寸基准（用箭头线指明引出标注）。

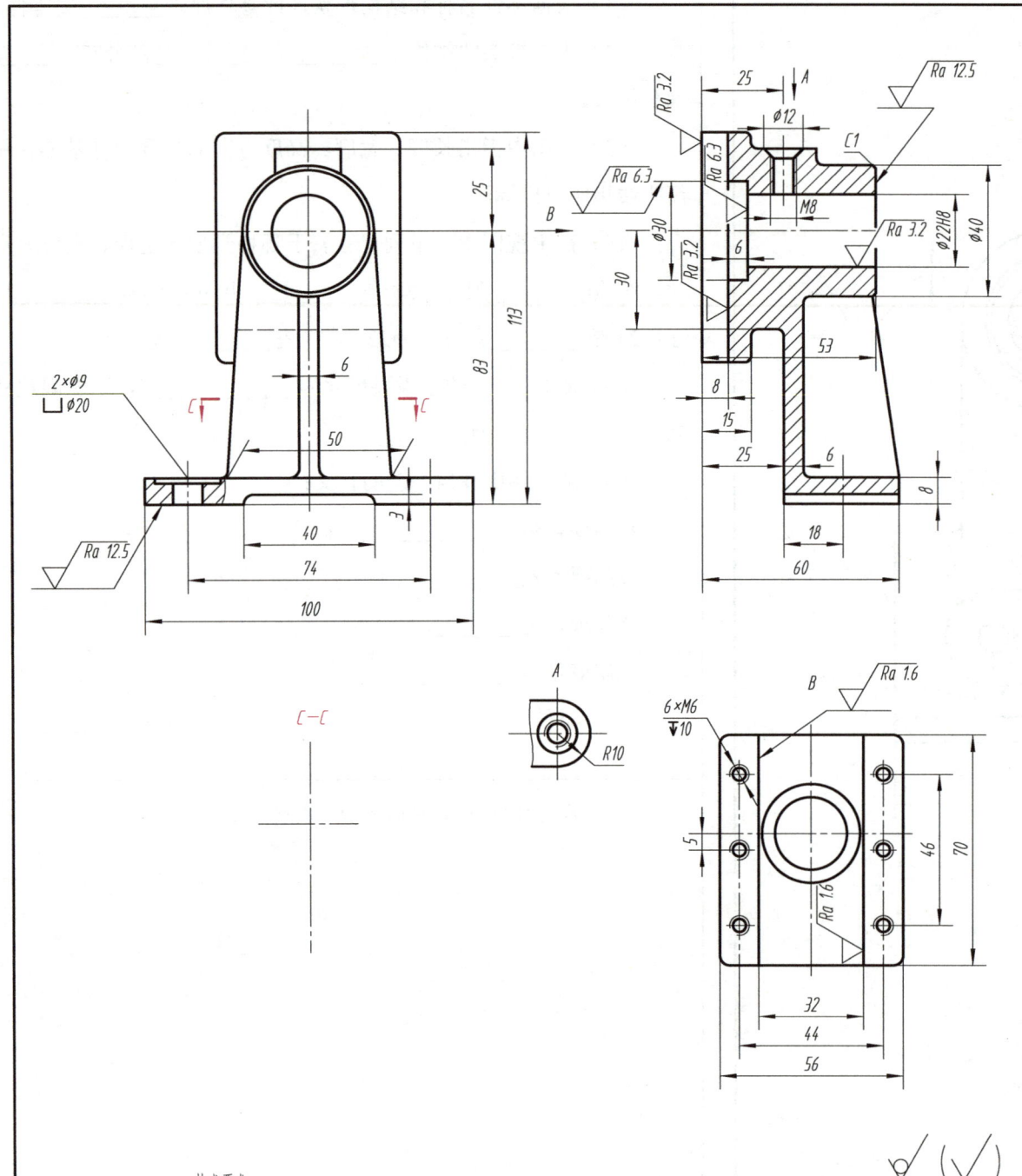

技术要求
未注圆角R2～R3.

设 计		HT200	
校 核			
审 核		比例	1:2	支 座
班 级		共　张第　张	

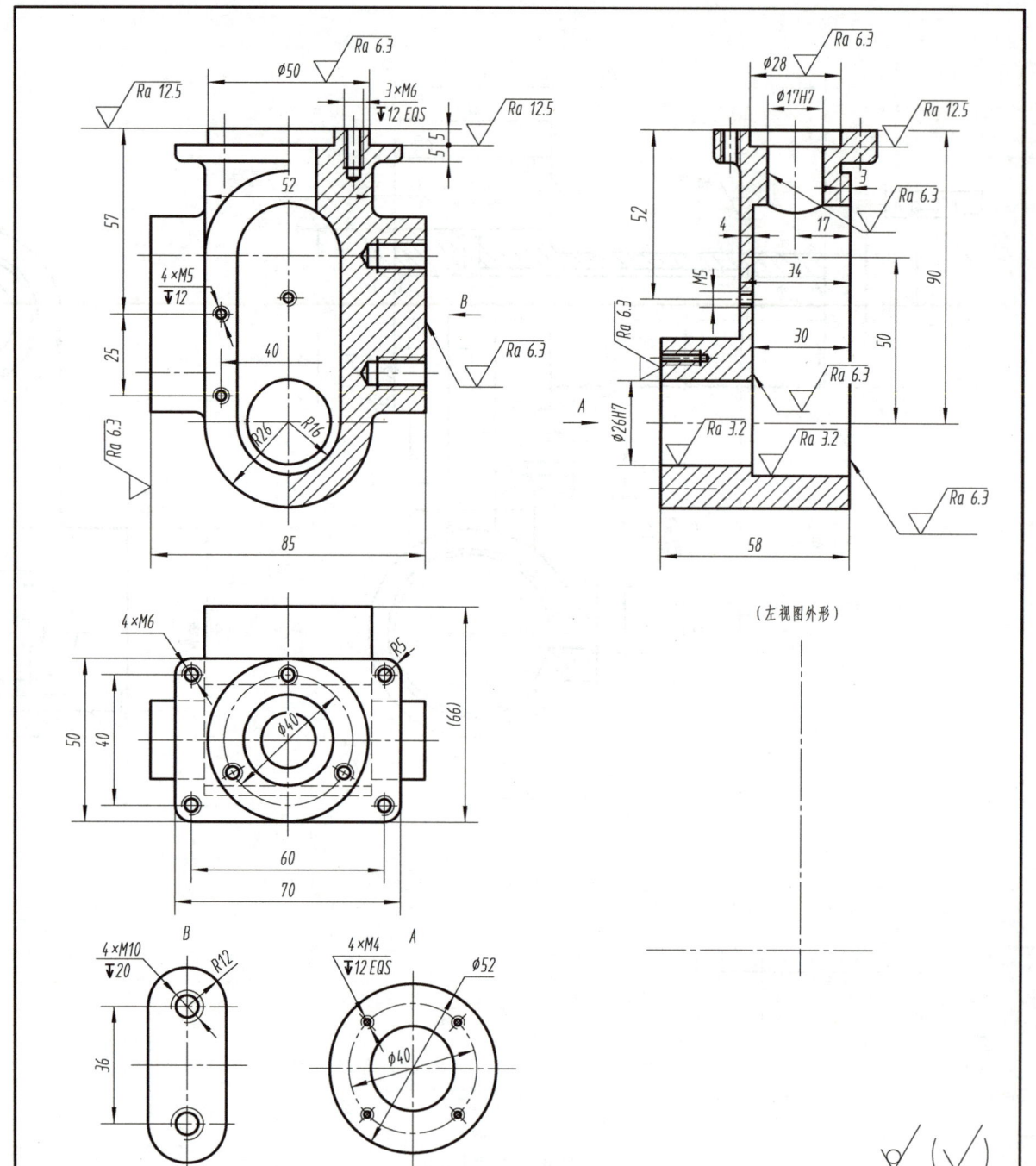

（左视图外形）

设 计		HT150	
校 核			
审 核		比例	1:2	底 座
班 级		共　张第　张	

№5　作业指导书

一、作业目的

（1）掌握测绘的基本技能和绘制零件图的方法。

（2）学习典型零件的表达方法及典型结构的查表方法。

（3）掌握表面粗糙度及公差的标注方法，以及正确选择尺寸基准和尺寸标注的方法。

（4）掌握一般的测量方法和测绘工具的使用方法。

二、内容与要求

（1）根据零件的轴测图（或实物）选择表达方案，徒手画出1个零件的草图，用 A3 图纸或坐标纸。

（2）根据零件草图，测量零件尺寸并选择技术要求。绘制完成零件图，绘图比例和图幅自定。

三、注意事项

（1）绘制草图，应在徒手目测的条件下进行，不得使用绘图仪器。图中的线型、字体按标准要求绘制。

（2）测量尺寸时，应注意重要尺寸应尽量优先测量。要掌握量具的正确使用方法，对于精度较高的尺寸应用游标卡尺、千分尺等工具测量。对于精度低的尺寸，可用内、外卡钳和钢直尺等测量。测量时要正确选择基准，由基准面开始测量。测量过程中尽量避免尺寸换算，以减少差错。

（3）对于零件上的圆角、退刀槽、键槽等标准结构，应查阅相关标准确定尺寸。

（4）表面粗糙度、极限与配合、几何公差等内容，请参看教材，在教师指导下选用。

（5）在画零件图时，标注尺寸不能照抄零件草图中的尺寸。草图中尺寸多，画零件图时应重新调整。

7-10-1　输出轴轴测图。

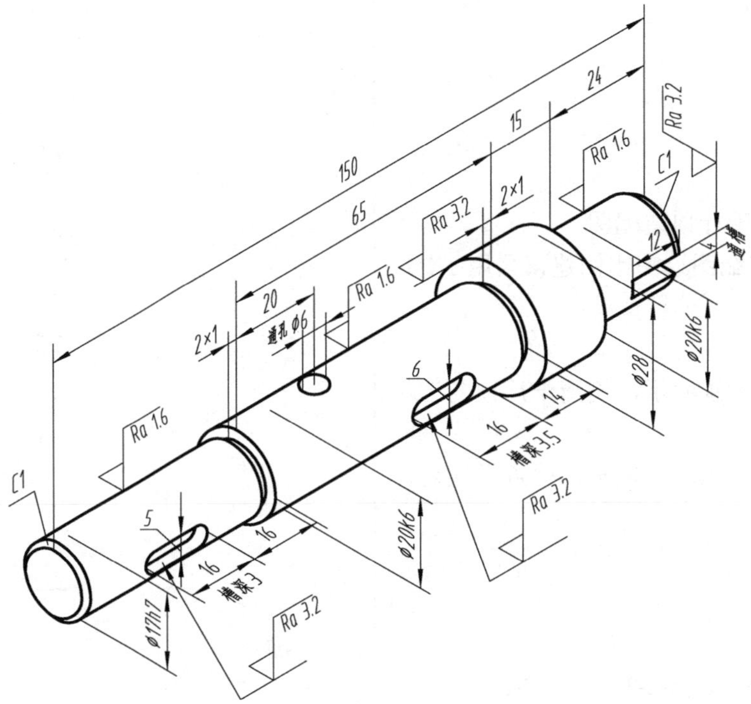

（注：键槽底面的表面粗糙度为 Ra 6.3）

技术要求
1. 淬火硬度 40～50HRC。
2. 去除毛刺。

名称：输出轴
材料：45

7-10-2　轴承座轴测图。

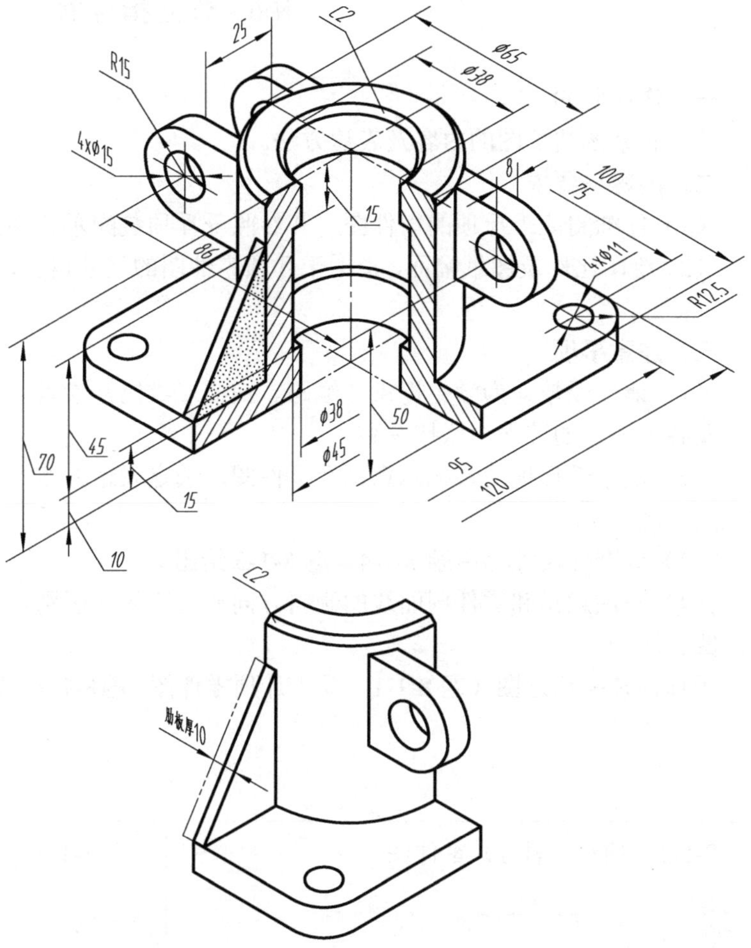

说　明

1. 4×ø11孔的表面粗糙度为 Ra12.5。
2. 4×ø15孔的表面粗糙度为 Ra12.5。
3. ø38孔(两处)的表面粗糙度为 Ra6.3。
4. 轴承座顶面及内外两处倒角的表面粗糙度为 Ra12.5。
5. 轴承座底面的表面粗糙度为 Ra25。
6. 其他表面为非加工面，由铸造直接获得。

名称：轴承座
材料：HT150

第八章 装 配 图

8-1 拼画千斤顶装配图

№6 作业指导书

一、作业目的

熟悉和掌握装配图的内容及表达方法。

二、内容与要求

（1）仔细阅读千斤顶的零件图，并参照千斤顶装配示意图，拼画千斤顶装配图。

（2）绘图比例及图纸幅面，根据千斤顶零件图的尺寸自己确定（装配图绘图比例建议采用1：1，用 A2 幅面）。

三、注意事项

（1）请任课教师为学生提供二维码。扫描二维码，参考千斤顶的动画演示，搞清千斤顶的工作原理及各个零件的装配、联接关系。

（2）根据千斤顶的装配示意图及零件图，选定表达方案。要先在草稿纸上试画，检查无误后，再正式绘制。

（3）标准件尺寸已由题 8-1-4、题 8-1-5 给出。

（4）应注意相邻零件剖面线的倾斜方向要有明显的区别。

四、图例

千斤顶装配示意图（题 8-1-1）及千斤顶零件图（题 8-1-2～题 8-1-5，题 8-2-1～题 8-2-3）。

8-1-1　千斤顶装配示意图。

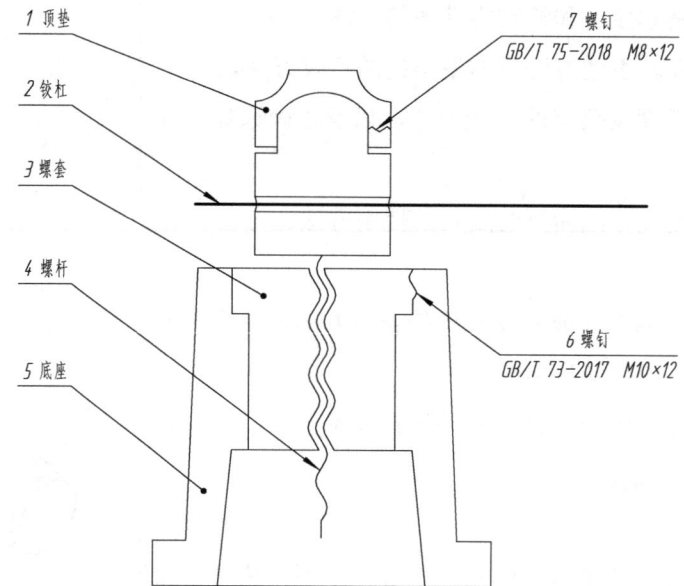

8-1-2　顶垫（件 1）零件图。

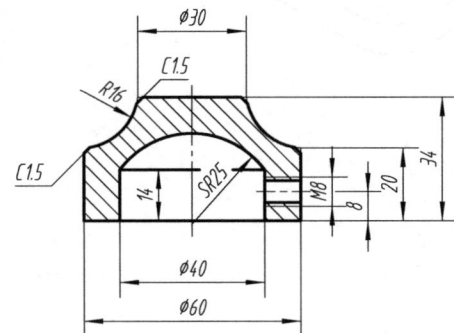

技术要求
热处理45~50HRC。

名称：顶垫　序号：1
数量：1　材料：Q275

8-1-3　铰杠（件 2）零件图。

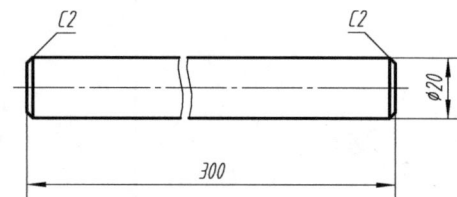

名称：铰杠　序号：2
数量：1　材料：35

8-1-4　螺钉（件 6）零件图。

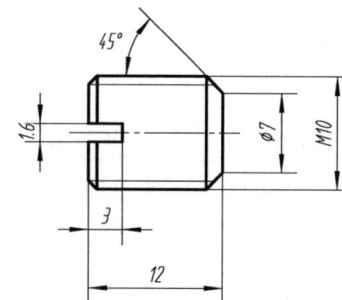

开槽平端紧定螺钉
（GB/T 73—2017）

8-1-5　螺钉（件 7）零件图。

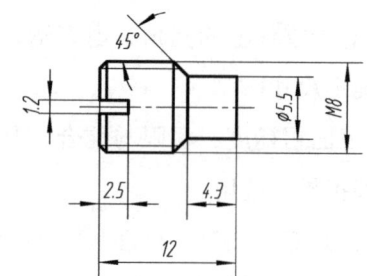

开槽长圆柱端紧定螺钉
（GB/T 75—2018）

8-2-1 螺套（件 3）零件图。

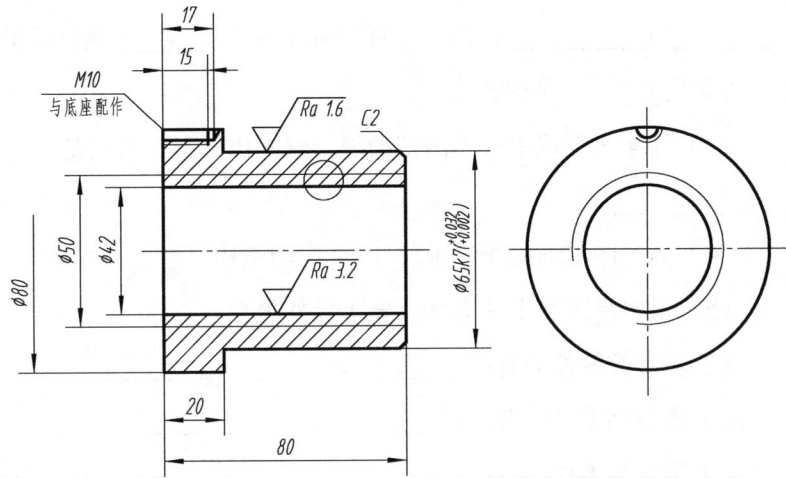

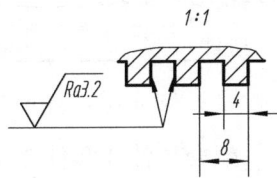

8-2-2 螺杆（件 4）零件图。

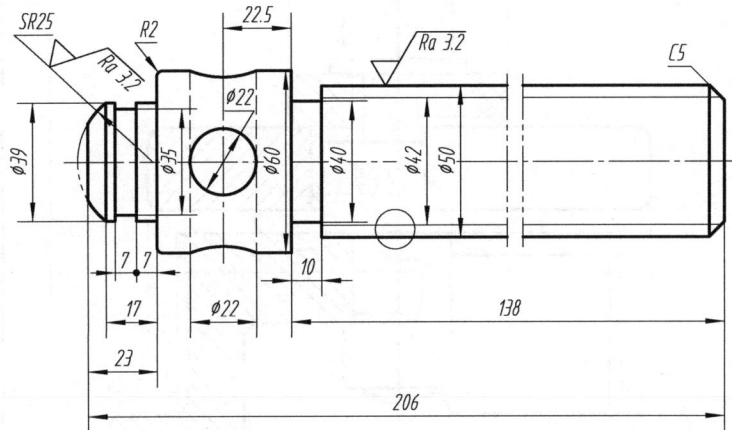

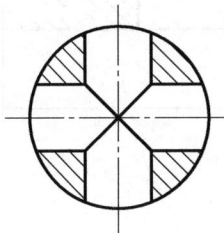

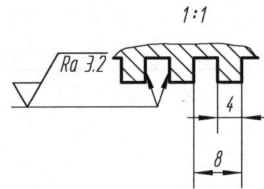

8-2-3 底座（件 5）零件图。

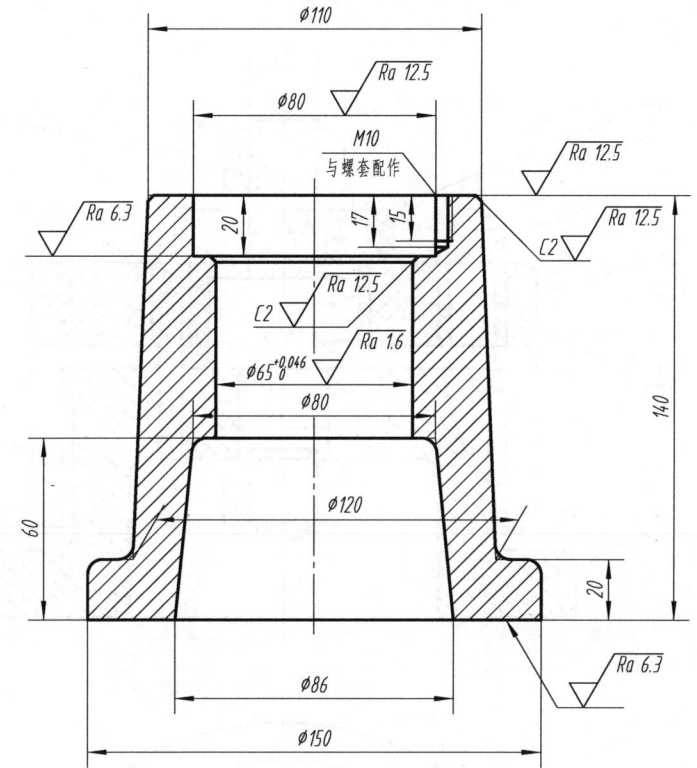

1:1

技术要求
锐边倒角 C1。

名称：螺套 序号： 3
数量： 1 材料：ZCuAl10Fe3

技术要求
调质处理 250~280HBW。

名称：螺杆 序号： 4
数量： 1 材料：35

技术要求
未注圆角 R3。

名称：底座 序号： 5
数量： 1 材料：HT200

8-3-1 钻模装配图。

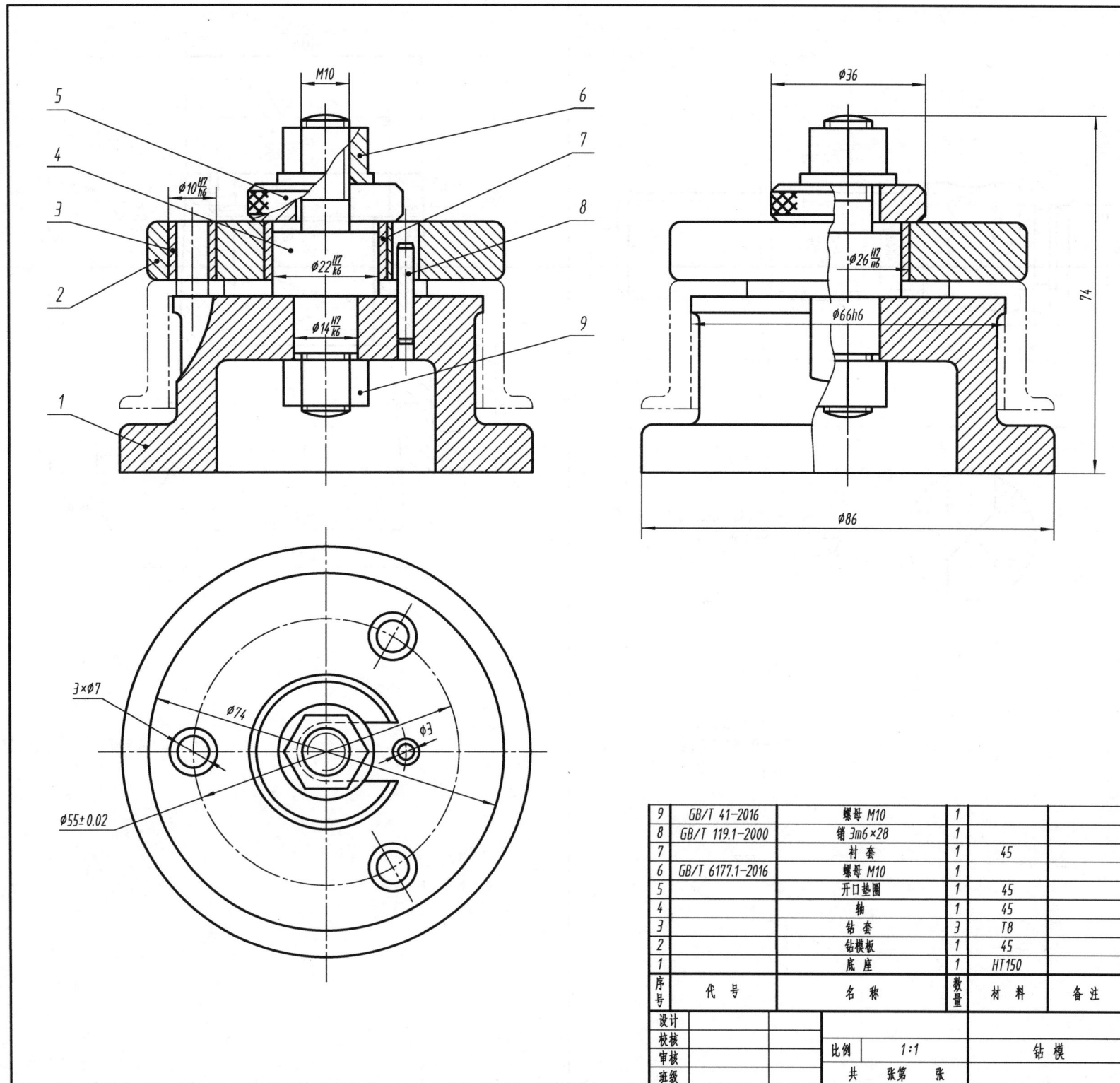

9	GB/T 41-2016	螺母 M10	1		
8	GB/T 119.1-2000	销 3m6×28	1		
7		衬套	1	45	
6	GB/T 6177.1-2016	螺母 M10	1		
5		开口垫圈	1	45	
4		轴	1	45	
3		钻套	3	T8	
2		钻模板	1	45	
1		底座	1	HT150	
序号	代 号	名 称	数量	材 料	备注
设计					
校核		比例	1:1		钻模
审核					
班级		共 张第 张			

8-3-2 回答下列问题。

（1）该钻模由____种零件组成，有____个标准件。

（2）装配图由____个基本视图组成，分别是_____、_____和_____。主、左视图都采用了____剖视。被加工件采用____画法表达。

（3）件4在剖视中按不剖切处理，仅画出外形，原因是_____。

（4）俯视图中细虚线表示件____中的结构。

（5）根据视图想零件形状，分析零件类型。

属于轴套类零件的有：_____、_____、_____。

属于盘盖类零件的有：_____、_____。

属于箱体类零件的有：_____。

（6）φ22H7/k6 是件____与件____的____尺寸。件4的公差带代号为_____，件7的公差带代号为_____。

（7）φ26H7/n6 表示件___与件___是____制配合。

（8）件4和件1是_____配合，件3和件2是_____配合。

（9）φ66h6 是_____尺寸，φ86、74是_____尺寸。

（10）件8的作用是_____。

（11）怎样取下被加工零件？_____。

（12）在题8-6-1指定的位置画出底座（件1）的俯视图（只画外形，不画细虚线）。按图形实际大小以1∶1的比例画图，不注尺寸。

8-4-1　推杆阀装配图。

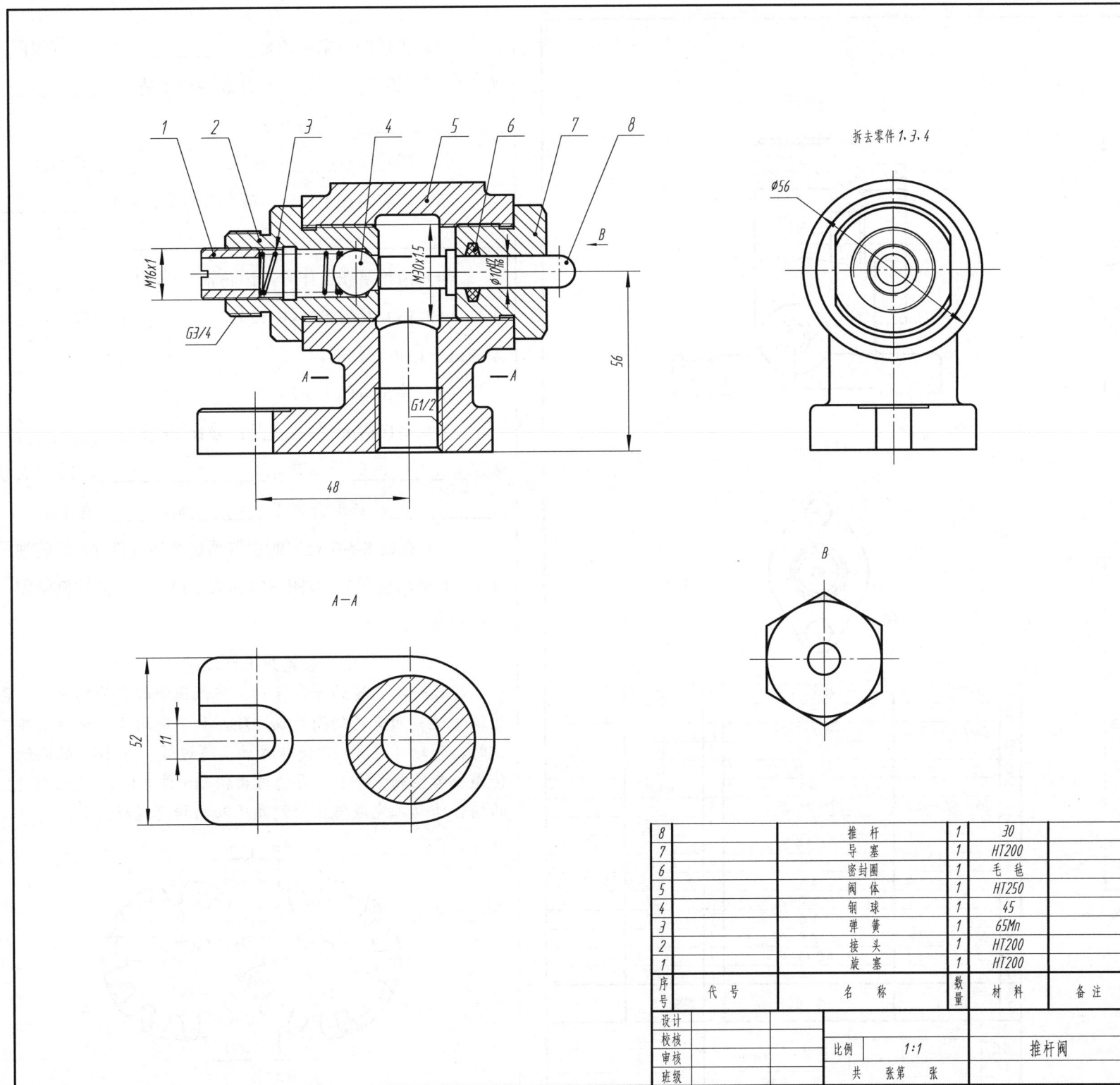

拆去零件1、3、4

Φ56

56

48

A—A

52

11

B

B

8		推　杆	1	30	
7		导　塞	1	HT200	
6		密封圈	1	毛毡	
5		阀　体	1	HT250	
4		钢　球	1	45	
3		弹　簧	1	65Mn	
2		接　头	1	HT200	
1		旋　塞	1	HT200	
序号	代　号	名　称	数量	材　料	备　注
设计					
校核			比例	1:1	推杆阀
审核					
班级			共　张第　张		

8-4-2　回答下列问题。

（1）推杆阀装配图有_____个基本视图，分别是_____、_____和_____。该图还采用了装配图的特殊表达方法_____画法和_____画法。

（2）分析视图可知，件8推杆属于_____类零件。件5阀体属于_____类零件。

（3）件4、件8在剖视图中按不剖切处理，仅画出外形，原因是_____。

（4）件2、件7与阀体都是_____联接。

（5）在推杆阀中，件6密封圈的作用是防止_____沿_____的轴向渗漏。

（6）件4靠件___与件___以及管路中的压力将其压紧，进而关闭阀门。要将阀门打开，需推动件_____，使其推动_____方可。

（7）件1左端面上的豁口，用来将该件_____。

（8）φ10H7/h6是件_____与件_____的_____尺寸。其中H7是件_____的公差带代号，h6是件_____的公差带代号。

（9）装配图中56是_____尺寸。48、11是_____尺寸。该阀总高为_____。

（10）选择恰当的表达方法，在题8-6-2指定的位置画出导塞（件7）的结构形状，按图形实际大小以2:1的比例画图，不注尺寸。

推杆阀工作原理

推杆阀安装在低压管路系统中，用来控制管路的"通"或"不通"。当推杆（件8）受外力作用向左移动时，钢球（件4）压缩弹簧（件3），阀门被打开。当失掉外力时，钢球（件4）在弹簧力的作用下，将阀门关闭。

8-5-1 齿轮泵装配图。

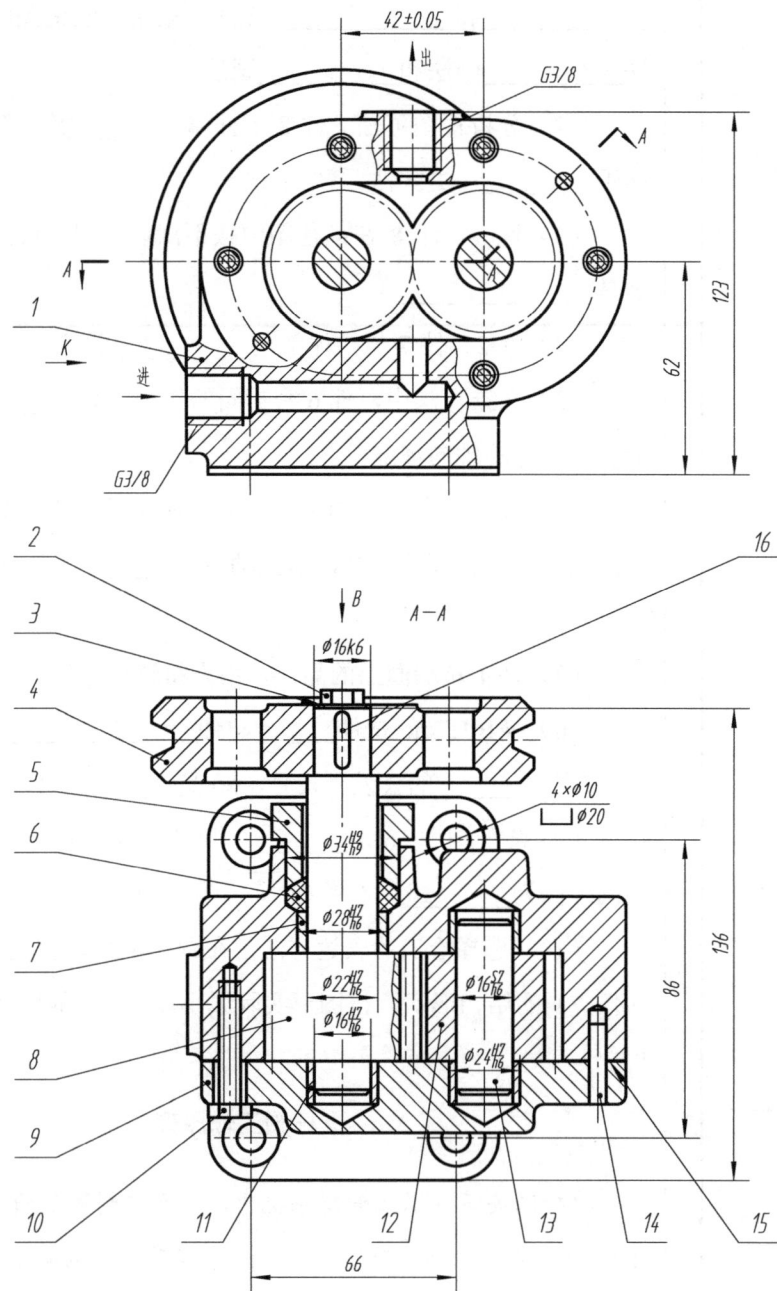

42±0.05

出

G3/8

泵体 K

A

123

62

32⁻⁰·⁰⁵₀ (32 ₀⁻⁰·⁰⁵)

1

K

进

G3/8

2

16

3

10 B 拆去零件 2、3、4、16

φ16k6

4

A—A

5

4×φ10
⌴φ20

6

φ34

7

φ28

φ16

8

φ22

φ16

φ24

136

86

9

10 11 12 13 14 15

66

技术要求
1. 两齿轮轮齿的啮合面应占齿长的 3/4 以上。
2. 各密封处不得泄漏，工作压力不小于 30 MPa。

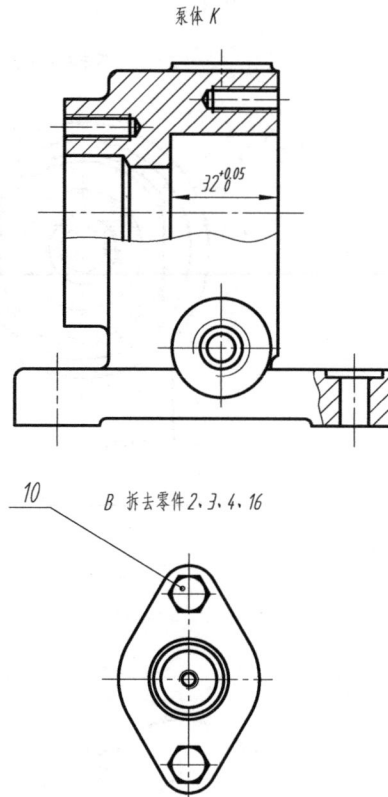

16	GB/T 1096-2003	键 5×5×18	1	45	
15		垫片	1	纸	
14	GB/T 119.1-2000	销 6m6×22	2		
13		小轴	1	45	
12		齿轮	1	45	m=3 z=14
11		轴套	3	锡青铜	
10	GB/T 5781-2016	螺栓 M6×25	8		
9		泵盖	1	HT150	
8		齿轮轴	1	45	m=3 z=14
7		铜套	1	锡青铜	
6		填料		石棉绳	
5		压盖	1	HT150	
4		带轮	1	HT150	
3	GB/T 892-1986	轴端挡圈 B22	1		
2	GB/T 5781-2016	螺栓 M5×12	1		
1		泵体	1	HT200	
序号	代 号	名 称	数量	材料	备注

设计			比例	1:1	齿轮泵
校核					
审核					
班级			共 张第 张		

8-5-2 回答下列问题。

（1）主视图中采用的是_____剖视图，俯视图采用的是_____剖视图，A—A 是_____的剖切方法。

（2）齿轮泵有_____标准件，_____非标准件。

（3）齿轮泵在工作时，哪些零件是运动件？_____。

（4）齿轮泵在工作时，齿轮轴（件 8）_____转，小轴（件 13）及齿轮（件 12）_____转。提示：根据泵的进出口进行判断。

（5）件 5 与件 1 采用_____联接。

（6）φ16S7/h6 的含义是：φ16 表示_____，S 表示_____，h 表示_____，7、6 表示_____，该配合属于_____制_____配合。

（7）在题 8-6-3 指定的位置画出泵体（件 1）的俯视图（A—A 全剖视图），按图形实际大小以 1:1 的比例画图，不注尺寸。

齿轮泵工作原理

通过一对齿轮的啮合传动，将低压油转变为高压油，再通过管道将油输送到高处或远处，如下图所示。齿轮泵在工作时，带轮（件 4）的旋转运动，通过键（件 16）的联结，传递给齿轮轴（件 8），再通过齿轮轴（件 8）与齿轮（件 12）的啮合传动，完成低压油到高压油的转变过程。

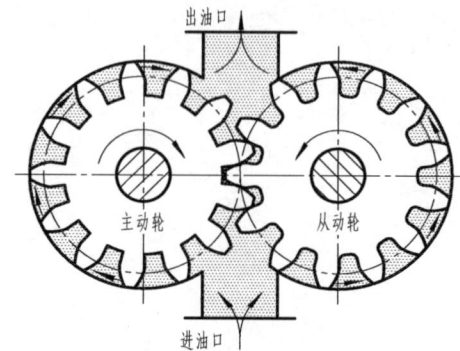

出油口

主动轮　从动轮

进油口

齿轮泵工作原理示意图

8-6-1　拆画 8-3-1 钻模装配图中底座（件 1）的俯视图。

8-6-2　选择恰当的表达方法，画出 8-4-1 推杆阀装配图中导塞（件 7）的结构形状。

8-6-3　拆画 8-5-1 齿轮泵装配图中泵体（件 1）的俯视图。

9-1　抄画平面图形

9-1-1　按 1：1 的比例抄画平面图形，不注尺寸。

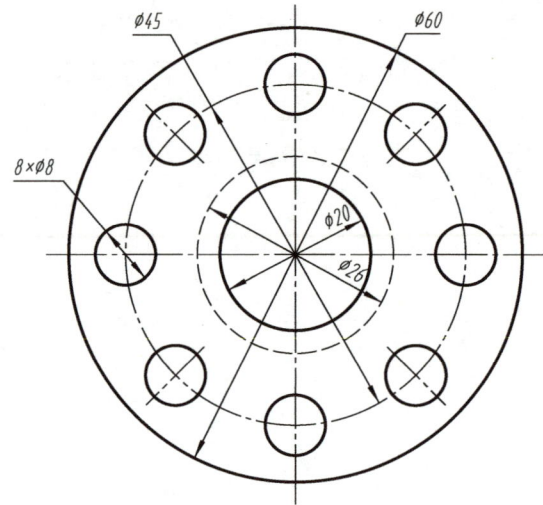

9-1-2　按 1：2 的比例抄画平面图形，不注尺寸。

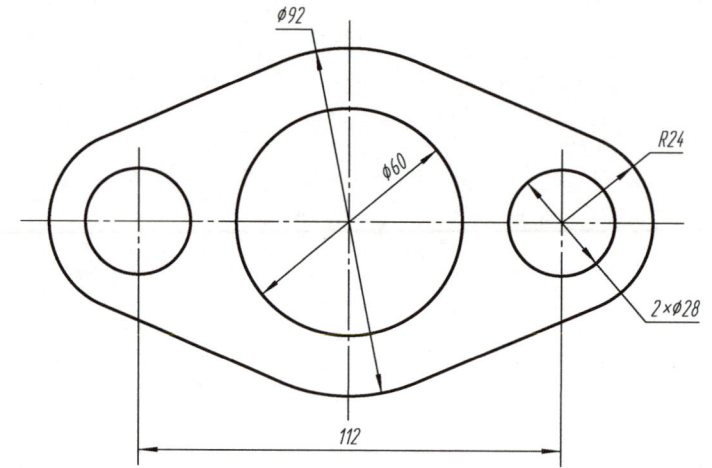

9-1-3　按 1：1 的比例抄画平面图形，并标注尺寸。

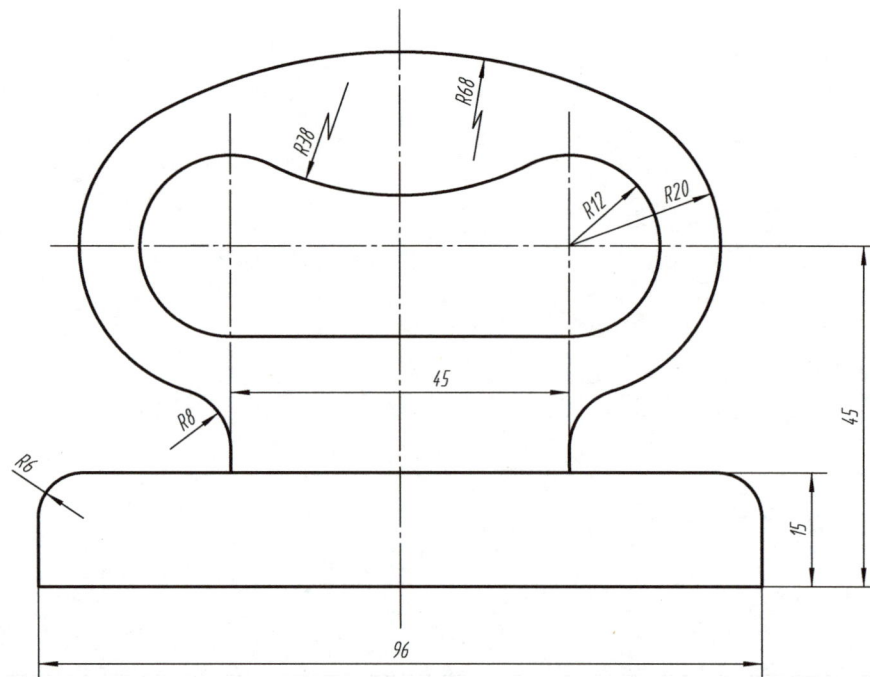

9-1-4　按 1：2 的比例抄画平面图形，并标注尺寸。

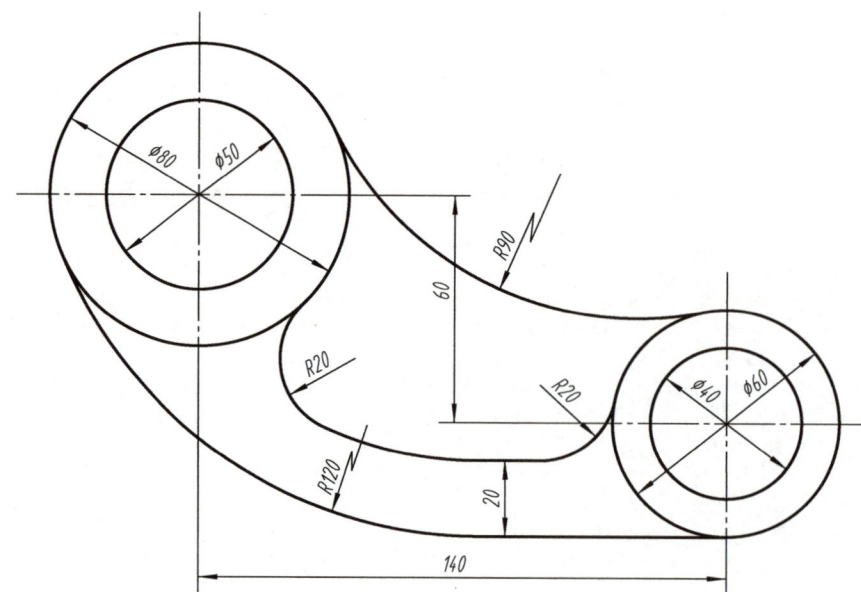

9-2-1 由轴测图绘制三视图，不注尺寸。

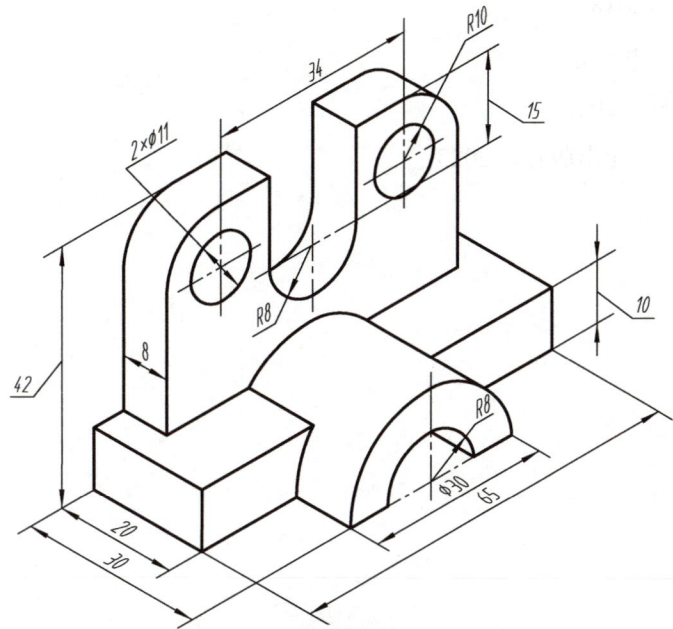

9-2-2 根据主、俯视图，补画全剖的左视图，不注尺寸。

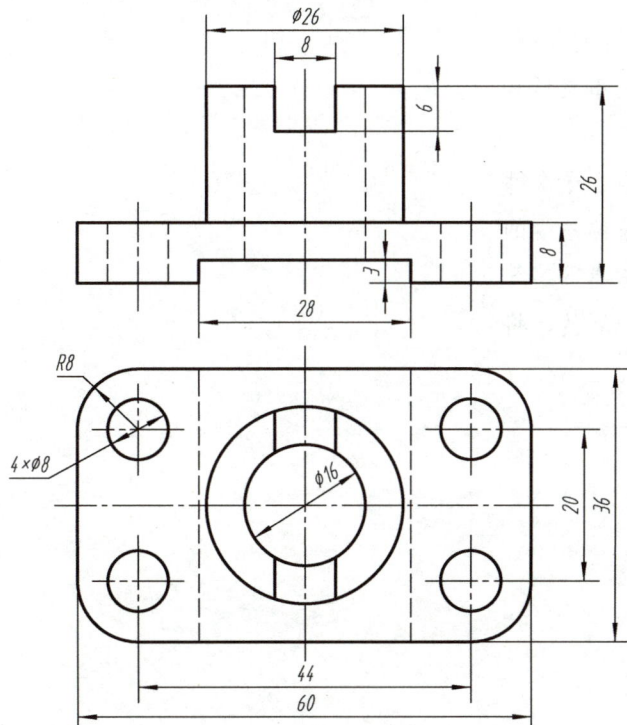

9-2-3 用简化画法（参照教材图 6-11），按 1：1 的比例，绘制螺栓联接图（主视图全剖，俯视图为外形视图）。

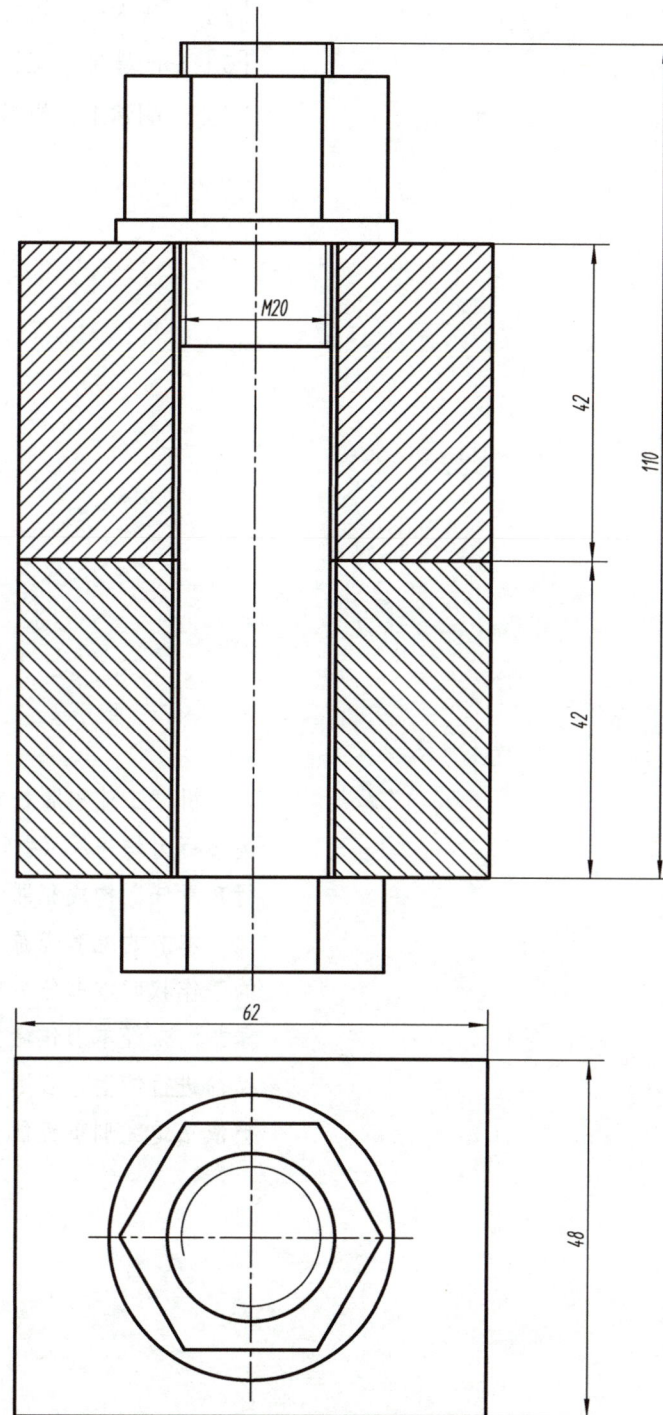

参 考 文 献

[1]   闻邦椿. 机械设计手册 [M]. 6 版. 北京：机械工业出版社，2018.

[2]   成大先. 机械设计手册 [M]. 6 版. 北京：化学工业出版社，2017.

[3]   胡建生. 工程制图习题集 [M]. 7 版. 北京：化学工业出版社，2022.

[4]   胡建生. 机械制图习题集（少学时）[M]. 5 版. 北京：机械工业出版社，2023.

郑 重 声 明